John Radford
Stephen Brook

Aperitif- und Dessertweine

Sherry
Port · Sauternes
Tokaji & Co.

Hallwag Verlag Bern und München

John Radford ist seit vielen Jahren als erfolgreicher Weinautor und Fernsehjournalist tätig. Er ist Mitglied beim Circle of Wine Writers (Großbritannien), beim Gran Orden de Caballeros del Vino (Spanien) und bei der Confrérie du Franc-Pineau (Frankreich). Bei Hallwag ist von ihm 1999 der Band *Weinlandschaft Spanien* erschienen.

Stephen Brook zählt zu den führenden Autoren auf den Gebieten Wein und Reisen und ist Träger mehrerer Auszeichnungen (André Simon Award 1987 und 1999, Wine Writer of the Year 1996). Er schreibt regelmäßig für die *Times* und für das Weinmagazin *Decanter.*

Die englische Originalausgabe ist bei Mitchell Beazley Publishers, einem Imprint von Octopus Publishing Company Limited, London, unter dem Titel FORTIFIED AND SWEET WINES erschienen.

Übersetzung aus dem Englischen: Wolfgang Kissel
Lektorat: Eva Meyer
Karten: Kenny Grant
Umschlag und Gestaltung: Robert Buchmüller

Satz: Utesch GmbH, Hamburg
Printed and bound by Toppan Printing Company, China

ISBN 3-7742-5285-8

Hallwag

Inhalt

Erläuterungen zum Gebrauch

Das Buch besteht aus zwei Teilen. In der ersten Hälfte schreibt John Radford über die so genannten «aufgespriteten» Weine, in der zweiten Hälfte beschäftigt sich Stephen Brook mit «natursüßen» Weinen. Jeder Teil hat seine eigene Einleitung mit einer Beschreibung der jeweiligen Herstellungsmethoden. Auch die verschiedenen Arten von aufgespriteten und natursüßen Weinen werden unmittelbar im Zusammenhang mit ihrer Herstellungsmethode behandelt. Landkarten der wichtigeren Herkunftsregionen und -länder sind zwischen die beiden Teile eingeschoben. Den Leittypen wie Port, Sherry, Madeira, Sauternes bzw. Tokajer sind jeweils eigene Abschnitte gewidmet. Ansonsten sind die Weine nach geografischen Gesichtspunkten geordnet.

Zu jeder Region wird eine Einführung in die Geschichte, die dort angebauten Rebsorten und die Weinbereitungsmethoden sowie eine Erläuterung der Klassifizierungssyteme und häufig anzutreffende Begriffe gegeben. Jeder Eintrag beginnt mit Namen und Anschrift des Herstellers bzw. Erzeugers und einer Qualitätsbewertung, die durch eine unterschiedliche Zahl von Sternen differenziert ist (siehe unten). Der dazugehörige Text gibt ein Profil des Erzeugers und Hinweise auf empfehlenswerte Weine. Manche Erzeuger, die sowohl aufgespritete als auch natursüße Weine produzieren, erscheinen in beiden Teilen des Buchs. Zum Aufsuchen eines bestimmten Weins oder Erzeugers ist das Register am Ende des Buchs hilfreich.

Aus Gründen der Platzersparnis werden Abkürzungen benutzt. Rebflächen sind in Hektar (ha), Erträge in Hektoliter pro Hektar (hl/ha) angegeben.

★ durchschnittlich
★★ überdurchschnittlich gut
★★★ ausgezeichnet, vielgepriesen
★★★★ herausragend

Lagern und Servieren aufgespriteter Weine

Mit Ausnahme von Vintage Port braucht man sich um das Einlagern von aufgespriteten Weinen keine besonderen Gedanken zu machen. Sie sind genussreif, wenn sie zum Verkauf gelangen, und obwohl jedem Wein eine gewisse Lagerzeit gut tut, so dürfte eine dadurch erzielte Verbesserung doch kaum ins Gewicht fallen.

Sherry und Montilla

Trockener Sherry (Manzanilla und Fino) sollte innerhalb eines halben bis ganzen Jahres nach der Abfüllung verbraucht werden. Eine offene Flasche will spätestens nach einigen Tagen ausgetrunken sein. Gut gekühlt servieren. Alle übrigen Sherrys oder Montillas lassen sich beliebig lange aufheben; man kann sie also trinken, wann immer man will. Weniger süße Arten schmecken oft leicht gekühlt besser.

Port und Málaga

White Port sollte bis spätestens ein Jahr nach der Abfüllung getrunken sein. Gekühlt servieren. Vintage Port gelangt je nach Jahrgang in etwa 10 Jahren (z. B. der 1960er) bis zu über 25 Jahren (z. B. der 1977er) zur vollen Reife. Näheres lässt sich aus Weinfachzeitschriften oder vom Weinhändler erfahren, aber wenn schon ein Wein so gut ist, dass er zum Vintage deklariert wurde, dann ist es für ihn umso besser, je länger er lagert. Alle übrigen Portweine und Málagas lassen sich beliebig lange aufheben; man kann sie also trinken, wann immer man will. Leichtere Arten, z. B. Tawny Port, schmecken oft leicht gekühlt besser.

Madeira

Bei diesem langlebigsten aller Weine der Welt sollte selbst die einfachste trockene Art mindestens ein bis zwei Jahre lang aufbewahrt werden. Vintage Madeira wird erst im Alter von 20 Jahren zum Verkauf freigegeben, er verträgt jedoch noch längere Lagerung: Die besten Jahrgänge halten sich selbst 200 Jahre lang großartig. Madeira der trockeneren Art kann leicht gekühlt serviert werden.

Marsala

Je besser der Wein, desto länger kann er aufbewahrt werden. Alle Marsala-Weine reifen in Holzfässern und dürften sich gut halten. Trockenere Arten schmecken oft leicht gekühlt besser.

Sonstige aufgespritete Süßweine

Sie alle dürften sich gut halten. Allerdings bildet sich vor allem in Muscats nach einigen Jahren ein Bodensatz, der zwar harmlos ist, sich im Glas aber nicht hübsch ausnimmt. Weiße Süßweine und Pineau des Charentes sind gut gekühlt zu servieren, dagegen schmecken Banyuls, Fondillón und ähnliche Weine oft besser, wenn sie nur leicht gekühlt sind.

Lagern und Servieren natursüßer Weine

Nicht mit Alkohol angereicherte süße Weine sind auf dieselbe Art aufzubewahren wie trockene Weine. Zwar trägt der hohe Zuckergehalt mit dazu bei, süße Weine zu konservieren, für Oxidation sind sie aber ebenso anfällig wie trockene Weine. In Tokaj wird Flaschenwein oft aufrecht stehend aufbewahrt, allerdings in Kellern mit sehr hoher Luftfeuchtigkeit, also in einer ungewöhnlichen Umgebung. Da viele edelsüße Weine, insbesondere solche aus Sauternes, von der Loire und aus Deutschland, sich bei langer Flaschenalterung schön entfalten, sollten sie nach Möglichkeit in kühlen, dunklen Räumen ruhig und liegend gelagert werden.

Süßweine dieser Art brauchen kaum je dekantiert zu werden. Wird bei einer bestimmten Gelegenheit voraussichtlich eine ganze Flasche auf einmal verbraucht, dann kann man sie rein aus ästhetischen Gründen umfüllen. Nichts nimmt sich auf der Tafel hübscher aus als goldener Wein in einem schönen Dekanter!

Edelsüßer Wein schmeckt für sich allein am besten, leichterer als Aperitif, schwererer nach dem Essen. Es ist Mode, Paarungen zwischen Speisen aller Art und Weinen aller Art zu finden, doch Zucker – und wie viele Desserts ohne Zucker gibt es eigentlich? – ist den meisten Weinen nicht günstig. Der Geschmack von Schokolade beispielsweise schlägt einen feinen alten Riesling oder Sauternes tot, aber auch die Säure bestimmter Früchtedesserts kann einem süßen Wein durchaus abträglich sein. Hie und da stößt man auf Kombinationen von süßem Wein mit süßen Speisen, die sich gut bewähren, sie bilden aber Ausnahmen. Zu milden Obsttorten kann süßer Wein recht gut passen. Es ist aber besser, auf Nummer sicher zu gehen und einen edelsüßen Wein gewissermaßen als zusätzliches Dessert zu genießen. Auf diese Weise kann man ihm die gebührende Aufmerksamkeit widmen und den größtmöglichen Genuss aus einem guten Glas Wein erlangen.

Teil 1
Mit Alkohol angereicherte Weine

Was ist Aufspriten?

«Die Galeere aus Ninivee trägt vom fernen Ophir
nach Palästinas Gestade im gleißenden Schein
ihre Fracht von Elfenbein, Affen und Pfauen,
von Sandelholz, Zedernholz und süßem Wein …»

Man muss sich die Szene, die John Masefield hier ausmalt, lebhaft vorstellen: Den Affen und Pfauen ging es sicherlich nicht schlecht, und den aromatischen Hölzern tat die warme Meeresbrise vermutlich sogar gut, was aber war mit dem Wein? In der Antike wurde Wein oft in nur mangelhaft verschlossenen irdenen Amphoren aufbewahrt. Um sie zu transportieren, waren in den Laderäumen der Schiffe Bretter mit Einkerbungen vorgesehen, in die diese Krüge gesteckt werden konnten, damit sie nicht umfielen und ausliefen oder mit gleichermaßen katastrophalem Ergebnis gegeneinander stießen. Die damals bekannte Welt war der Mittelmeerraum, und selbst den mächtigen Legionen Roms konnte nicht nachgesagt werden, dass sie besonders tüchtige Seefahrer gewesen wären. Man darf also annehmen, dass der Seeverkehr größtenteils in den witterungsgünstigen Sommermonaten stattfand, in denen auch damals zumeist eine beträchtliche Hitze geherrscht haben dürfte. Der Wein unter Deck wird also regelmäßig überaus heiß geworden sein.

Man kann sich leicht vorstellen, wie sich das auf diesen Wein nach einigen Wochen Seereise etwa von den Flusshäfen Assyriens zu den Säulen des Herkules ausgewirkt haben mag. Nur der süßeste und stärkste Wein konnte ein solche Reise überstehen, und auch er musste ein hohes Maß an Oxidation, ja Pasteurisierung (obwohl Louis Pasteur erst rund 2000 Jahre später geboren wurde) und Maderisierung durchgemacht haben, bis er endlich zum Verbraucher gelangte – einem Qualitätskontrollmanager von heute würden sich die Haare sträuben.

Das nicht gerade wohlklingende Fachwort «Aufspriten» bedeutet Anreichern mit Alkohol – vorzugsweise mit Weingeist, gelegentlich aber auch mit neutralem Äthylalkohol, also «Sprit» –, um dem Wein robuste Widerstandskraft gegen Oxidation und die vielen tausend Erschütterungen auf dem Transportweg zu verleihen… Woher aber nahm man diesen «Sprit»?

Es wird berichtet, dass in China das Destillieren von vergorenem Reiswein bereits im 8. Jahrhundert v. Chr. entdeckt wurde. Es gibt auch Berichte über das Destillieren von Zuckerrohr, Datteln und anderen süßen Substanzen zwischen jener Zeit und dem Sturz des römischen Imperiums im 5. Jahrhundert n. Chr. Die erste schriftliche Erwähnung der Destillation stammt von Plinius dem Älteren aus dem 1. Jahrhundert n. Chr. Interessanterweise berichtet er auch als erster über den Gebrauch von Fässern. Wir wissen überdies, dass die Mauren, die von 711 bis 1492 Teile Spaniens beherrschten, das Destillieren von Alkohol dorthin mitbrachten, und dass der Wein, den wir als Sherry kennen, schon im 10., ganz bestimmt aber im 15. Jahrhundert aufgespritet wurde.

Destillation, Fässer und tatsächlich auch Seereisen sind Voraussetzungen für den aufgespriteten Wein. Vielleicht kannten die alten Assyrer ja schon das Geheimnis, wie man die süßen Muskatellerweine von den griechischen Inseln und aus dem Hinterland des Nahen Ostens so stärken konnte, dass sie in den Amphoren am Leben blieben. Doch die Ära des aufgespriteten Weins, wie wir ihn heute kennen, beginnt erst mit dem präzise gebauten flüssigkeitsdichten Fass, das vermutlich in der Gegend der Alpen, wo heute die Grenze zwischen der Schweiz und Italien verläuft, erfunden wurde. Fässer mit süßem, starkem Wein reisten über das Mittelmeer und später nach Ostindien und Amerika. Manchmal bemerkte man, dass die Weine, als sie von der Seereise zurückkehrten, besser waren als zuvor. Damals gab es die Wissenschaft der Önologie noch nicht, und man wusste noch wenig über oxidativen Ausbau, jahrhundertelang aber wurden Fässer mit Wein, der mit Weingeist angereichert worden war, auf die Reise über den Äquator und zurück geschickt, um ihm bessere Eigenschaften zu verleihen. Der fruchtige, elegant ausgewogene Wein mit frischer Säure, wie er heute beliebt ist, wäre schon nach 14 Tagen Essig gewesen.

Wie wird aufgespritet?

Es gibt grundsätzlich drei Methoden zur Herstellung von aufgespritetem Wein. Die einfachste besteht darin, frisch gepressten Traubensaft in einen Behälter mit Alkohol zu schütten und ihn dort eine gewisse (meist längere) Zeit sich selbst zu überlassen. Eine Gärung findet dabei nicht statt. Das vielleicht bekannteste Getränk dieser Art ist der Pineau des Charentes aus der Cognac-Region Frankreichs. Bei dieser Methode bleibt die natürliche Süße der Trauben erhalten, es ist allerdings eine ziemlich lange Lagerung erforderlich, wenn mehr dabei herauskommen soll als nur ein kräftiges, süßes Alltagsgetränk, das in Frankreich *mistelle* und in Spanien *mistela* genannt wird.

Die zweite Methode besteht im Aufspriten während der Gärung, wie es beispielsweise beim Port, Madeira, Málaga und Marsala geschieht. Hierbei legt der Kellermeister den Punkt fest, an dem er die Gärung abstoppen will, um den gewünschten Süßegrad zu erhalten. Solcher Wein ist eher trinkreif als ein *mistelle*. Aber auch er braucht langwierigen und sorgfältigen Ausbau, wenn er sein Bestes geben soll.

Die dritte Methode ist das Aufspriten nach der Gärung, wie es beim Sherry und Montilla geschieht. Hierbei gärt der Wein völlig durch (auch der malolaktische bzw. biologische Säureabbau findet statt), und im Jahr nach der Ernte wird er einmal oder auch mehrere Male mit Alkohol angereichert. Nur auf diese Weise lässt sich ein wirklich trockener aufgespriteter Wein herstellen.

Was hat das Fass damit zu tun?

Alle aufgespriteten Weine guter Qualität bringen eine Zeitlang im Fass zu. Es kann unterschiedlich groß sein – 225 bis 1000 Liter und mehr –, und der Wein kann in ein und demselben Fass (statische Alterung) oder in mehreren Fässern (dynamische Alterung) lagern. Fassalterung ist oxidativer Ausbau, sie verläuft in Berührung mit dem Sauerstoff, der sich im Luftraum über dem Flüssigkeitsspiegel befindet und der Molekül um Molekül durch die Ritzen zwischen den Fassdauben und am Spund hereinsickert. Dadurch läuft der Vorgang wesentlich schneller ab als bei der Flaschen- oder Tankalterung und ermöglicht es dem Wein und dem Alkohol, sich weitgehend zu «vermählen». Noch wirkungsvoller ist die dynamische Alterung, bei der Wein eines bestimmten Jahrgangs aus einer ganzen Reihe von Fässern in kleinen Teilmengen mit Wein anderer Jahrgänge in anderen Fassreihen vermischt wird, so dass die jüngeren Weine den Charakter der älteren annehmen. Dieses so genannte Solera-System wird im Abschnitt Sherry genauer erläutert. Interessanterweise sind alle für aufgespritete Weine benutzten Fässer «alt», d.h. bereits gebraucht (meist für andere Getränke oder einfachere Weine), damit die Eichenholz- und Karamellnoten den Wein nicht dominieren.

Was Wärme bewirkt

Die besten aufgespriteten Weine stammen sämtlich aus heißen Ländern. Auf den ersten Blick erscheint das paradox, aber die historischen Gründe sind doch recht einfach. In den Zeiten, als es die moderne Weinbereitungstechnik noch nicht gab, brachten diese heißen Länder überreife, säurearme Trauben hervor, die – zu großer Alkoholstärke vergoren – einen übermächtigen, um nicht zu sagen verkochten Geschmack verursachten. Nachdem Weingeist zur Verfügung stand, konnten diese überhitzten Weine durch Zusetzen von Alkohol gezähmt werden und fanden in Ermangelung von Besserem in ihrer Heimat auch guten Absatz. Einem viel größeren und aufnahmefreudigeren Markt begegneten sie freilich in den kalten Ländern Nordeuropas, wo der eingefangene Sonnenschein mediterraner Sommer an trüben Wintertagen höchst dankbar begrüßt wurde.

Wärme ist neben Fassholz ein weiterer wichtiger Faktor für die Entfaltung eines aufgespriteten Weins. Wo immer aufgespriteter Wein produziert wird, spielt die Umgebungstemperatur bei der Alterung eine Rolle. Portwein wurde von Anfang an flussabwärts nach Porto bzw. Vila Nova de Gaia zur Einlagerung gebracht, weil die Gegend am oberen Douro als zu warm galt. Sherry wird in gut durchlüfteten oberirdischen *bodegas* gelagert, damit die Temperaturunterschiede zwischen Winter und Sommer sich kräftig auswirken können. Der Madeira wird gar nach einem als *estufagem* bezeichneten Verfahren behandelt, bei dem der Wein drei Monate lang in großen Behältern erhitzt wird, um die einstige Reise der Fässer über den Äquator nach Formosa, Goa oder Brasilien und wieder zurück nachzuahmen. Hierbei wird stets eines der physikalischen Grundgesetze genützt: dass nämlich Körper sich unter dem

Einfluss von Wärme ausdehnen. Im Sommer wird also der Wein in die karamellisierte Holzschicht auf der Innenseite der Fässer (die oft außerdem von mehreren Generationen Weindepot überzogen ist) gepresst, während er sich im Winter allmählich wieder daraus zurückzieht. Hierdurch ergibt sich ein mildernder Reifevorgang, der die Alterung fördert und Untertöne von Vanille, Zucker, Karamell und anderer Spuren im Holz zum Vorschein bringt.

Wann, wozu, womit?

Diese so genannten «Sideboard-Weine» standen, wie der Name schon besagt, früher in kristallenen Dekantern auf der Kredenz in der guten Stube unserer Voreltern und wurden hervorgeholt, wenn Besuch kam. Sherry wurde meist am späten Vormittag, Madeira oder Marsala am Nachmittag und Port nach dem Abendessen angeboten. So nahm sich das achtbare Gesicht des Alkoholgenusses in jenen Tagen aus, und die zarte Röte, die hierdurch selbst auf den jungfräulichsten Wangen hervorgezaubert wurde, mochte ebenso gut auf ein enges Korsett, einen Brief aus weiter Ferne oder eine heimliche Tändelei zurückzuführen gewesen sein. Alles das war himmelweit entfernt von der Misere der Gin-Schänken, wo sich der gemeine Mann «für einen Penny vollllaufen lassen und für zwei Pennys totsaufen» konnte.

Noch in den 1970er Jahren gab es in England, Holland oder Deutschland kaum ein Heim, wo nicht eine Flasche Sideboard-Wein «für den Besuch» bereit stand – meist war es Sherry einer leider recht braunen, klebrig-süßen Art. Der Markt für solchen Wein brach in den 1980er Jahren in sich zusammen, und eine ganze Reihe großer Hersteller ging zugrunde. Zum Glück zeichnete sich jedoch auch die Rettung bereits ab. Sie ist einigen – meist kleineren – Erzeugern zu verdanken, die unbeirrt die Qualität ihrer Weine aufrecht erhielten, sich mit kleinerem Profit zufrieden gaben und ihren guten Ruf bewahrten. Diese Erzeuger überlebten nicht nur, sondern schufen allmählich die schöne neue Welt des mit Alkohol angereicherten Weins, die wir nun im ersten Jahr des 21. Jahrhunderts heraufdämmern sehen. Der Portwein hat alles überstanden, fast ohne Schaden zu nehmen, ja er schwingt sich von Höhepunkt zu Höhepunkt. Indessen hat der Sherry von 1989 bis 1992 die Flammen des Hades durchschritten, sich verkleinert, gestählt und – klüger und besser geworden – wieder aus der Asche erhoben. Der Madeira macht sich bereit, die Grenzen seines derzeit auf Enthusiasten beschränkten Markts auszuweiten. Nur der Marsala, ja selbst guter Marsala, muss sich noch damit abfinden, zu den am schnödesten missachteten Weinen der Welt zu gehören.

Nehmen wird die ganze Palette der Vins Doux Naturels aus Frankreich, die Liqueur Muscats aus Kalifornien und Australien und die traditionsreichen alkoholangereicherten Weine aus Südafrika, Zypern und Griechenland hinzu, dann haben wird schon wieder eine ganze neue Welt von Sideboards, die unter der Last guter Tropfen ächzen. Es wäre eine Sünde, sie zu verschmähen – sie zu erforschen, wird ein Genuss sein.

Portwein

«Fest stand in den Highlands manch redlicher Held,
Um Braten und Claret war gut es bestellt.
‹Trinkt Port!› scholl aus England politisches Lied.
Er tat's – und sein aufrechter Geist verschied.»
Verfasser unbekannt

Geschichte

Der Ursprung des Portweins liegt nicht etwa, wie das Verschen zu sagen scheint, in einem Komplott der Engländer gegen die Schotten, doch die Einfuhr der ersten Rotweine vom Douro nach England traf mit drei historischen Ereignissen zusammen, die einen solchen Eindruck vermittelt haben mochten. Das erste war der Spanische Erbfolgekrieg (1701 bis 1714), in dem England mit seinen Verbündeten gegen Frankreich und dessen Verbündete stand. Dadurch versiegte der Strom französischen Rotweins, der seit 1152, als sich Eleonore von Aquitanien mit dem englischen König Heinrich II. vermählte, so gut wie unbehindert vor allem aus Bordeaux nach England geflossen war. Schottland allerdings stand nicht auf dem Kriegsfuß mit Frankreich, und deshalb gelangte zur täglichen Freude manches redlichen Highlanders nach wie vor Claret von Bordeaux an den Clyde.

Inzwischen hatte nun 1702 Queen Anne den englischen Thron bestiegen, und John Methuen, ihr Gesandter in Portugal, handelte 1703 den (unter seinem Namen bekannt gewordenen) Vertrag aus, demzufolge Portugal im Krieg England Beistand leistete. Außerdem wurden Zollvergünstigungen für die Einfuhr portugiesischer Weine nach England und englischer Wollwaren nach Portugal vereinbart – es war einer der so genannten «wool-for-wine»-Verträge, die für diese Ära der englisch-portugiesischen Geschichte kennzeichnend waren.

So weit, so gut. Queen Anne, John Methuen und die Regierung Portugals mochten wohl damit ein gutes Geschäft gemacht haben, den redlichen Highlander betraf es freilich zunächst nicht – das aber sollte sich bald ändern. Indessen verspürte der Durchschnittsengländer wenig Begeisterung, denn anstatt seiner täglichen Flasche Claret bekam er nun einen dicken, suppigen, ausgekochten Rotwein aus dem Norden Portugals. Aber auch das hätte nichts weiter bedeutet als einen Fleck im prächtigen Bild der Geschichte des Weins, wäre nicht die Act of Union hinzugekommen. Am 1. Mai 1707 wurden England und Schottland zu einer einzigen Nation namens Großbritannien (im Gegensatz zu «Britannien», das nur England und Wales umfasste) zusammengeschlossen, und der redliche Highlander befand sich wie alle übrigen Schotten plötzlich ebenfalls mit Frankreich im Krieg. Der Zustrom von Claret versiegte und wurde durch Wein aus Porto ersetzt. Diese Kette von Ereignissen führte zur Entstehung des Weins, den wir heute als Port kennen.

Es musste nämlich etwas geschehen, um den Rotwein aus Portugal schmackhaft zu machen. Es gibt unendliche Geschichten darüber, wie das geschah, unter anderem wird berichtet, der Wein sei mit Kräutern, Gewürzen, ja mit Meerwasser versetzt worden, um seine überzogene, schwere, überhitzte Art zu mildern. Eine (englische) Sage erzählt, es sei ein Engländer gewesen, der als erster Brandy in den Wein gemischt habe, um die natürliche Süße der Trauben teilweise zu bewahren und die Überhitzung beim Gären zu vermeiden, doch aus anderen Quellen hört man anderes. Wasserdichter (bildlich gesprochen) als die meisten anderen Anekdoten ist wohl die, dass gegen Ende des 17. Jahrhunderts der Bischof von Lamego auf seiner *quinta* am Douro einen englischen Weinkaufmann zu Gast hatte und ihm einen Rotwein vorsetzte, der mit Brandy «behandelt» worden war. Es heißt, der Kaufmann habe den ganzen Weinkeller aufgekauft und mit nach England genommen.

Wie immer es aber auch gewesen sein mag, das Zusammenspiel der Rebsorten, Schieferböden und einzigartigen Klimabedingungen Portugals erbrachte damals und erbringt noch heute Trauben mit großer natürlicher Süße, kraftvollem Tannin und enormen Mengen an Extrakt, die sich vollkommen für das Aufspriten während der Gärung eignen. Die so entstehenden Weine erfreuen seit zehn Generationen nicht nur die Engländer, sondern auch viele andere Menschen.

Die Trauben für Portwein

Der Erzeuger hat bei der Wahl der Rebsorten (es werden fast 90 angebaut) weitgehend freie Hand. Allerdings wird er meist Sorten wählen, die ihm kräftige Farbe, hohen Süßegrad und so viel Tannin bieten, dass der Wein über den langen Reifeprozess hinweg lebenskräftig bleibt. Interessanterweise sind – bis auf eine – alle besseren Rebsorten einheimische portugiesische, die anderswo nicht angebaut werden:

Tinta Barroca «Tinta» bedeutet hierbei «rote Traube»; es handelt sich um eine früh reifende Sorte für Weine, die jung getrunken werden sollen.

Tinta Cão «Roter Hund»; warum die Traube so heißt, ist nicht ohne weiteres klar. Sie bringt Frische und Tiefe in den Wein und gedeiht in hochgelegenen kühlen Lagen am Douro.

Tinta Roriz Diese Sorte, die einzige nichteinheimische, ist eigentlich der spanische Tempranillo; in Portugal trägt sie den Namen der berühmten Quinta do Roriz, wo sie vermutlich erstmals angebaut wurde. Sie liefert in trockenem Klima gute Erträge und erbringt Weine mit großer Fülle und tiefer Farbe.

Touriga Francesa Diese Traube, die nach allem, was die Forscher bisher über sie herausgebracht haben, durchaus nicht französisch ist, erbringt selbst in heißem, trockenem Kleinklima gute Frucht.

Touriga Nacional Nahezu die vollkommene Portweintraube. Sie liefert aus dickschaligen kleinen Beeren tiefdunklen Grundwein. Wie bei allen besseren Traubensorten sind die Erträge niedrig.

Sonstige Rebsorten mit guten Eigenschaften für die Portweinerzeugung sind Tinta Amarela, Tinta Carvalho, Bastardo, Mourisco, Periquita und viele andere mehr.

Weißer Port entsteht u. a. von den klassischen Madeira-Trauben Malvasia (Malmsey), Gouveio (Verdelho), Boal und Cercial (Sercial) sowie von der einheimischen Sorte Rabigato.

So entsteht Portwein

Port ist einer von wenigen Weinen, deren Trauben in den am stärksten traditionsgebundenen Häusern noch mit den Füßen gekeltert werden. Die Meinungen über dieses altmodische Verfahren des Traubenpressens in steinernen *lagares* gehen zwar auseinander, seine Anhänger aber pflegen es mit geradezu religiösem Eifer. Zu denen, die behaupten, es gebe keinen echten Unterschied zwischen Weinen, die von menschlichen Füßen gepresst werden, und solchen, die in einer Vinifikationsanlage aus Edelstahl entstehen, gehören vor allem die größeren Firmen, während die kleineren eher auf dem Gegenteil beharren. Ein frischer Wind rationalen Denkens weht in den Methoden von Christian Seely von der Quinta do Noval; er arbeitet mit traditionellen *lagares* und menschlichen Füßen, aber auch mit *lagares* mit Aluminiumstampfern (die 48 Stunden lang ohne Pause für Essen, Zigarettenrauchen und die Toilette durchstampfen), modernen Edelstahltanks und mit Edelstahltanks mit eingebauten Aluminiumstampfern. Das alles geschieht im Rahmen eines langfristigen Forschungsprogramms gemeinsam mit dem benachbarten Haus Taylor's, wodurch festgestellt werden soll, welche dieser Methoden tatsächlich den besten Wein erbringt.

Auf welche Weise auch immer die Trauben gekeltert werden, jedenfalls wird beim Port-Verfahren der gärende Most, sobald er 6 bis 8 Volumenprozent Alkohol erreicht hat, in Fässer abgezogen, die bereits zu einem Viertel mit Weingeist gefüllt sind. Dadurch wird die Gärung abgestoppt, und die Traubensüße bleibt erhalten. Den Weingeist kann jeder Portweinerzeuger aus beliebiger Quelle beziehen; außer der Forderung, dass er von Wein aus Trauben destilliert sein muss, bestehen keine weiteren Vorschriften über die Herkunft.

Die Trauben für den Portwein wachsen auf rund 40 000 ha ungeheuer steilem Grund in der schroffen Schönheit des oberen Douro-Tals. Die Lese beginnt Mitte September, und ob die Trauben nun in steinernen *lagares* auf traditionelle Weise mit Gesang und Akkordeonmusik gestampft oder in einer computergesteuerten Edelstahlanlage gepresst werden, sie gelangen jedenfalls in so genannte *pipes* – Fässer mit rund 550 l Inhalt.

Ursprünglich wurde der gesamte Portwein flussabwärts in das kühlere Klima von Porto bzw. Vila Nova de Gaia transportiert und dort in den «Port Lodges» eingelagert, doch 1986 wurde die Vorschrift geändert, um es kleineren Erzeugern zu ermöglichen, den Alterungs- und Reifeprozess vollständig auch am oberen Douro ablaufen zu lassen, wenn sie es wollen; viele nützen diese Möglichkeit inzwischen.

Portweinstile

Sobald sich der Port in der *pipe* befindet, legt der Kellermeister der *quinta* (des Weinguts), aus der er stammt, seine künftige Bestimmung fest. Um die entsprechende Appellation zu erlangen, müssen Proben der verschiedenen Weine beim Instituto do Vinho do Porto (IVP) zur Qualitätsprüfung eingereicht werden. Bis um die Mitte der 1990er Jahre war die Regulierung des Porthandels zwischen dem IVP und der Casa do Douro aufgeteilt, aber nach einem Skandal um den Verkauf beträchtlicher Anteile eines der größten Erzeuger an die Casa do Douro wurden dieser die Zuständigkeiten größtenteils entzogen, und die Kontrolle liegt nun fest in den Händen des IVP.

Nach Genehmigung erhält ein Wein nummerierte Siegel zugeteilt, die auf die Flaschen gesetzt und beim Entfernen der Korken zerstört werden. In verallgemeinernder Form lässt sich sagen, dass Häuser portugiesischen Ursprungs vor allem Tawny und Colheita Port produzieren, während Firmen nordeuropäischer Herkunft sich eher mit Vintage und Vintage Character Port beschäftigen. Die wichtigsten Arten sind folgende:

White Port Diese Art wird meist als «dry» ausgewiesen, aber selbst der trockenste weiße Port ist im Vergleich mit einem trockenen Sherry oder einem anderen trockenen Weißwein doch recht süß. Nur gegenüber anderen Portweinen wirkt er trocken.

Vintage Port Feinster Wein aus besten Jahren. Ein Vintage wird von einem Portweinhaus zwei Jahre nach der Lese deklariert, wenn der betreffende Jahrgang genug Charakter und Durchstehvermögen aufweist. Die Weine verbringen zwei Jahre im Fass und reifen dann in der Flasche weiter. Die besten dieser Art haben eine Lebensdauer von über 50 Jahren.

Single Quinta Vintage Port Der oben beschriebene klassische Vintage Port läuft üblicherweise unter einem Markennamen wie etwa Graham, Taylor, Sandeman; er ist eine Mischung von Weinen aus einem einzigen Jahrgang, jedoch aus dem Lesegut verschiedener Weinberglagen oder Weingüter (*quintas*). Gelegentlich bringt nun eine einzelne *quinta* Lesegut hervor, das seiner Qualität nach einen Vintage Port erbringen kann, während die übrigen Lieferanten nichts dergleichen bieten können. In diesem Fall kann sich das Handelshaus dazu entschließen, einen Vintage Port herauszubringen, der allein auf dem Lesegut dieser einen *quinta* beruht. Bei manchen *quintas* kommt dies sogar regelmäßig vor; die bekanntesten Namen sind wohl Quinta de Vargellas (Taylor's), Quinta da Foz (Cálem) und Quinta do Bomfim (Dow's). Daneben gibt es aber auch Single-Quinta-Erzeuger, die nicht zu den großen Häusern gehören oder diese beliefern, sondern unter dem eigenen Namen produzieren. Am prominentesten ist sicherlich die Quinta do Noval.

Colheita Port Hierbei handelt es sich um alten Tawny aus einem einzigen Jahrgang, der jedoch den größten Teil seiner Lebenszeit im Fass zugebracht hat und erst unmittelbar vor dem Verkauf abgefüllt wird. In der Praxis handelt es sich um Weine, die nicht ganz die Größe und Individualität eines Vintage Port besitzen, jedoch einen klar erkennbaren Jahrgangsstil aufweisen.

Late Bottled Vintage Port (LBV) Wein aus einem einzigen Jahrgang, der es ebenso wie der Colheita nicht ganz geschafft hat, zum Vintage Port ernannt zu werden, jedoch beträchtlichen Jahrgangsstil besitzt. Derartiger Wein wird meist vier (statt zwei) Jahre im Fass gelagert und sodann im Alter von etwa fünf Jahren in Flaschen gefüllt und auf den Markt gebracht. Beste Vertreter dieser Art stehen in Geschmack, Tanningehalt und Frucht einem Vintage Port oft nur wenig nach.

Vintage Character Port Hierbei handelt es sich um Verschnitte mit Jahrgangsstil – vielleicht aus zwei bis drei Jahren, in denen die Menge für einen LBV nicht ausreichte. Der Geschmack erinnert oft zumindest entfernt an Vintage Port, und der Preis sollte relativ bescheiden sein.

Aged Tawny Port Diese Version ist ein Tawny mit Jahrgangscharakter, also ein unmittelbar genussreifer Verschnitt aus verschiedenen Jahrgängen, wobei die übliche Altersangabe auf der Flasche, «40-year-old» oder «20-year-old» usw., dem Durchschnittsalter des oft wahrhaft guten Inhalts entspricht.

Tawny Port Weine der mittleren Preisklasse, meist 5 bis 10 Jahre alt, im Eichenfass gereift und mit entsprechendem Tawny-Charakter versehen.

Ruby Port Junge preiswerte Weine mit bis zu vier Jahren Fassreife, meist recht pikant und kräftig.

Sonstige «Crusted» Port ist Vintage Character Port, der ohne Filtrierung abgefüllt wurde, damit er dem Charakter und Stil eines echten Vintage Port näher kommt; er setzt eine Kruste ab und muss dekantiert werden. Die Qualität ist je nach Abfüller unterschiedlich, und aufgrund dieser Uneinheitlichkeit scheinen die Tage des Crusted Port gezählt zu sein. «Garrafeira» Port ist in Glasballons oder anderen großformatigen Flaschen gealterter Wein, und zwar in der Absicht, dass er ebenso schnell reifen soll wie im Fass ausgebauter Portwein, jedoch dabei die Sanftheit und Eleganz von flaschengereiftem Portwein erlangt. Nur noch ein einziges Haus (Niepoort) produziert Wein dieser Art.

Wann trinkt man Port?

Die Tradition hat Vintage Port und Portwein mit Vintage-Charakter nun einmal zum Non plus ultra unter den Weinen bestimmt, die man nach der Mahlzeit zu genießen hat, und tatsächlich gibt es keine glücklichere Paarung als einen guten Port mit einem wohlgereiften Käse. In Frankreich gilt Tawny Port als exzellenter Aperitif, meist wird er gut gekühlt oder gar auf Eis genossen; in Portugal und anderen Ländern wird White Port mit Tonic Water ebenfalls als Aperitif, eventuell mit einer Zitronenscheibe, serviert. Meistenteils hat Portwein, ob Tawny, Ruby oder Vintage, jedoch so viel Gewichtigkeit und Süße, dass er doch eher nach dem Essen anstatt vorher angebracht scheint.

Bedeutende Erzeuger und Handelshäuser

Barros Almeida & Cª Vinhos SA ★★
Rua D. Leonor de Freitas 180–182, Apartado 39, 4431-955 Vila Nova de Gaia
Zu dem 1911 gegründeten Unternehmen gehören inzwischen viele weitere Portweinerzeuger, u. a. Kopke (s.d.), ferner Hutcheson, Feuerheerd & Associados Vinhos SA, H. & C. J. Feist Vinhos SA.
BESTE WEINE: Hauptsächlich Tawny und Colheita, zum Teil 50 Jahre alt.

Borges & Irmão – Sociedade dos Vinhos Borges SA
Rua General Torres 923, 4400-164 Vila Nova de Gaia
Das 1884 gegründete, im Debakel der Revolution von 1974 verstaatlichte Unternehmen wäre fast unter Bürokratie erstickt, wurde aber durch Übernahme durch das eigene Management gerettet. Das Potenzial ist gut – der Besitz umfasst drei ausgezeichnete Güter im Douro-Tal –, ob das Haus aber zur früheren Geltung zurückfindet, kann nur die Zeit erweisen. Zum Unternehmen gehört Garret & Cª Lda.

Burmester – J.W. Burmester & Cª Lda. ★★
Rua de Belmonte 37, 4050-097 Porto
Das 1730 gegründete Haus befindet sich in Familienbesitz (Gilbert) in direkter Nachfolge der Gründer; bescheidenes Profil und überraschend gute Weine. Zum Unternehmen gehört Gilberts & Cª Lda.
BESTE WEINE: Oft exzellenter Aged Tawny (v. a. 20-year-old) und Colheita. Besonders beachtenswert: Quinta Nova.

Cálem – A.A. Cálem & Filho SA ★★→★★★
Av. Diogo Leite 26, Apartado 140, 4431-111 Vila Nova de Gaia
Gegründet 1859, noch in Familienbesitz. Eigene Weinberge; Zukauf von Lesegut aus der Gegend von Pinhão am mittleren Douro. Besucher im neu restaurierten Gebäude der Quinta da Foz willkommen (nach Anmeldung). Zum Unternehmen gehören Beira Rio Soc. Comercial de Vinhos Lda. und Quinta do Sagrado Comércio de Vinhos Lda.
BESTE WEINE: Exzellenter Aged Tawny und erstklassiger Quinta da Foz. Sehr zuverlässige Jahrgangsweine.

Churchill Graham Lda. ★★→★★★
Rua da Fonte Nova 5, 4400-156 Vila Nova de Gaia
1981 gegründet von Johnny Graham, dessen Familienunternehmen (W. & J. Graham & Cª.; s.d.) 1970 an die Symingtons verkauft worden war. Er verließ Cockburn Smithes (s.d.), belächelt von Leuten, die glaubten, es sei unsinnig, in einem so ausgereizten Markt ein neues Unternehmen starten zu wollen. Nach nunmehr 20 Jahren besitzt das Haus eine eigene Port Lodge und hat soeben sein erstes Weingut, die Quinta da Gricha bei Pinhão, erworben.
BESTE WEINE: Guter Vintage Character, exzellenter Quinta da Agua Alta, feine Jahrgangsweine.

Cockburn Smithes & Cª SA ★★→★★★
Rua das Coradas 13, Apartado 20, 4431-951 Vila Nova de Gaia
1815 gegründet, seit 1962 Teil einer Gruppe, die ihren Namen mehrmals geändert hat, derzeit aber als Allied-Domecq figuriert. Dem Haus wurde meist eine gewisse Autonomie zugestanden, obschon der Riesenerfolg von Cockburn's Ruby und Cockburn's Special Reserve wohl die Erzeugung individuellerer Weine in den Hintergrund gedrängt hat. Zu Allied-Domecq gehört auch Gassiot (s.d.).
BESTE WEINE: Die einfachen Weine sind recht gut, manche Jahrgangsweine exzellent. Wegen guter Entwicklung ist der Quinta dos Canais besonders beachtenswert.

Croft ★
Via Gilbeys/IDV/Grand Metropolitan/Diageo
Der 1678 gegründete, einst so stolze Bannerträger der alten Port-Tradition ist heute kaum noch mehr als nur ein Markenname der aus dem Zusammenschluss von Grand Metropolitan und Guinness entstandenen multinationalen Gruppe Diageo, heute der größte Getränkekonzern auf dem Erdenrund. Die großen Jahrgangsweine der 1960er und 1970er haben sich im Trend der Markenbildung verloren; der Name ist zwar weithin bekannt, die Weine aber waren in den letzten Jahren enttäuschend. Immerhin hört man Ermutigendes über die Arbeit von Nick Delaforce aus dem gleichnamigen Haus, das ebenfalls zum Unternehmen gehört.
BESTE WEINE: Aged Tawny, Quinta da Roeda.

Dow – Silva & Cosens Lda. ★★★
Trav. Barão de Forrester 85, Apartado 14, 4401-997 Vila Nova de Gaia
Das Haus wurde 1862 gegründet und nach dem 1877 eingetretenen James Dow benannt. Inzwischen ist es in das Symington-Imperium eingegangen (siehe Warre, Graham, Smith Woodhouse, Quarles Harris), das seit 1912 beteiligt ist.
BESTE WEINE: Vintage Port, Quinta do Bomfim.

Ferreira – A.A. Ferreira SA ★★→★★★
Rua da Carvalhosa 19, Apartado 1309, 4401-501 Vila Nova de Gaia
1761 gegründet, 1987 von der durch Mateus Rosé berühmt gewordenen Sogrape-Gruppe (die auch Offley umfasst) übernommen. Wein aus vier eigenen *quintas* sowie von zugekauftem Lesegut. Zum Unternehmen gehören Hunt, Constantino Vinhos Lda. mit der Marke Tuke-Holdsworth sowie Forrester & Cª SA.
BESTE WEINE: Duque de Bragança 20-year-old Tawny; Vintage Port.

Fonseca Guimaraens Vinhos SA ★★★→★★★★
Rua Barão Forrester 404, Apartado 13, 4401-501 Vila Nova de Gaia
Das seit 1822 bestehende Familienunternehmen gehört seit 1948 zu Taylor's (s.d.); es hat jedoch so gut wie keine gegenseitige Befruchtung stattgefunden, und beide Häuser halten an ihrer Individualität fest. Wer jemals den temperamentvollen, schwergewichtigen Kellermeister par excellence Bruce Guimaraens kennen gelernt hat, wird ihn kaum wieder vergessen. Zum Unternehmen gehören die Marke Guimaraens sowie Romariz Vinhos SA.

BESTE WEINE: Alle Weine des Hauses (unter der Marke Fonseca) sind sehr zuverlässig, auch Vintage Character und jüngerer Tawny. Vintage Port fällt oft ausnehmend gut aus (und kommt dem von Taylor's gelegentlich gleich oder übertrifft ihn sogar); in nicht ganz so guten Jahren verdient der preiswertere LBV unter der Marke Fonseca-Guimaraens größte Beachtung.

Gassiot – Martinez Gassiot & Co. Ltd. ★★
Rua das Coradas 13, Apartado 20, 4431-951 Vila Nova de Gaia
Bei dem 1797 gegründeten Haus handelt es sich um ein Schwesterunternehmen von Cockburn Smithes (s.d.) als Mitglied des Allied-Domecq-Imperiums; hieraus erklärt sich, weshalb der Markenname außerhalb Portugals nur selten anzutreffen ist. Es fungiert als Lieferant für Hausmarken von Allied-Domecq-Kunden, auf heimischem Grund aber stößt man gelegentlich auf Wein unter dem eigenen Namen des Hauses.
BESTE WEINE: Aged Tawny, Vintage Port und Quinta da Eira Velha.

Graham – W. & J. Graham & Cª SA ★★★→★★★★
Ramiro 514, Apartado 19, 4401-997 Vila Nova de Gaia
1826 gegründet, 1970 von der Symington-Gruppe erworben. Graham gilt als mildester Vertreter der «Symington-Trilogie» Dow, Graham und Warre (s.a. Smith Woodhouse) mit exzellenten Weinen aus der Quinta dos Malvedos in Túa und der Quinta do Vesúvio.
BESTE WEINE: In großen Jahren Vintage Port, in weniger guten Jahren Quinta dos Malvedos und Quinta do Vesúvio; guter Aged Tawny.

Kopke – C.N. Kopke & Cª Lda. ★★
Rua de Serpa Pinto 183–191, Apartado 42, 4431-901 Vila Nova de Gaia
Gegründet 1638, das älteste noch bestehende Port-Handelshaus; es gehört seit 1953 zu Barros Almeida (s.d.), hat aber im Unterschied zu anderen Mitgliedern der Gruppe ein gewisses Maß an Selbständigkeit behalten.
BESTE WEINE: Aged Tawny und Colheita aus der Quinta de São Luiz.

Messias – Sociedade Agrícola e Comercial dos Vinhos Messias SA
Rua de José Mariani 139, Apartado 1566, 4401-901 Vila Nova de Gaia
Das Familienunternehmen geht auf die 1930er Jahre zurück; es besitzt mit Quinta do Rei und Quinta do Cachão eigene Weingüter. Außerhalb Portugals selten anzutreffen. Zum Unternehmen gehört Alberto de Castro Lança Lda.

Niepoort (Vinhos) SA ★★→★★★
Rua do Infante D. Henrique 16 2°frt, 4051-801 Porto
Das 1842 gegründete, weitgehend unterbewertete Familienunternehmen bietet eine große Auswahl an exzellenten Weinen, die vor allem in Deutschland und Skandinavien auf den Markt kommen. Außerdem ist es inzwischen noch der einzige Erzeuger von Garrafeira Port (s. o.).

BESTE WEINE: Die allgemeine Qualität ist bei allen Weinen gut; der Aged Tawny rangiert sogar knapp vor dem Vintage Port. Quinta do Passadouro ist besonders beachtenswert.

Noval – Quinta do Noval Vinhos SA ★★★→★★★★
Avenida Diogo Leite 256, Apartado 1319, 4401-501 Vila Nova de Gaia
1813 gegründet; seit 1993 im Besitz der französischen Versicherungsgruppe AXA Millésimes und unter der Leitung des Engländers Christian Seely und seiner portugiesischen Frau Maria aus der Familie des Nachbarunternehmens Cálem. Die prachtvolle Quinta wurde fast aus dem Nichts wiederaufgebaut. Die Weine fallen in drei Kategorien: «Noval» ist die Marke für Wein von zugekauftem Lesegut, «Quinta do Noval» steht für Weine von eigenem Lesegut, und «Nacional» heißt der Vintage Port aus einer Weinberglage, in der noch ungepfropfte Reben v. a. der Sorte Touriga Nacional stehen.
BESTE WEINE: Sämtlich sehr zuverlässig; exzellenter Aged Tawny und Vintage Port. Nacional Jahrgangs-Port hervorragend (aber auch sehr teuer). Der 1994er LBV bietet ein ausgezeichnetes Preis/Leistungsverhältnis.

Osborne Portugal, Vinhos, Distribuição e Serviços Lda. ★
Rua Cándido dos Reis 670, 4400-071 Vila Nova de Gaia
Das im Portweingeschäft relativ neue Unternehmen hat seinen Hauptmarkt in Spanien (s. Sherry). Es produziert Vintage, Aged Tawny, einfachen Ruby und White Port. Noch ist es ein wenig zu früh, um zu beurteilen, was sich hier vielleicht entwickelt.
BESTE WEINE: Aged Tawny, Vintage Port.

Poças – Manoel D. Poças Júnior Vinhos SA
Rua Visconde das Devesas 186, Apartado 1556, 4401-901 Vila Nova de Gaia
Das 1918 gegründete, noch im ursprünglichen Familienbesitz befindliche Unternehmen beliefert den französischen und belgischen Markt mit Alltagsqualitäten und produziert außerdem gefälligen, aber leichten Vintage Port.
BESTER WEIN: Aged Tawny.

Quarles Harris & Cª SA ★
Trav. Barão de Forrester 85, Apartado 26, 4401-997 Vila Nova de Gaia
Das 1680 gegründete Haus ist ein Zweig des Symington-Imperiums (s. Warre, Graham, Dow, Smith Woodhouse), von dem es im ersten Viertel des 20. Jahrhunderts übernommen wurde.
BESTER WEIN: Anständiger, früh trinkreifer Vintage Port.

Ramos-Pinto – Adriano Ramos Pinto (Vinhos) SA ★★
Avenida Ramos-Pinto 380, Apartado 1320, 4401-997 Vila Nova de Gaia
1880 gegründet, 1990 an die Louis-Roederer-Gruppe übergegangen. Ebenso bekannt durch originelle Werbekampagnen wie durch guten Wein. Zum Unternehmen gehört J. Carvalho Macedo Ltd.

BESTE WEINE: Hauptsächlich Tawny, v.a. 20-year-old, und Colheita. Zuverlässiger (immer besser werdender) Vintage Port.

Rosa – Quinta da Rosa Vinhos Porto Lda. ★→★★
Quinta de la Rosa, 5085-000 Pinhão
Bis 1988 lieferte die Quinta ihr Lesegut an das Haus Robertson, heute Teil der Sandeman-Gruppe (s.d.). Tim Bergqvist und seine Tochter Sophia entschieden sich jedoch für Eigenständigkeit, und seither hat sich die Quinta einen guten Namen gemacht. Das Keltern geschieht wieder im *lagar*, und die Qualität wurde angehoben.
BESTE WEINE: Aged Tawny, Vintage Port.

Royal Oporto – Real Companhia Vinícola do Norte de Portugal SA ★
Rua Azevedo de Magalhães 314, Apartado 58, 4431 Vila Nova de Gaia
Das älteste zu dieser weit verzweigten Gruppe zählende Haus wurde 1756 vom Marquês de Pombal als Regulierungsgremium für den Portweinhandel gegründet; seither sind so viele Namen und Marken gekommen und gegangen, dass man sie nur schwer auseinander halten kann. Neuerdings machte das Haus Schlagzeilen, als ein größerer Anteil an ein italienisches Finanzinstitut verkauft wurde, das diesen dann an die Casa do Douro weiterveräußerte, die damals ein Regulierungsorgan generell für Port bildete. Die Geschäftsführung des Unternehmens obliegt nach wie vor der Familie Silva Reis, und die Real Companhia, nach der Hauptmarke kurz Royal Oporto genannt, besitzt im Douro-Gebiet mehr Land als irgend jemand sonst – bei der letzten Zählung waren es rund 2000 ha, verteilt auf 8 *quintas*. Die Qualität der Weine ist allerdings relativ bescheiden. Zur Gruppe gehören ferner Companhia Geral da Agricultura das Vinhas do Alto Douro SA und Manuel da Silva Reis & Cª Lda.
BESTER WEIN: Aged Tawny.

Rozés Lda. ★
Rua Cándido dos Reis 526–532, Apartado 376, 4431-905 Vila Nova de Gaia
Das eher bescheidene Haus wurde im 19. Jahrhundert in Frankreich gegründet, und zwar vor allem, um den umfangreichen französischen Markt mit Tawny Port in «Arbeitsqualität» zu beliefern, der dort mit Begeisterung als Aperitif getrunken wird. 1987 ging es dann an Louis Vuitton-Moët-Hennessy (LVMH) über, ein Unternehmen, das eher auf hochpreisige Luxusgüter als auf mittelmäßigen Tawny Port spezialisiert ist. Seither ist Aged Tawny in guter Qualität und eine Reihe anständiger Vintage Ports zustande gekommen; es besteht freilich der Verdacht, dass Rozés einiges vor hat und dass mit Überraschungen zu rechnen sein wird, wenn die in den Lodges von Vila Nova liegenden Weine ausgereift sind.
BESTER WEIN: Derzeit 10-year-old Tawny, doch warten wir ab.

Sandeman & Cª SA ★→★★

Largo de Miguel Bombarda 3, Apartado 1308, 4401-501 Vila Nova de Gaia

Die 1791 gegründete Marke ist wohl neben Cockburns der Name, an den man im englischsprachigen Raum zuerst denkt, wenn von Portwein die Rede ist. 1980 verkaufte die Familie Sandeman an Seagrams, und danach wurde Markenpflege wichtiger genommen als Qualität. Zwar schnellten die Umsätze der zur Markteroberung lancierten Weine in die Höhe, aber der gute Ruf von Sandeman schwand bei Portwein-Fans dahin. 1990 überlegte sich Seagrams schließlich die Sache anders und berief George Sandeman wieder an die Spitze seines alten Familienunternehmens mit der Maßgabe, den Sandeman-Port wieder aufleben zu lassen. Nach nunmehr 10 Jahren und im 4. Jahrhundert des Bestehens geht die Arbeit munter fort, und wir dürfen vielleicht noch die Rückkehr zu jener Größe erleben, die das Unternehmen im 2. Jahrhundert seines Bestehens besaß.

BESTE WEINE: Derzeit immer besser werdender Vintage Port sowie Quinta do Vau; guter Aged Tawny.

Silva – C. da Silva (Vinhos) SA ★→★★

Rua de Felizardo Lima 247, 4400-901 Vila Nova de Gaia

Trotz des portugiesischen Namens handelt es sich um ein Haus in holländischem Besitz, das den holländischen, deutschen und französischen Markt mit kommerziellen Weinen der Mittelklasse beliefert.

BESTE WEINE: Zum Teil guter Aged Tawny und ein paar spektakuläre Colheitas.

Smith Woodhouse & Cª Lda. ★★→★★★

Trav. Barão de Forrester 85, Apartado 26, 4401-997 Vila Nova de Gaia

1784 gegründet, 1970 von Symington (siehe Warre, Graham, Dow, Quarles Harris) übernommen. Das Haus besitzt keine eigenen Weingüter, bringt aber doch attraktive, oft sehr preiswerte Weine in guter Qualität zustande.

BESTE WEINE: Vintage Port und LBV.

Taylor Fladgate & Yeatman Vinhos SA ★★★★

Rua do Choupelo 250, Apartado 1311, 4401-501 Vila Nova de Gaia

Während die Namen Cockburn und Sandeman sich mit Erfolgen auf dem Massenmarkt verbinden, gilt für Taylor dasselbe auf dem Liebhabermarkt. Das 1692 gegründete und dann unter verwirrend vielen verschiedenen Namen bekannte Haus nahm 1844 die heutige Bezeichnung an. Seit Anbeginn gilt Taylor's als «der beste Port», und einen beträchtlichen Teil dieser Reputation verdankt er dem Besitz in der Quinta de Vargellas. In großen Jahren entsteht der Vintage Port von Lesegut aus dieser sowie der Quinta da Terra Feita bei Pinhão. In nicht so guten Jahren produzieren die beiden Weingüter eigenen Single-Quinta Vintage Port. Zum Unternehmen gehören Fonseca (s.d.) und Skeffington Vinhos Lda.

BESTE WEINE: Im Taylor-Programm finden sich sowieso keine zweitklassigen Weine, aber in minderen Jahren haben der Quinta de Vargellas und in großen Jahren der Vintage Port kaum ihresgleichen.

Warre & Cª SA ★★★→★★★★★

Trav. Barão de Forester 85, Apartado 26, 4401-997 Vila Nova de Gaia
1670 gegründet und 1729 von William Warre umbenannt. 1905 wurde das Haus von Andrew Symington übernommen, dessen Nachfahren dann bis 1970 Quarles Harris, Dow, Graham und Smith Woodhouse (s.d.) erwarben und zur größten Gruppe im Portweingeschäft zusammenfügten.

BESTE WEINE: Quinta da Cavadinha und Vintage Port.

Sonstige

Quinta do Crasto ★★

Vielversprechende Portweine aus einem Haus, das sich hauptsächlich in der Erzeugung von nicht mit Alkohol angereicherten Weinen der DOC Douro betätigt.

Quinta do Côtto ★★★

Hier produziert der eigenwillige Miguel Montez Champalimaud exzellente Weine.

Portweinjahrgänge

Das Deklarieren von Jahrgängen obliegt stets den einzelnen Handelshäusern mit entsprechender Ratifizierung durch das IVP. Die Tabelle zeigt, wann die vier wichtigsten Firmen Jahrgänge deklarierten, und gibt eine allgemeine Qualitätsbewertung.

Jahr	Taylor	Fonseca	Ferreira	Ramos-Pinto	Bewertung
1900	ja	ja	ja	nein	★★★
1904	ja	ja	ja	nein	★★★
1906	ja	nein	nein	nein	★
1908	ja	ja	ja	nein	★★★
1909	nein	nein	nein	ja	★
1912	ja	ja	ja	ja	★★★★
1916	nein	nein	nein	ja	★
1917	ja	nein	ja	ja	★★★
1920	ja	ja	ja	ja	★★★★
1921	nein	nein	nein	ja	★
1922	nein	ja	nein	ja	★★
1924	ja	nein	ja	ja	★★★
1926	nein	nein	nein	ja	★
1927	ja	ja	nein	nein	★★
1928	nein	nein	ja	nein	★
1931	nein	nein	nein	ja	★
1934	nein	ja	ja	ja	★★★
1935	ja	nein	nein	ja	★★
1938	ja	nein	nein	nein	★
1940	ja	nein	nein	nein	★
1942	ja	nein	nein	nein	★
1945	ja	ja	ja	ja	★★★★
1948	ja	ja	ja	nein	★★★
1952	nein	nein	nein	ja	★
1955	ja	ja	ja	nein	★★★
1960	ja	ja	ja	ja	★★★★
1963	ja	ja	ja	nein	★★★
1964	nein	nein	nein	ja	★
1966	nein	ja	ja	nein	★★
1970	ja	ja	ja	ja	★★★★
1975	ja	ja	ja	ja	★★★★
1977	ja	ja	ja	nein	★★★
1980	ja	ja	ja	ja	★★★★
1982	ja	nein	nein	ja	★★
1983	ja	ja	ja	ja	★★★★
1984	ja	nein	nein	nein	★
1985	ja	ja	ja	ja	★★★★
1986	ja	nein	nein	nein	★
1987	ja	nein	nein	nein	★
1988	ja	nein	nein	nein	★
1991	ja	nein	nein	ja	★★
1992	ja	ja	ja	nein	★★★
1994	ja	ja	ja	nein	★★★
1995	ja	ja	ja	ja	★★★★
1996	ja	ja	nein	nein	★★

Madeira

Geschichte

Historisch interessierte Gemüter scheiden sich an der Frage, ob João Gonçalves Zarco (genannt «der Blauäugige» oder «der Zwinkerer») die Westküste Afrikas erforschen oder Amerika entdecken sollte – es hängt davon ab, welchen Legenden man glauben will –, als er im Jahr 1418 diesen Vulkanfelsen im Atlantik vor der Küste des heutigen Marokko fand. Im Lauf der Zeit dürfte die Insel aber Portugal vermutlich mehr eingebracht haben als die übrigen afrikanischen und amerikanischen Unternehmungen, denn sie wurde zum wichtigen Umschlag- und Versorgungshafen für die Schifffahrt nicht nur von Lissabon nach Rio de Janeiro und westlich davon gelegenen Punkten, sondern auch von Southampton nach Durban und ostwärts davon. Obwohl die Hauptstadt Funchal heute stark für den Tourismus ausgebaut ist, weisen ihre Altstadtbezirke noch immer etwas vom alten Kolonialgeist auf, und das subtropische Innere sowie die Nordküste sind so unwegsam wie eh und je.

Es wird berichtet, dass im Jahr 1418 die Insel so dicht bewaldet war, dass man kaum an Land gelangen konnte, und Kapitän Gonçalves Zarco und seine Leute lösten das Problem unter unbefangener Missachtung des Umweltgedankens, indem sie den Wald einfach in Brand steckten. Dieser Brand wütete, wie es heißt, sieben Jahre lang und hinterließ auf der Erde eine dicke Schicht Holzasche, die einen perfekten Kompost für die Weinrebe bildete.

Ob das nun alles wirklich so gewesen ist oder nicht, die Insel entwickelte sich rasch zu einem Zentrum des Weinbaus und belieferte den Norden Europas sowie Amerika schon zu Shakespeares Zeiten mit «Madeira-Sack» als Konkurrenz für «Sherris-Sack», «Málaga-Sack» und «Canary-Sack», die damals in England, Holland, Deutschland und Skandinavien bei keinem Gelage fehlten. Shakespeare war es auch, der die Legende verbreitete, dass der Duke of Clarence, der 1478 hingerichtet wurde, weil er angeblich ein Komplott gegen seinen Bruder, König Edward IV., geschmiedet hatte, «in einem Fass Malmsey-Wein ersäuft» worden sei – übrigens wurde der Madeira damals wohl noch nicht aufgespritet.

Der eigentliche große Erfolg dieses Weins kam freilich erst viel später. In der viktorianischen Zeit kam der Madeira groß in Mode – inzwischen war er auch aufgespritet – und nahm neben Port, Sherry und Marsala als einer der hochachtbaren Weine seinen Platz auf den Kredenzen besserer Leute allüberall ein. Meist nippte man ihn um vier Uhr nachmittags zu einem Stück Kuchen (dem nachmaligen «Madeira Cake»). Die größten Absatzmärkte waren England, die USA und Russland, und in der ersten Hälfte des 19. Jahrhunderts schien die Zukunft des Weins gesichert.

Das konnte nicht von Dauer sein. Madeiras Lage als Angelpunkt in der Welt der Schifffahrt bescherte der Insel zu Beginn der 1850er Jahre die erste große Plage des Weinbaus – Oidium, den Echten Mehltau. Rund 98 % des Rebenbestands gingen zugrunde. Kaum war es gelungen, die Weinberge wieder aufzubauen, da schlug um die Mitte der 1870er Jahre die Reblaus, die zweite große

Plage des Weinbaus, zu und verwüstete sie erneut. In den nun folgenden 25 Jahren verkauften viele der alten Weinhandelshäuser auf Madeira einfach ihre Vorräte und verließen die Insel, und viele Farmer rodeten die Weinberge und bauten dafür die zweitwichtigste Feldfrucht der Insel, nämlich Zuckerrohr, an. Andere dagegen pflanzten Amerikanerreben und brachten halbwegs annehmbaren Wein hervor (es gibt tatsächlich Leute, die unentwegt behaupten, dass 100 Jahre lang tadelloser Madeira von Trauben der *Vitis labrusca* produziert worden sei), doch die meisten gaben einfach auf.

Um die Jahrhundertwende war dann aber das Pfropfen auf amerikanische Unterlagsreben allgemein eingeführt, und der Weinbau begann wieder zu erstarken. Der nächste große Rückschlag kam mit der Revolution in Russland, wo Madeira (interessanterweise zusammen mit Zigarren) von nun an als eines der schlimmsten Symbole kapitalistischer Unterdrückung galt, und auf den Verlust dieses Absatzmarkts folgte alsbald die Prohibition in den USA, die dem noch verbliebenen Weinbau so ziemlich den Rest gab. Dagegen erwies sich als günstig, dass Frankreich, Belgien und England große Mengen an eher einfachem Madeira als Kochwein importierten, und dieses Geschäft gab schließlich langsam, aber sicher die Basis für die Renaissance des Madeira-Weins ab.

Die Trauben für Madeira

Hier hat sich in den letzten Jahrzehnten ein großer Wandel vollzogen. Seit jeher war der Madeira-Wein nach seinen vier «edlen» Traubensorten benannt – Malmsey (Malvasia), Boal (Bual), Verdelho und Sercial. Sie bildeten die Hierarchie – süß, lieblich, halbtrocken, trocken –, die noch heute für den Stil aller Madeira-Weine mit Ausnahme der feinsten (d. h. der «alten Jahrgänge») maßgeblich ist. Rund 95 % der Rebfläche sind derzeit mit Tinta Negra Mole besetzt, und ihr Wein wird so bereitet, dass er sich in diese Hierarchie von süß bis trocken in den unteren Preisklassen einpasst. An weiteren Traubensorten halten sich u. a. noch Terrantez (fast ausgestorben, bis in den 1980er Jahren mit Neuanpflanzungen begonnen wurde), Bastardo (ebenfalls fast nicht mehr vorhanden) und Moscatel. Es wird manchmal behauptet, dass Tinta Negra Mole, wenn sie ebenso mit Samthandschuhen angefasst würde wie die «edlen» Trauben, auch Weine mit ähnlicher Rasse und Klasse hervorbringen könnte. Im Augenblick aber machen dies die Verhältnisse unwirtschaftlich, ja sogar unmöglich.

So entsteht Madeira

Wie der Portwein wird auch der Madeira während der Gärung aufgespritet. Der Zeitpunkt des Aufspritens bestimmt den endgültigen Süßegrad des Weins. Als Faustregel lässt sich sagen, dass der im fertigen Wein nach der Gärung verbleibende Zuckerrest, in Grad Beaumé (°Bé) gemessen, folgendes beträgt:

«**Dry**» (im Stil von Sercial): bis 1,5°Bé
«**Medium-Dry**» (im Stil von Verdelho): 1–2.5°Bé

«Medium-Sweet» (im Stil von Bual): 2,5–3,5°Bé
«Sweet» (im Stil von Malmsey) 3,5–7°Bé, wobei große Weine sogar 10–11°Bé erreichen können (als Vergleich erreicht reifster Portwein 15°Bé).

Will der Kellermeister einen süßen Wein erzielen, dann nimmt er das Aufspriten zu einem frühen Zeitpunkt vor; soll der Wein dagegen «dry» sein (wirklich trocken ist Madeira nie), dann erfolgt das Aufspriten erst gegen Ende der Gärung – so also wird die Restsüße im Wein in dieser oder jener Richtung beeinflusst. Das Aufspriten erfolgt mit 96-%igem Weingeist (meist französischem), der in den Gärbehälter eingeleitet wird (dagegen wird beim Port der Wein in Behälter geleitet, in denen sich der Alkohol bereits befindet). Danach hat der Wein 18 % Alkoholgehalt und ist bereit für die nächste Behandlungsphase.

Früher wurden Fässer mit Madeira als Ballast mit auf Weltreise genommen, wobei der Seegang und die zweimalige Äquatorüberquerung (bei entsprechend steigenden und wieder fallenden Umgebungstemperaturen) dem Wein eine schöne, milde Reife verliehen, so dass er, wenn er wieder nach Funchal gelangte, weit besser geworden war. Seit es auf den Weltmeeren keine Segelschiffe mehr gibt, wird dieser Vorgang durch ein Verfahren nachgeahmt, das sich *estufagem* nennt; es besteht darin, den Wein für die Dauer von etwa 6 Monaten auf rund 45 °C zu erhitzen; danach wird er in Fässer gefüllt. Es gibt noch eine andere Methode, Wärme zu nutzen, um die Alterung des Weins zu beschleunigen. Sie heißt *canteiro*, und bei ihr wird der Wein einfach in hohen, luftigen Lagerhallen untergebracht, so dass die jahreszeitlichen Temperaturschwankungen auf ihn einwirken – allerdings steigen die Temperaturen in Madeira im Sommer kaum über 25 °C und fallen im Winter kaum unter 18 °C.

Über den Wert des *estufagem*-Verfahrens sind die Meinungen geteilt; die einen wollen nichts davon wissen, die anderen glauben, dass es bei richtiger Anwendung den Schlüssel zur Entstehung herrlichster Madeiras bildet. Früher wurde einfach heißes Wasser oder Dampf durch eine Heizschlange in einem der hier üblichen Betonbehälter geleitet, um die Temperatur auf den gewünschten Wert zu bringen. Eine Variante dieser Methode arbeitet mit einer Temperaturerhöhung von Umgebungswärme auf 45 °C in Stufen von jeweils 2° und mit anschließender Absenkung in gleicher Weise, und zwar in zwei Zyklen mit einer Gesamtdauer von sechs Monaten, um die zweimalige Äquatorüberquerung nachzuahmen. Manche Erzeuger gingen noch einen Schritt weiter, indem sie durch Umpumpen des Weins im Behälter das Rollen und Gieren eines Schiffs im Seegang nachahmten.

Die Befürworter der *estufagem*-Methode sagen, es seien die morschen, alten Betonbehälter und undichte Heizschlangen gewesen, die das Verfahren in Misskredit brachten, aber bei Verwendung moderner Edelstahltanks könne es so fein reguliert werden, dass es einen echten Beitrag zur Reifung, Entfaltung und Langlebigkeit des Weins bedeute. Während sonstwo in der Welt kaltes Wasser durch den Außenmantel der Gärtanks gepumpt wird, um den Most zu kühlen und eine exakte Gärführung zu ermöglichen, wird in Madeira heißes Wasser durchgepumpt, um die Temperatur zu erhöhen und einen sorgfältig geregelten *estufagem*-Vorgang durchzuführen. Nach der neuesten Erhebung lehnt mindestens ein Erzeuger die *estufagem*-Methode völlig ab, mindestens ein Erzeuger arbeitet mit ihr bei allen seinen Weinen, während die übrigen *estufagem* nur bei «TNM»-Weinen (Tinta Negra Mole), nicht aber bei den «edlen» Sorten einsetzen.

Madeira wird nach einer Mindestausbauzeit von drei Jahren verschnitten und zum Verkauf freigegeben; selbstverständlich machen bessere Weine eine weit längere Reifezeit durch.

Madeira-Stile

Die meisten Erzeuger führen heute zwei oder drei Produktreihen: einfachen Madeira, weitgehend von Tinta Negra Mole (TNM), in den Kategorien «sweet», «medium-sweet», «medium-dry» und «dry», Madeira unter dem Namen einer der traditionellen edlen Rebsorten Sercial, Verdelho, Bual und Malmsey und schließlich Jahrgangsweine von oft hohem Alter. Madeira kann der langlebigste Wein der Welt sein. Es sind (für viel Geld) Exemplare aus den 1790er Jahren erhältlich, und sie strotzen noch von Lebenskraft.

Manche «Medium»-Weine werden aus unklaren Gründen als «Rainwater» bezeichnet. Eine Legende behauptet, ein solcher Wein sei einmal von der Werbeagentur eines amerikanischen Importeurs als «sanft wie Regenwasser» beschrieben worden und habe sich so gut verkauft, dass der Name blieb. Ein andermal wird behauptet, der Name des Importeurs habe echt amerikanisch «Rainwater Habisham» gelautet, aber auch das dürfte ins Reich der Fabel gehören. Wieder eine andere Version spricht davon, früher hätten die Fässer Regenwasser hereinsickern lassen und … aber genug der Legenden!

«TNM»-Weine fallen je nach Etikettangabe in die vier bekannten Süßekategorien und haben eine Reifezeit von mindestens drei, öfter aber fünf Jahren hinter sich, wobei sechs Monate *estufagem*-Behandlung eingerechnet sind. Ihre Qualität liegt zwischen gefällig und sehr angenehm, und sie bilden die Hauptstütze des hiesigen Weinbaus.

«Edle» Weine müssen mindestens 85 % der angegebenen Traubensorte – Malvasia (Malmsey), Bual (Boal), Verdelho, Sercial sowie, eher selten, Terrantez – enthalten. Die meisten (also durchaus nicht alle) Erzeuger wenden für die Reifung die *canteiro*-Methode an (d. h., sie arbeiten nicht mit *estufagem*), und die Weine gelangen meist im Alter von 5 bzw. 10 Jahren zum Verkauf, es sind aber auch 15-jährige Exemplare auf dem Markt.

Auf Jahrgangs-Madeiras darf das Wort «Vintage» nicht erscheinen, denn es ist, ob man es glaubt oder nicht, in Portugal eine eingetragene Warenbezeichnung für Portwein. Dagegen ist der Begriff «Colheita» erlaubt, aber meist wird nur die Jahreszahl auf der Flasche wiedergegeben, so dass der Kunde seine eigenen Schlüsse ziehen darf – um was soll es sich auch bei einem «1900 Malvasia» schon handeln? Auf jeden Fall muss Wein eines bestimmten Jahrgangs mindestens 20 Jahre Reifezeit im Eichenfass und noch etliche Jahre in der Flasche durchmachen, bevor er zum Verkauf angeboten werden darf, daher ist er stets selten und teuer. Aus diesem Grund wird feiner alter Madeira oft in *soleras* ausgebaut (Näheres siehe im Abschnitt Sherry). Dabei werden jüngere Weine unmerklich mit älteren gemischt, und es entsteht sehr rasch ein dynamisch gereifter Wein von hoher Qualität, ohne dass die für den Jahrgangswein gesetzlich vorgeschriebene Ausbauzeit abgewartet werden muss.

Auf *solera*-Weinen kann das Gründungsjahr der *solera* vermerkt sein, z. B. «Solera 1900 Malvasia». Das ist natürlich etwas ganz anderes als bei dem oben erwähnten Jahrgangs-Madeira. Die Mischung kann nämlich Weine aus den meisten Jahrgängen seit 1900 enthalten, so dass das Durchschnittsalter vielleicht nur 20 bis 30 und nicht etwa 100 Jahre beträgt.

Als Zukunftsperspektiven liegen Vorschläge zur Neufassung und Ausweitung des Colheita-Stils und zur Einführung von «Single-Quinta»-Madeira vor; bedenkt man aber, wie viel Zeit guter Wein braucht, um heranzureifen, dann dürfte das wohl Musik aus einer noch in weiter Ferne liegenden Zukunft sein.

Bedeutende Erzeuger und Handelshäuser

***Barbeito – Vinhos Barbeito (Madeira) Lda.* ★★→★★★**
(Jahrgangsweine ★★★★)
Estrada Monumental 145, 9000 Funchal, Madeira
Gegründet 1946, heute in japanischem Besitz; die großen Absatzmärkte sind Japan sowie Korea und China. Die Produktion entfällt zum Teil auf TNM-Weine der bescheideneren Preisklasse sowie auf ein recht gutes Programm an 5-jährigen edlen Weinen. Hinzu kommt noch eine Auswahl an fabelhaften alten Jahrgängen aus Zeiten lange vor der Firmengründung.
BESTE WEINE: Die Jahrgangsweine!

***Blandy's – Madeira Wine Company SA* ★★★→★★★★**
Rua dos Ferreiros 191, Ap. 295, 9003 Funchal, Madeira
Das 1913 gegründete Haus hat so viele andere Unternehmen aufgesogen, dass die Ursprünge weit verzweigt sind. Zuverlässige Namen aus diesem Vorposten des Symington-Imperiums (siehe Graham unter Portwein) sind u. a. Blandy, Leacock, Rutherford and Miles, Cossart Gordon – insgesamt machen etwa 27 alte Firmen die heutige Madeira Wine Company aus. Die Symingtons haben mit der Erwerbung eines Anteils 1988 die Kontrolle übernommen und stark in das Unternehmen investiert. Die besseren Weine reifen in Fässern in einem *canteiro*-System, bei dem zusätzlich zur natürlichen Umgebungswärme auch Abwärme aus dem *estufagem*-System genutzt wird.
BESTE WEINE: 10-jährige Weine von edlen Rebsorten, Colheitas aus den 1980er Jahren sowie alle Jahrgangsweine.

Borges – H.M. Borges, Sucrs. Lda.
Rua 31 de Janeiro 83, PO Box 92, 9001 Funchal, Madeira
Das 1877 gegründete kleine Familienunternehmen konzentriert sein Exportgeschäft auf die USA und Japan sowie auf Fassweinabsatz in Skandinavien.
BESTE WEINE: Meist mittlere bis gute Qualität.

Henriques & Henriques Lda. ★★★→★★★★
Caminho Grande e Preces, Sitio de Belém, 9300 Cámara de Lobos, Madeira
Gegründet 1850. Einer der wenigen Madeira-Erzeuger mit eigenen Weinbergen. Vor kurzem zog das Unternehmen aus Funchal in eine neu erbaute Kellerei um. Chefkellermeister ist John Cossart (aus der gleichnamigen Firma; siehe Madeira Wine Company), ein unbeirrbarer Anhänger der «richtigen *estufagem*-Methode», durchgeführt auf die moderne Art in Edelstahltanks. Alle H&H-Weine durchlaufen drei Monate lang diesen Prozess; so entsteht ein wahrhaft eindrucksvolles Programm: gut bereitete, gefällige TNM-Weine, hervorragende 10-jährige «Edelweine» und erstaunliche 15-jährige Weine. Sie alle wirken dennoch blass im Vergleich mit den alten Jahrgängen, die bis vor 1800 reichen.
BESTE WEINE: Sehr zuverlässiges Grundprogramm, v. a. Monte Seco Dry; im 10-jährigen Programm v. a. Bual; im 15-jährigen Programm v. a. Malmsey; alle Jahrgangsweine.

Justino Jenriques – Vinhos Justino Jenriques Filhos, Lda. ★→★★ ***(Jahrgangweine*** ★★★★***)***
Sitio Cancela, 9125 Canico, Madeira
Das 1830 gegründete Unternehmen ist fast so groß wie die Madeira Wine Company (s.d.); den Hauptabsatz erzielte es bis vor kurzem mit Fasswein in den USA und Japan. Ab 2000 soll jedoch nur noch Flaschenwein verkauft werden, und für diesen Zweck entwickelt das Haus eine Reihe von Weinen. Der Löwenanteil entfällt auf TNM-Weine, darunter einen der Marke Broadbent, der von dem gleichnamigen kalifornischen Weinhändler – einem Nachkommen des früheren Leiters der Weinabteilung bei Christie's in London – vertrieben wird.
BESTE WEINE: 50-jähriger Terrantez; alle Jahrgangsweine.

Oliveria – Pereira d'Oliveira (Vinhos) Lda. ★ ***(Jahrgangsweine*** ★★★→★★★★***)***
Rua dos Ferreiros 107, 9000 Funchal, Madeira
Familienbetrieb; eine schöne *lodge* im Zentrum von Funchal mit Verkaufsraum, in dem man alles von Souvenirs bis zum ältesten Madeira bekommt. Selbst Zufallsbesucher werden dazu eingeladen, einen Wein eigener Wahl zu kosten, und die Preise sind bemerkenswert bescheiden. Das Lesegut wird zumeist aus der Gegend um Câmara de Lobos bezogen, die Weine werden «auf dem Land» produziert und dann zum Reifen nach Funchal gebracht.
BESTE WEINE: Jahrgangsweine und andere sehr alte Madeiras.

Silva Vinhos ★→?

Sitio da Igreja, Estreito de Câmara de Lobos, 9325 Câmara de Lobos, Madeira

Die 1990 gegründete funkelnagelneue Kellerei produziert ausschließlich Wein von TNM-Lesegut aus der Gegend um Câmara de Lobos. Früher baute die Familie Silva Trauben an und verkaufte sie an die Madeira Wine Company (s.d.), schließlich aber erfüllte sie sich ihren alten Wunsch, selbst Madeira zu erzeugen. Alle Weine außer dem süßen TNM werden dem *estufagem*-Prozess unterzogen.

BESTE WEINE: Süßer TNM; es ist aber noch zu früh, um das Potenzial des Hauses zu beurteilen.

Sonstige mit Alkohol angereicherte Weine aus Portugal

Der wohl berühmteste aufgespritete Wein aus Portugal außer Port und Madeira kommt von der Halbinsel Setúbal im Südosten von Lissabon, aber auch am Douro werden auf Moscatel beruhende Weine produziert, während die von Carcavelos westlich der Hauptstadt von anderen Rebsorten entstehen. Carcavelos und Setúbal haben eines gemein: ihre Rebfläche ist durch die Ausbreitung der Stadt Lissabon ständig bedroht, denn Bauland bringt nun einmal mehr ein als Weinbauland. Dennoch geben einige Weingüter nicht auf.

Moscatel de Setúbal

Die Muskatellertraube, eine der ältesten im Weinbau (in diesem Fall ist es der hier als Moscatel de Setúbal bezeichnete Muscat d'Alexandrie) war schon vor der Römerzeit bekannt. Ihre volle, würzige, natürliche Süße und ihre Fähigkeit, hohe Alkoholstärken hervorzubringen, machte sie schon in der Antike zur begehrten Handelsware von den griechischen Inseln bis Málaga.

Daneben gibt es noch eine andere Muskatellertraube namens Moscatel Roxo, und des weiteren dürfen die Traubensorten Arinto, Boal, Fernão Pires, Malvasia, Rabo de Ovelha, Roupeiro und ein halbes Dutzend andere in den Wein eingehen. Allerdings muss der «Moscatel de Setúbal» mindestens 85 % dieser Sorte enthalten. Dagegen besteht der lediglich als «Setúbal» bezeichnete Wein aus mindestens 70 % einer der beiden Muskatellersorten, und in beiden Fällen darf der Rest ein beliebig zusammengesetzter Cocktail aus den anderen Traubensorten sein.

Aufgespritet wird wie beim Portwein durch Abstoppen der Gärung mit Weingeist und Anreicherung auf einen Endalkoholgehalt von 18 %. Anders als beim Port bleibt dieser Wein jedoch über den Winter auf dem Geläger liegen, damit er aus den Traubenschalen und dem Fruchtfleisch den charakteristischen Muskatellergeschmack aufnehmen kann. Danach erfolgt Abstich in 600-l-Fässer. Jetzt wird das Fruchtfleisch gepresst – dieser Wein dürfte der einzige in der Welt sein, der erst sechs Monate nach der Lese gekeltert wird –, und der dabei gewonnene Wein wird in getrennte Fässer abgezogen und zu Verschnittzwecken benutzt.

Es folgen drei bis vier Jahre Reifezeit in Fässern, die in luftigen oberirdischen Räumen liegen und den Temperaturschwankungen der Jahreszeiten ausgesetzt sind. Dadurch wird der Wein konzentriert und reift zu walnussbrauner Färbung, pikant-würzigem Aroma und frischer Muskatellersüße heran. Um diese Zeit wird der größte Teil in Flaschen gefüllt und auf den Markt gebracht, nur die besten Weine erfahren eine besondere Behandlung und reifen bis zu 20 und mehr Jahre weiter. Danach präsentieren sie sich tief, rosinensüß und kraftvoll, büßen ihren charakteristischen Muskatellerton jedoch nie ein. Es gibt auch Jahrgangsweine – tatsächlich scheint Jahrgangs-Setúbal so etwas wie ein Comeback zu erleben. Sehr alte Jahrgänge können wahrhaft großartig sein.

Bedeutende Erzeuger und Handelshäuser

José Maria da Fonseca Sucrs., Azeitão ★★★★
Das 1834 als Moscatel-Erzeuger gegründete Haus spaltete sich 1968 auf, wobei ein Teil im IDV aufging. 1997 kamen beide Teile jedoch wieder zusammen und werden heute von den Gebrüdern Soares Franco, Nachkommen von José Maria da Fonseca, geleitet. Seit vielen Jahren beherrscht das Haus die Erzeugung von Moscatel de Setúbal; in seinen Kellern liegen Jahrgänge, die bis in die 1880er zurückreichen.
BESTE WEINE: Alle Weine sehr zuverlässig; Jahrgänge aus den 1980ern; großartige ältere Jahrgänge (v. a. aus den 1950ern und 60ern).

J.P. Vinhos, Pinhal Novo ★★★★
1922 unter dem Namen João Pires gegründet und neuerdings berühmt durch einfallsreiche Methoden in der Bereitung nichtaufgespriteter Weine durch den Australier Peter Bright. Das Unternehmen steht heute unter der Leitung von António Avillez, einem Verwandten der Gebrüder Soares Franco (s. Fonseca). Der Setúbal des Hauses ist ein sortenreiner Moscatel de Setúbal und wird wie manche Madeiras in einem zur Beschleunigung des Reifeprozesses beheizten Lagerraum ausgebaut. Die Erzeugung umfasst auch Jahrgangsweine.
BESTE WEINE: Alle Weine sehr zuverlässig; Jahrgangsweine.

Moscatel do Douro

Inzwischen gibt es aufgrund des wachsenden Interesses an Wein aus der Douro-Region, der kein Portwein ist, eine kleine Produktion von Muskatellerweinen. Der beste dieser Art (★★★) ist wohl der aus dem Haus Niepoort (s. Abschnitt Portwein). Einige ältere Jahrgänge entwickeln sich bereits sehr schön.

Carcavelos

Dieses Anbaugebiet wurde 1908 in seinen Grenzen festgelegt und produzierte in den 1930er Jahren große Mengen an Wein, es hat jedoch mehr als andere unter der Bautätigkeit infolge der unerbittlichen Ausdehnung Lissabons zu leiden. Ihre Entstehung verdankt die Region dem Marquês de Pombal, von 1750 bis 1777 Premierminister und eigentlicher Herrscher Portugals, denn er besaß in der Gegend ein Landgut und wollte einen Markt für die Trauben aus seinen Weinbergen schaffen. Infolgedessen sind die für Carcavelos zugelassenen Traubensorten Legion – nun ja, es sind immerhin neun –, wahrscheinlich eben diejenigen, die damals auf seinem Gut wuchsen, und zwar Galega Dourada (die Hauptsorte), Arinto und Boais (weiß) sowie Trincadeira, Espadeiro, Periquita und Tinta Negra Mole (rot). Die dunklen Trauben werden *en blanc* gekeltert, damit der Wein keine Farbe annimmt.

Aufgespritet wird nach oder gegen Ende der Gärung, kurz bevor ein trockener Weißwein entsteht. Dann wird Weingeist mit etwas *vinho abafado* (ein *mistelle* aus Traubensaft und Weingeist) bis zu einem Alkoholgehalt von etwa 18 % zugesetzt, wobei der Erzeuger nach eigenem Ermessen den Süßegrad bestimmt. Anschließend erfolgt Abstich in saubere Fässer mit 600 l Inhalt, oft auch in noch größere. Hierin lagert der Wein etwa fünf Jahre lang und reift zu nußwürziger, lieblicher Art heran.

Bedeutende Erzeuger und Handelshäuser

Quinta do Barão, Carcavelos ★★→★★★
Dieses Weingut wurde zu Anfang der 1990er Jahre praktisch geschlossen. Es hatte sich der Baulanderweiterung lange widersetzt, schließlich aber machte ihm der Bau einer neuen Straße mitten durch seine letzten Weinberge den Garaus. Einige seiner Weine sind jedoch noch im Handel.
BESTE WEINE: Je älter, desto besser.

Quinta dos Pesos, Caparide ★→★★
Hierbei handelt es sich um ein neues Unternehmen des Ölmillionärs Manoel Bulhosa, der es sich in den Kopf gesetzt hat, Carcavelos für sein Land und die Welt zu retten. Mit Hilfe des australischen Kellermeisters Peter Bright legte er einen neuen Weinberg an, in dem auch Cabernet Sauvignon steht, und brachte 1987 die erste Ernte ein. Der Wein wird mindestens drei Jahre lang in bereits ein Jahr gebrauchten Rotweinfässern ausgebaut und entwickelt sich schön.
BESTE WEINE: Je älter, desto besser.

Weitere Weine

Adega Cooperativa da Lagoa, Lagoa ★→★★
Allein auf weiter Flur steht diese Genossenschaftskellerei mit dem Versuch, einstige Glorie wieder entstehen und die große Zeit der Sherry-ähnlichen aufgespriteten Weine, die früher überall an der Südküste der Iberischen Halbinsel entstanden, erneut aufleben zu lassen. Ihr Brot verdient sich die Kellerei mit kühl vergorenem leichtem Touristenwein für die Strände der Algarve, ihr Herz aber gehört dem fassgereiften, nach der Gärung aufgespriteten Wein der Vergangenheit.
BESTER WEIN: Afonso III, ein trockener Wein im Amontillado-Stil mit 15 % Alkohol.

Sherry

«So steht nur aber von Spaniens Weißwein oder Rotwein,
Insonderlich vom weißen Wein aus Lepe,
Wie man ihn kauft in Fish Street oder Chepe,
Denn dieser schleicht sich still und fein
In manchen anderswo gewachs'nen Wein,
Dem ein so starker Dunst entweicht,
Dass einer, der drei Züge kaum genommen
Und sich daheim in Chepe deucht,
Doch längst in Spaniens Lepe angekommen,
Wo La Rochgelle und Bordeaux ihm entschwinden.»

Geschichte

Geoffrey Chaucer (1342–1400) schrieb die obigen Zeilen vor über 600 Jahren, als der Wein von Lepe (einem Ort im Condado de Huelva) nach dem benachbarten Jerez verfrachtet wurde, wo er den wachsenden Bedarf für den Exporthandel decken helfen musste. Die Erwähnung von «starkem Dunst» lässt darauf schließen, dass der Sherry damals schon aufgespritet wurde, und offenbar war er auch in der Fish Street (London EC3) ebenso populär wie in «Chepe» – gemeint ist Cheapside (London EC2) – und wohl auch sonstwo in England, und doch nehmen sich sechs Jahrhunderte im Vergleich mit der langen Geschichte des Weins recht kurz aus.

Es gibt freilich ältere Weine auf der Welt als den Sherry – tatsächlich brachten die alten Griechen, die im 6. und 5. Jahrhundert v. Chr. in der Gegend des heutigen Cádiz siedelten, Reben und das Wissen um die Weinbereitung schon aus der Heimat mit, und ihre Vorfahren hatten wiederum das Handwerk von Ägypten, Persien oder Kleinasien gelernt, also war der Wein schon altes Kulturgut, ehe die erste Rebe dort gepflanzt wurde, wo heute das «goldene Sherry-Dreieck» liegt. Immerhin jedoch war der Sherry der erste Wein, mit dem auch außerhalb des Mittelmeers starker Handel getrieben wurde, denn die geografische Lage bei den Säulen des Herkules war einfach zu günstig, als dass die Händler aus dem heutigen Nahen Osten, die um 1100 v. Chr. Gadir (Cádiz) gründeten, sie hätten verfehlen können. Ein Umschlagplatz an dieser Stelle musste ja die Reise von Phönizien (das heutige Syrien) mit den drei wichtigsten Handelswaren der alten Welt – Weizen, Oliven und Wein – hinauf an die Westküste Europas oder hinab zur Ostküste Afrikas um die Hälfte verkürzt haben. Irgendwann kam dann wohl auch jemand auf die brillante Idee, Weinberge, Getreidefelder und Olivenhaine bei Gadir selbst anzulegen, und bald stellte man wohl auch fest, dass man weiter im Inneren, geschützt vor dem heißen, trockenen Südostwind, der fast den ganzen Sommer hindurch über die Küste fegt, besser aufgehoben war, nämlich bei der Stadt Xera. Hier liegt vermutlich der Ursprung dessen, was wir heute als Jerez und das Sherry-Gebiet kennen.

Die Herrscher kamen und gingen – Phöniker, Karthager, Römer, Vandalen und Westgoten –, doch Weinbau und Weinerzeugung nahmen stetig zu. Amphorenweise wurden, wie man annehmen darf, von Natur aus starke, süße Weine nach Damaskus, Karthago und Rom und in die ganze damals bekannte westliche Welt geschickt. Die nacheinander eingetretenen Herrschaftswechsel haben sicherlich beträchtliche Schwierigkeiten mit sich gebracht, der Trend aber war stets auf Expansion gerichtet, denn selbst die engstirnigsten Eroberer erkannten doch den Wert eines blühenden Exportgewerbes. Über diese Zeit hinweg muss der Wein aus dieser Gegend die verschiedensten Namen getragen haben, wir aber wollen uns der Einheitlichkeit halber in diesem Kapitel an den modernen Begriff halten.

Die nächste Entwicklungsphase begann für den Sherry mit der Invasion der Mauren im Jahr 711 n. Chr. Sie kamen aus dem heutigen Marokko unter der Herrschaft des Kalifen von Damaskus (also der Hauptstadt des einstigen Phönizien). Das maurische Heer übernahm rasch die Herrschaft in dem von ihm besetzten Gebiet, das sich über den größten Teil der Iberischen Halbinsel südlich des Kantabrischen Gebirges erstreckte. Für den Sherry-Weinbau bedeutete das praktisch eine Prohibition, obwohl die einzelnen Provinzherrscher denn doch ihre eigenen Ansichten über den Umgang mit alkoholischen Getränken hatten. Manche waren durchaus damit einverstanden, dass Wein produziert und für gutes Geld an die ungläubigen Christen verkauft wurde, andere wiederum förderten den Anbau von Trauben für die Tafel. Es steht also zu vermuten, dass auch unter der Maurenherrschaft in manchen Teilen der Region wenigstens etwas Wein erzeugt wurde.

Der wichtigste Beitrag, den die Mauren leisteten, war freilich die Destillation von Alkohol, deren Geheimnisse sie von den Phönikern gelernt hatten, und diese wiederum sollen sie aus China mitgebracht haben. Die Destillation wurde von den Mauren für pharmazeutische und kosmetische Zwecke benutzt; sie waren eher an dem dabei entstehenden Trockenextrakt (arabisch *al-kohl* bedeutet «Asche») interessiert als an der zu Kopf steigenden Flüssigkeit, die als Nebenprodukt abfiel. Die Andalusier übernahmen den arabischen Begriff wie auch den Namen der Destillierblase (*al-ambiq)*, in der sich der Vorgang abspielt.

Niemand weiß genau, wann Sherry erstmals mit Weingeist angereichert wurde, es kann aber um die Zeit gewesen sein, als sich nach 910 die ersten Risse in der maurischen Herrschaft zeigten, weil in Damaskus Abtrünnige vom dortigen Kalifat abfielen und in Tunis eine neue Herrschaft errichteten. Abd-ar-Rahman III., unter dem Befehl von Damaskus der Herrscher über das maurische Spanien, schwenkte zur neuen Ordnung um und proklamierte sich 929 selbst zum Kalifen von Córdoba. Daraufhin brach zwischen den maurischen Provinzherren Streit aus, so dass die Heere der Fürsten von Kastilien, León, Katalonien, Aragón usw. (sofern sie nicht gerade miteinander in Fehde lagen) sich von Norden her vorwärts kämpfen und die Andalusier von Westen her die Waffen erheben konnten. Dennoch kamen sie nur langsam voran, und erst 1264 wurde in der Schlacht um Jerez endgültig der Sieg erfochten. Auch dann dauerte es noch einmal 228 Jahre, bis im Jahr 1492 bei Granada die letzte maurische Heeresmacht besiegt wurde, und fast während dieser ganzen Zeit bildete das Sherry-Land das Grenzgebiet zwischen dem muselmanischen und dem christlichen Spanien – daher auch der Name Jerez de la Frontera.

Dies gab vermutlich das Klima ab, in dem die Weinerzeuger von Jerez damit begannen, ihr Gewerbe in die Höhe zu bringen. Da sich die Augen ihrer maurischen Herren anders wohin richteten, gab es weit mehr Gelegenheit als bisher für Experimente, und es ist wahrscheinlich, dass manche Weinbauern nun ihren Weinen Weingeist zusetzten, um sie gegen die Wärme und die unsanfte Behandlung zu «stärken», denen sie auf dem Weg zu ihrem jeweiligen Bestimmungsort wochenlang ausgesetzt waren. Der Übergang von den in irdenen Amphoren transportierten natursüßen, starken Weinen zu in Fässern transportierten aufgespriteten Weinen dürfte sehr allmählich geschehen sein und mehrere Jahrhunderte in Anspruch genommen haben. Nicht jeder Weinbauer wird damals bereit gewesen sein, die Methode zu wechseln.

Die Mauren wurden 1492 endgültig verdrängt – in diesem Jahr errichtete Spanien seine ersten Kolonien in Amerika –, und der Sherry erlebte in der Alten Welt wie in der Neuen einen erneuten Aufschwung. Im Krieg zwischen England und Spanien, der mit der Vernichtung der spanischen Armada seinen Höhepunkt fand, hatte im Jahr 1587 ein Vorfall, bei dem Sir Martin Frobisher – einer von Drakes Kapitänen – «den Bart des Königs von Spanien versengte», beträchtliche Auswirkungen auf das Exportgeschäft. Frobisher setzte nämlich nicht nur im Hafen von Cádiz die spanische Flotte in Brand, sondern erbeutete auch 2900 Fässer Sherry, die er schließlich im aufnahmebereiten England ablieferte. Nun wurde Sherry zum Modegetränk in allen Schänken des 16. Jahrhunderts – damals die Bars und Restaurants von heute; Shakespeare schrieb über ihn, die vornehme Gesellschaft nahm sich seiner an, und – ob Krieg oder nicht – der Sherry erlebte wiederum einen Aufschwung.

Seinen Höhepunkt erreichte der Sherry im viktorianischen England, als in keinem besseren Haushalt der Dekanter mit Sherry fehlen durfte, und in den 1870er Jahren wurde mehr von diesem Wein auf den Weg gebracht als je zuvor. Es schien, als solle die Liebe der Welt zu ihm kein Ende nehmen – und so war es, lässt man zwei Weltkriege und den Spanischen Bürgerkrieg einmal beiseite, denn tatsächlich auch ... bis 1983.

1983 nahm der spanische Staat die gigantische Firma RuMaSA, die sich im Besitz der Familie Ruiz-Mateos befand, unter seine Fittiche. Damals beherrschte die RuMaSA so große Teile des Sherry-Geschäfts sowie andere Weinfirmen, Industrien und Banken, dass bei ihrem Zusammenbruch ein Schock durch die Wirtschaft ging. Im Verein mit einem plötzlichen Rückgang des Exports brachte dies erstmals seit Menschengedenken die Sherry-Seifenblase zum Platzen. Die Branche machte eine «Neuorientierung» durch; Weinberge wurden gerodet, Arbeitskräfte entlassen – alles unter dem Eindruck der Realität, dass das Geschäft zu stark aufgeblasen und übertrieben selbstsicher gewesen war. Es nahm mindestens 10 Jahre in Anspruch, die Branche neu zu ordnen und wieder aufzubauen, und auch heute, im Jahr 2000, ist auf diesem Markt noch nicht alles getan. Immerhin aber hat der Sherry nun schon so viel durchgemacht, dass er auch mit dem Auf und Ab in der Wirtschaft des ausgehenden 20. Jahrhunderts fertig werden wird, und obwohl die Exportmenge geringer ist als noch vor 20 Jahren, so sind doch Qualität, Wert, Vielfalt und Auswahl so gut wie immer, wenn nicht gar besser.

Die Trauben für Sherry

Eine Rebsorte dominiert im Sherry-Geschäft: Palomino. Sie tritt unter den Namen Palomino Fino, Palomino de Jerez, Listán Palomino und einem halben Dutzend anderen auf, und es gibt ja auch verschiedene Klone, die jeweils ihre *aficionados* haben, wobei es als gesicherte Erkenntnis gilt, dass der Palomino Fino die beste Kombination von Ertrag und Qualität bietet. Der Klarheit halber werden wir hier einfach nur den Namen Palomino benutzen. Weitere in dieser Region angebaute Rebsorten sind u. a. Pedro Ximénez – die Traube wird manchmal an der Sonne getrocknet oder auf andere Art geschrumpft, damit sie volle, dunkle Weine zum Süßen und Färben abgibt – und Moscatel, der meist für sich allein zu Wein verarbeitet wird.

Palomino ist eine Massenträgersorte, die sich überall sonst in Spanien als langweilig und nichtssagend erweist und neutrale Weine mit großer Alkoholstärke und geringem Sortencharakter erbringt. In Jerez dagegen ist sie gut in Form: Aus dem Zusammenspiel von Klima und *albariza*-Boden (bis zu 80 % Kreidegehalt) mit mehr als 1000 Jahren Erfahrung und unermüdlichem Bemühen ist ein Wein zustande gekommen, der in Stil, Vielfalt und Qualität nicht seinesgleichen in der Welt hat.

So entsteht Sherry

Sherry ist der Triumph menschlicher Geduld und Mühe über eher bescheidene Ausgangsstoffe. Der Sherry-Prozess bemächtigt sich dieser Ausgangsstoffe und verwandelt sie in einen der großartigsten Weine der Welt. Im Lauf der Zeit wurden die günstigsten Anbauflächen für die Palomino-Traube ermittelt und nach ihrem Rang geordnet. Von diesen so genannten *pagos* eignen sich die tiefer gelegenen, kühleren Rebflächen in Küstennähe besonders gut für die Produktion von Fino Sherry, während in den höher gelegenen, wärmeren Weinbergen weiter im Binnenland eher Trauben für Oloroso-Qualitäten wachsen (s. Sherry-Stile). Das Vinifikationsverfahren ist weitgehend modern und läuft in Edelstahltanks bei geregelten, wenn auch recht hohen Temperaturen ab. Die Palomino-Traube hat meist wenig Säure, und als Gegenmaßnahme wurde früher vor Gärbeginn *yeso* (d. h. Gips) auf das Lesegut gegeben. Heutzutage besteht in den *bodegas* eher die Neigung, ein handelsübliches Säureanreicherungsmittel zu benutzen, um den Gehalt an Weinsäure zu steigern. Stets aber sind die Trauben beim Keltern so reif, dass rund 70 % des Safts ohne Pressen ablaufen. Moderne fruchtbetonte Weißweine werden üblicherweise bei Temperaturen zwischen 15 und 18 °C vergoren, der für die Sherry-Herstellung bestimmte Wein dagegen gärt bei Temperaturen von rund 28 °C, um möglichst viel Extrakt aus den Trauben zu ziehen: Der Kellermeister strebt einen gewichtigen Wein an, der langen Ausbauzeiten gewachsen ist.

Der Wein durchläuft sowohl die alkoholische Gärung als auch den biologischen malolaktischen Säureabbau, und um Weihnachten des Erntejahres liegt er als trockener Weißwein mit 12–13 % Alkohol vor. Im Januar wird er nochmals geprüft, und wenn dann in den wichtigen Details alles in Ordnung ist, erfolgt das Aufspriten auf 14,5 % Alkohol und der Abstich in saubere Fässer, die jedoch nur zu etwa 80 % gefüllt werden. In diesem Stadium bezeichnet man den Wein als *sobretablas*.

Im anschließenden Frühjahr wird der (nun etwa sechs Monate alte) Wein erneut geprüft, und zwar diesmal auf die Entwicklung von *flor*. Dabei handelt es sich um eine Hefe, die in der Gegend um Jerez von Natur aus vorkommt. Sie ist zwar nicht auf das Sherry-Gebiet beschränkt, in keiner anderen Gegend aber wird sie wie hier als günstig empfunden; anderswo gilt sie als Weinfehler (ganz ähnlich wie *Botrytis* in Süßwein produzierenden Gegenden willkommen, anderswo aber gefürchtet ist). Die Ausbreitung dieser Hefe auf dem Wein, die sich aus bestimmten darin befindlichen Restsubstanzen speist, und die Stärke ihres Wachstums sind maßgeblich dafür, in welche Richtung sich der Wein weiter entwickelt. Ist das Hefewachstum kraftvoll und gesund, dann erfolgt erneutes Aufspriten auf 15,2 % Alkohol – das ist für die weitere *flor*-Entwicklung genau das richtige Maß. Solcher Wein wird schließlich zum Fino. Ist das *flor*-Wachstum dagegen schwach oder bleibt es ganz aus, dann wird der Wein auf 16,5 % aufgespritet, so dass die Hefe nicht weiter wachsen kann. Solcher Wein wird zum Oloroso bestimmt. In diesem Stadium sind die Weine noch immer einjährig (so genannte *añadas*), und sie bleiben etwa ein weiteres Jahr lang sich selbst überlassen, bevor sie in die *solera* eingegliedert werden.

Das *solera*-System ist recht eigentlich die Hauptsache beim Sherry-Produktionsverfahren. Es ermöglicht viererlei: die Aufrechterhaltung der Vorratsbestände zur Gewährleistung einheitlicher Mengen an trinkreifem Wein, die Auffrischung älterer durch Beimischung jüngerer Weine, die dynamische Alterung neuer durch allmähliches Einmischen in ältere Weine sowie eine präzise und sich selbst regulierende Qualitätskontrolle.

Die eigentliche *solera* ist die unterste mit feinen alten Weinen gefüllte Reihe in einem Stapel von Fässern. Kauft nun ein Kunde Wein, dann wird aus jedem Fass dieser Reihe gleich viel gezapft (und zwar jährlich maximal ein Drittel des Inhalts), bis die gewünschte Menge erreicht ist. Anschließend werden diese Fässer mit einer gleichen Menge Wein aus der Fassreihe aufgefüllt, die den nächstjüngeren Wein enthält, der so genannten ersten *criadera* («Kinderstube»). So geht es nun weiter mit immer jüngerem Wein aus der zweiten, dann der dritten *criadera* – und so fort mit so vielen *criaderas* wie vorhanden sind; bei einem erstklassigen Fino Sherry können das sieben und mehr sein. Für die jüngste *criadera* steht dann zum Auffüllen freilich nur noch *añada*-Wein aus dem letzten Jahrgang zur Verfügung. Die Vorschrift fordert, dass ein Wein mindestens drei Jahre und einen Tag im *solera*-System bleiben muss, ein besserer Wein bringt aber weit länger darin zu.

Auf diese Weise wird die *solera* immer wieder mit jüngerem Wein aufgefrischt, und der jüngere Wein nimmt durch Vermischen mit dem älteren den Charakter der *solera* an. Es ist ein einfaches, aber brillantes und mit geringem technischem Aufwand durchgeführtes Qualitätskontrollsystem, aus dem sich in gewissem Umfang auch erklärt, wie sich der Sherry die Reputation verdienen konnte, die er am Ende des 19. Jahrhunderts besaß.

Die meisten Weine, die auf den Markt kommen, sind Mischungen aus verschiedenen *soleras*. Man kann sich darauf verlassen, dass der *capataz* (Kellermeister) seine Weinbestände gut genug kennt, um ein *cabeceo* (ein Rezept – die Franzosen sagen *assemblage*) zusammenzustellen, das den Wünschen des Kunden entgegenkommt – ob dieser nun einen Verschnitt zu einem Preis haben will, der eine bestimmte Höhe nicht überschreiten darf, oder ob er ohne Rücksicht auf die Kosten einen Wein für den Premium-Markt verlangt.

Sherry-Stile

Unverschnittene Stile

Fino ist Sherry, auf dem starker *flor* gewachsen ist – im Frühjahr und Herbst sehr kräftig, im Sommer und Winter etwas schwächer. Die Trauben stammen üblicherweise von tief gelegenen, kühlen Anbauflächen in Küstennähe; die Weine sind frisch, hefig, knochentrocken im Charakter und haben meist eine Ausbauzeit von sechs bis neun Jahren hinter sich. Im kühleren Klima von Sanlúcar de Barrameda an der Mündung des Guadalquivir entstandener Wein hat das ganze Jahr über eine *flor*-Schicht und ist heller und frischer im Charakter; im Alter von drei bis sechs Jahren heißt er Manzanilla (Fina), mit fünf bis neun Jahren Manzanilla Pasada.

Oloroso («duftend») zeigt in den Anfangsstadien wenig oder gar kein *flor*-Hefewachstum und wurde nach stärkerem Aufspriten in einer Oloroso-Solera ausgebaut. Junger Oloroso ist stark duftend, alkoholreich und wird vorwiegend für Verschnitte benutzt. Älterer Wein nimmt einen vollen, rosinenartigen, nusswürzigen Charakter an und weist aromatischen Duft und kräftigen, nachhaltigen Geschmack auf, ist aber ebenfalls völlig trocken. Trockener Oloroso kommt etwa im Alter von 15 Jahren auf den Markt und kann sich 50 Jahre und länger halten.

Amontillado war anfangs Fino, wurde aber nicht im üblichen Alter aus der *solera* genommen, sondern in eine ältere überführt, in der sich gealterte Finos befinden, die dort sehr lange Zeit reifen können. Im Alter von 12 bis 15 Jahren zeigt solcher Wein walnussbraune Färbung und wird als Amontillado-Fino (oder Fino-Amontillado) bezeichnet. Entsprechend lange gereifter Fino aus Sanlúcar heißt dann Manzanilla Amontillada – eine sehr seltene Art. Noch älterer Wein heißt nur noch Amontillado; er kann ein beeindruckendes Alter erreichen. Was allerdings als Amontillado auf den Exportmarkt gelangt, ist nur allzu oft nichts weiter als ein Verschnitt von billigem trockenem Wein mit einem zum Süßen bestimmten Wein, so dass eine Art «Medium» der untersten Preisklasse für den Massenmarkt zustande kommt.

Palo Cortado ist ein ungewöhnlicher Wein. Er zeigte in der Jugend kräftigen *flor*-Wuchs, wurde als Fino aufgespritet (d.h. auf 15,2% Alkohol) und nahm anfangs den nusswürzigen, hefigen Fino-Charakter an. Ehe er dann aber in die *solera* gelangte, starb die *flor*-Hefe ab, und daher wurde der Wein in eine Palo-Cortado-Solera gegeben, die sich im Großen und Ganzen ähnlich verhält wie eine Oloroso-Solera. Nach etwa 15 Jahren hat sich dann ein überaus komplexer und delikater Wein entwickelt, der Anflüge von Fino-Charakter mit dem üppigen Körper eines Oloroso vereint – ein recht seltener, oft teurer Wein.

Pedro Ximénez oder **PX** entsteht ausschließlich von Trauben der gleichnamigen Sorte, die oft vor dem Keltern in der Sonne getrocknet werden. In höherem Alter ist dieser Wein dick, schwarz und sirupsüß. Er kann in kleinen Mengen in den cabeceo für einen der nachfolgenden Weine eingehen, wird gelegentlich aber auch für sich (und sehr teuer) gehandelt.

Moscatel Manche sind der Meinung, diese Traubensorte hätte für die DO Sherry nicht zugelassen werden dürfen, denn ihr Wein erfährt normalerweise keine *solera*-Behandlung, sondern wird wie Portwein durch Abstoppen der Gärung mit Weingeist produziert. Er hat mit den anderen Weinen der Region wenig Ähnlichkeit, weist jedoch (bei oft bescheidenem Preis) betörende Süße auf, so dass sein Preis/Leistungsverhältnis eigentlich besser ist als bei den meisten «Cream» Sherrys (s.u.)

Verschnitte

Cream Sherry ist fast immer ein einfacher Oloroso, der mit PX und/oder einem Farbwein – vielleicht sogar mit *arope* (eingedicktem Traubenmost) – gesüßt wurde. Ein «Pale-Cream»-Sherry entsteht durch Süßen eines jungen, keinen besonderen *flor*-Charakter aufweisenden Fino mit farblosem Traubenmostkonzentrat. Interessanterweise ist der so produzierte, recht nichtssagende Verschnitt der Bestseller auf dem Exportmarkt. Cream Sherry kann auch unter den Bezeichnungen «East India», «Brown», «Milk» oder anderen Phantasienamen laufen, aber stets handelt es sich um Variationen über dasselbe Thema. Sherry von der Palomino-Traube ist nun einmal immer trocken – Süße muss in jedem Fall durch Beimischungen hineingebracht werden.

Vintage Sherry

Theoretisch gibt es schon seit über 100 Jahren keinen Jahrgangs-Sherry mehr, aber ein, zwei Häuser, vor allem Williams & Humbert (s.u.), haben wohl noch den einen oder anderen im Keller, und ein Vintage von González Byass (s.u.) tauchte bei einer Weinprobe in London im Jahr 1998 auf. In dieser Kategorie gibt es nur sehr wenig, aber es geht das Gerücht um, dass mehr als nur eine Bodega sich mit dem Gedanken an einen gelegentlichen Vintage Sherry aus einem besonders herausragenden Jahr trägt – vielleicht à la Vintage

Port? Noch weiß man nichts Genaues, aber man sollte ein Auge darauf haben.

Wann trinkt man Sherry?

Sherry ist der allervielseitigste Wein. Leichter, frischer, knochentrockener junger Manzanilla oder Fino ist nicht nur der denkbar beste Aperitif, er wird auch in allen Meeresfrüchte-Restaurants der Provinz Cádiz und darüber hinaus, insbesondere in El Puerto de Santa María und Sanlúcar de Barrameda, mit Gusto zur gesamten Mahlzeit getrunken. Großer, alter, gesüßter Oloroso, PX und feinster alter Cream sind sublime Dessertweine, etwa zu schweren Süßspeisen mit Schokolade, Honig, Marzipan und Karamell (z. B. Tarte Tatin), einschließlich *Christmas pudding* und Sahneeis (in Jerez wird das Eis mit PX übergossen). Feinster alter, voller Oloroso passt nach Tisch in jede Nische, womöglich zu einer guten Zigarre.

Die «Mittelklasse» – älterer Fino, Amontillado, Palo Cortado und naturtrockener Oloroso – tut auf dem Aperitif-Sektor Dienst oder auch, wenn es einfach darum geht, sich aus reiner Freude am Genuss ein Gläschen zu genehmigen: am späten Vormittag (*almuerzo* sagen die Spanier) oder um die Teezeit *(merienda)* mit einem Stückchen Kuchen, einem Spiegelei auf Toast oder gar einem Gurkensandwich. Es sind dies ganz altmodische Weine für ganz altmodische Gelegenheiten, aber man soll ja Respekt vor dem Alter haben.

Bedeutende Erzeuger und Handelshäuser

Allied-Domecq
Zum Besitz des multinationalen Giganten gehören im Sherry-Land: Domecq, Harveys (s.d.), de Terry, La Riva und Blázquez (s.d.). «Markenrationalisierung» im Konzern bedeutet, dass viele gute Weine durch berühmte Namen ohne Rücksicht auf Qualität beiseite geschoben worden sind. Die Sherry-Spitzenmarken von Allied-Domecq sind Harveys Bristol Cream (★★), Harveys Club Amontillado (★), Fino La Ina (Domecq ★★★). Alle Mitglieder der Gruppe produzieren auch noch bessere Weine, doch in der gegenwärtigen Ära scheint Ruhm über allem zu stehen.

Argüeso – Manuel de Argüeso SA ★★★★
Pozo Olivar 16, 11403 Jerez de la Frontera;
auch in Sanlúcar de Barrameda
Das kleine Haus gehört heute zu Valdespino und bringt Manzanilla in Sanlúcar und Pedro Ximénez in Jerez hervor.
BESTE WEINE: Alle sehr zuverlässig; hervorragender PX (von dem grässlichen Etikett darf man sich nicht abschrecken lassen).

Argüeso – Hrdos. de Argüeso SA ★★★→★★★★
Mar 8, 11540 Sanlúcar de Barrameda
1822 gegründet; mit dem vorstehenden Haus nicht verwandt. Es beschäftigt sich vorwiegend mit Manzanilla, produziert aber auch Amontillado und einen exzellenten Moscatel.

BESTE WEINE: San León Manzanilla, Moscatel Fruta, Amontillado Viejo.

Barbadillo – Antonio Barbadillo SA ★★★★
Luis Eguilaz 11, 11540 Sanlúcar de Barrameda
Das 1821 gegründete Haus weiß feine Qualität mit großer Quantität zu verbinden – es ist eines der größten in der Gegend von Sanlúcar. Es produziert auch den meistverkauften nicht aufgespriteten Wein auf Palomino-Basis in ganz Jerez, den Castillo de San Diego.
BESTE WEINE: PX, Cuco Dry Oloroso, Solear Manzanilla, EVA Cream, Principe Amontillado.

Blázquez – Agustín Blázquez ★★★
San Ildefonso 3, 11404 Jerez de la Frontera
1795 gegründet, heute Teil des Allied-Domecq-Imperiums (s.d.).
BESTER WEIN: Fino Carta Blanca – auf dem Rückenetikett wird mutig das Abfülldatum angegeben.

Caballero – Luís Caballero SA ★★
San Francisco 24, 11500 El Puerto de Santa María
Das 1830 gegründete Unternehmen nennt die berühmte Marke Burdon's sein Eigen und hat sich im Übrigen mit Erfolg auf den Hausmarkensektor spezialisiert. 1990 hat es das Haus Lustau (s.d.) übernommen und die Produktion besserer Weine größtenteils dorthin verlagert.
BESTER WEIN: Lerchundi Moscatel.

Croft Jerez SA ★★→★★★
Ctra. Madrid-Cádiz, 11407 Jerez de la Frontera
Erst 1970 gegründet, da vorher alle Weinlieferungen über das Haus Croft in Porto abgewickelt wurden. Heute Teil des multinationalen Giganten Diageo und weltweit durch seinen gesüßten Fino Croft Original berühmt.
BESTE WEINE: Croft Palo Cortado, Croft Classic Amontillado.

Cuevas Jurado – Manuel Cuvas Jurado ★★★★
Comisarios 6, Sanlúcar de Barrameda
Eine *bodega de almacen,* d. h. ein Haus, das jungen Wein beim Erzeuger aufkauft, in eigener Regie ausbaut und schließlich auf den Markt bringt. Es liefert einen der Weine für das «Almacenista»-Programm von Lustau.
BESTE WEINE: Manzanilla Amontillada, einer der rarsten, delikatesten und hervorragendsten Weine der Region.

De Soto – José de Soto SA ★★
M. Antonia Jesús Tirado 6, 11401 Jerez de la Frontera
Der in Spanien sehr bekannte Erzeuger wurde 1991 von der Nueva RuMaSA übernommen und ist vorwiegend im Inland, in geringerem Umfang auch im Export tätig. Zur Nueva-RuMaSA-Gruppe gehört auch Garvey (s.d.).
BESTER WEIN: Don José María Cream.

Delgado Zuleta SA ★★★
Ctra. Sanlúcar-Chipiona Km 1,5, 11540 Sanlúcar de Barrameda
Das 1744 gegründete mittelgroße Unternehmen ist auf Manzanilla sowie auf jungen, frischen, nicht in die DO Sherry fallenden Tischwein spezialisiert. Es verfügt über eine gute Mittelklasseauswahl mit den Amontillados Quo Vadis und Zuleta.
BESTER WEIN: La Goya Manzanilla.

Domecq – Pedro Domecq SA ★★→★★★
San Ildefonso 3, 11404 Jerez de la Frontera
1730 gegründet und mitverantwortlich für den Sherry-Boom, der vom 16. bis in das 20. Jahrhundert fast ungemindert anhielt. Die Familie Domecq hat über 200 Jahre lang alle Aspekte des Lebens in Andalusien maßgeblich mitbestimmt, heute aber hat nur noch ein Mitglied – Beltrán Domecq – eine leitende Position inne; das Haus befindet sich ganz im Besitz des multinationalen Konzerns Allied-Domecq (s.d.)

1999 wurde das Grundprogramm an Fino- und Manzanilla-Weinen sowie Isis Pale Cream und Celebration Cream im neuen «Look» lanciert; und in der Mittelklasse führen Fino La Ina und Rio Viejo Amontillado nach wie vor das Feld an.
BESTE WEINE: PX «Venerable», Sibarita Old Oloroso, Capuchino Palo Cortado, Amontillado 51-1a.

Ferris – Bodegas J. Ferris M., CB ★★★
Avda. San Fernando 116 (Rota), 11500 El Puerto de Santa María
Die 1975 gegründete kleinere Bodega legt den Schwerpunkt auf süßere Weine; das Grundprogramm Las Tres Candidas umfasst einen Fino, einen Amontillado und einen Oloroso.
BESTE WEINE: Das Programm J. Ferris M.: PX und Moscatel.

Garvey BV ★★★→★★★★
Ctra. Circunvalación – Bellavista, 11407 Jerez de la Frontera
Gegründet 1780; ein größeres Exportunternehmen, das nach mehrfachem Besitzerwechsel heute zur RuMaSA-Nueva-Gruppe gehört. Sein Ruhm beruht auf dem Fino San Patricio.
BESTE WEINE: PX Gran Orden, Ochavico Oloroso, Flor de Jerez Dulce.

Gil Luque – M. Gil Luque SA ★★★★
Edif. Jerez 74 – Esc. 6, 11407 Jerez de la Frontera
Das 1984 gegründete Haus hat seinen Sitz in einer schön restaurierten alten Bodega. Zum Unternehmen gehört auch Rainera Pérez Marín (s.d.).
BESTE WEINE: Alle Weine sind sehr gut, am besten vielleicht Amontillado de Bandera.

González Byass SA ★★★★
Manuel M. González 12, Jerez de la Frontera
Das 1835 gegründete Haus ist eines der größten Sherry-Unternehmen, befindet sich jedoch immer noch mehrheitlich im Besitz der Familie. González Byass nimmt für sich in Anspruch, um 1850 den

allerersten Fino auf den Markt gebracht zu haben. Der Gründer Manuel María González Angel stand in seiner Jugend unter dem Einfluss seines Onkels José Angel de la Peña, der in einer Zeit, als es üblich war, Sherry vor dem Verkauf zu Amontillado altern zu lassen, eine Vorliebe für jungen Wein hatte. José hatte sich etliche Fässer beiseite legen lassen, und daraus wurde mit der Zeit eine kleine *solera*. Damit die *bodegueros* nicht von diesem Wein nahmen, schrieb Manuel mit Kreide «Tío Pepe» auf die Fässer, denn sie waren ja für seinen «Onkel Pepe» reserviert. Manuels englischer Vertreter und späterer Geschäftspartner Robert Blake Byass fragte, als er diesen Wein kostete, ob der nicht nach England exportiert werden könnte – und damit war ein Stern geboren.

Noch heute ist der Bestseller unter den Finos in der Qualität ausgesprochen stark und hält sich bei Blindverkostungen gut. Auch die übrigen Erzeugnisse der Bodega sind gleichermaßen qualitätsorientiert.

BESTE WEINE: Das gesamte Programm ist sehr zuverlässig, insbesondere jedoch Noë PX, Matúsalem Sweet Oloroso, Apostoles Dry Oloroso, Amontillado del Duque, Viña AB Amontillado-Fino und Tío Pepe. Am allerbesten aber sind die alten und raren Jahrgangs-Sherrys … für Betuchte.

Harvey – John Harvey BV ★★
San Ildefonso 3, Jerez de la Frontera
Gegründet 1970 in Jerez, aber bereits 1769 in England, von wo aus bis 1970 der gesamte Versand abgewickelt wurde. Heute ein Pferd im Allied-Domecq-Stall (s.d.), und das ist schade, denn früher gab es superbe Weine unter dem Etikett «1769» und noch früher einen exzellenten «Bristol Fino» und einen spät abgefüllten ebensolchen Bristol Cream. Inzwischen wurde die Produktion so rationalisiert, dass sie wichtige Marken anderer Mitglieder der Gruppe nicht beeinträchtigt, und für Harveys blieb nur der eher schwache Club Amontillado und der auch nicht viel aufregendere Bristol Cream in einer schrecklichen blauen Flasche.

BESTER WEIN: Bristol Cream (großer Seufzer).

Hidalgo – Vinícola Hidalgo y Cia SA ★★★→★★★★
Banda de la Playa 24, Sanlúcar de Barrameda
Gegründet 1792. Das heutige Familienoberhaupt Javier Hidalgo war ein *dissidente*, der im Sherry-Geschäft resolut das eigene Feld beackerte und sich weiterhin als unabhängiger Geist mit einer Passion für Manzanilla erweist. Das wird in seinem ganzen Weinprogramm erkennbar.

BESTE WEINE: Napoléon PX, Napoléon Oloroso, La Gitana Manzanilla, Amontillado Viejo, Palo Cortado.

Hidalgo – Emilio Hidalgo SA ★★★→★★★★
Clavel 29, Jerez de la Frontera
1874 gegründet; mit dem vorstehenden Haus nicht verwandt. Der traditionelle Stil von Jerez bildet den Schlüssel zum Wein dieser Bodega, der außerhalb Spaniens nur selten anzutreffen ist.

BESTE WEINE: Gobernador Oloroso, Morenita Cream.

Infantes Orleans-Borbón SAE ★★★→★★★★
Luís Eguilaz 11, Sanlúcar de Barrameda
Das 1943 gegründete Haus ist gemeinschaftlicher Besitz von Barbadillo und der spanischen Königsfamilie. Der interessanteste Wein ist der Manzanilla Torre Breva, der ganz von Trauben aus dem gleichnamigen *pago* gewonnen wird.
BESTE WEINE: Fenicio Oloroso, Orleans 1884 PX, Manzanilla Fina, Torre Breva Manzanilla, Atlandida Moscatel.

Lustau – Emilio Lustau SA ★★★★
Plaza del Cubo 4, Jerez de la Frontera
Das Haus wurde 1896 als *bodega de almacen* gegründet, d. h., es kaufte Wein auf, baute ihn aus und lieferte ihn an Wiederverkäufer. Der Schwiegersohn des Gründers stellte es auf eine kommerzielle Grundlage – sein Name war Emilio Lustau. 1990 wurde das Unternehmen von Luís Caballero übernommen, und es gab Befürchtungen, dass es von dessen Massenmarktprodukten an die Wand gedrückt werden könnte. Das Gegenteil ist eingetreten, und Lustau hat inzwischen das Hausmarkengeschäft aufgegeben und sein neu aufgebautes Programm ganz auf Qualität abgestellt. Die Reihe «Solera» umfasst traditionelle Weine in exzellenter Qualität; die Weine der Reihe «Almacenista» gehören zu den feinsten der Region (u. a. einer von Cuevas Jurado, s.d.). Zum Unternehmen gehören auch Marqués de Iron SA und Viña Herminia.
BESTE WEINE: Alle sehr zuverlässig, v. a. PX, Moscatel, Península Palo Cortado, Manzanilla Amontillada Almacenista (Cuevas Jurado) sowie die gesamte Reihe «Almacenista».

Marqués de Real Tesoro ★★→★★★
Ctra. N-IV Km 640, 11407 Jerez de la Frontera
Das 1860 gegründete Haus trägt den Titel eines legendären Schiffskapitäns, der von Piraten überfallen wurde, als er Silber und Gold für sich und seinen König aus Amerika heimbringen wollte. Als ihm die Munition ausging, musste er Silber in Kanonenkugeln umschmelzen lassen, um die Piraten abzuwehren. Er verwendete aber sein eigenes und nicht das für den König bestimmte Silber. Zum Dank dafür wurde er zum königlichen Schatzmeister ernannt.

Das Unternehmen ruhte lange Zeit, zu Anfang der 1990er Jahre aber erweckte es die Familie Estévez in einer glänzenden neuen Bodega an der Ringstraße von Jerez zu neuem Leben. Die gesamte *solera* Tío Mateo (früher Palomino y Vergara) von Harveys wurde erworben und bildet nun den Kern der Bestände. Im September 1999 wurde auch das Haus Valdespino (s.d.) übernommen.
BESTE WEINE: Amontillado del Principe, Tío Mateo.

Osborne – Bodegas Osborne SA ★★★★
Fernán Caballero 3, El Puerto de Santa María
Das 1772 gegründete Unternehmen führt die berühmte Marke mit dem Stier. Der vollständig in Familienbesitz befindliche Betrieb ist die führende Bodega in Puerto de Santa María – und zugleich eine der am schönsten gepflegten. Zu ihr gehört auch Bobadilla in Jerez.

BESTE WEINE: Alle Weine sind sehr zuverlässig, insbesondere jedoch (Osborne) AOS Solera Amontillado, Alonso El Sabio Oloroso, P. Triangulo, P. Palo Cortado, Bailén Oloroso, Fino Quinta, PX 1827; (Bobadilla) Romántico PX.

Rainera Pérez Marín – Hijos de Rainera Pérez Marín SA ★★★★
Ctra. Lebrija Km 2 – Viña el Telégrafo, Sanlúcar de Barrameda
Das 1825 gegründete Haus gehört heute zu Gil Luque (s.d.). Es hat sich mit dem exzellenten Sherry La Guita, der als 15 %iger Manzanilla und als etwas stärkerer Manzanilla Pasada erhältlich ist, einen Namen gemacht.
BESTER WEIN: La Guita (er ist auch der einzige Wein).

Sanchez Romate Hnos. SA ★★★
Lealas 28, Jerez de la Frontera
Das 1781 gegründete Unternehmen ist vielleicht durch seinen Brandy de Jerez (Cardenal Mendoza) am bekanntesten geworden, es hat aber auch eigene Weinberge und ein Sherry-Programm in feiner Qualität.
BESTE WEINE: Amontillado NPU, Don José Oloroso, De Gloria PX.

Sándeman-Coprimar SA ★★★→★★★★
Pizarro 10, Jerez de la Frontera
Das Unternehmen wurde 1790 gegründet, wickelte aber wie Croft (s.d.) seine Sherry-Lieferungen früher über das Portweingeschäft in Porto ab. Es ist auf beiden Märkten nach wie vor sehr aktiv und hat vor einiger Zeit ein neues Programm um den alteingeführten Oloroso «Royal Corregidor» lanciert und damit seine Absicht bekundet, wieder in der oberen Preisklasse Fuß zu fassen.
BESTE WEINE: Don Fino, Armada Oloroso, (Premium-Serie) Royal Corregidor Oloroso, Royal Esmeralda Amontillado, Royal Ambrosante PX.

Valdespino – A.R. Valdespino SA ★★★★
Pozo Olivar 16, Jerez de la Frontera
1837 gegründet; eine der individuellsten Bodegas in Jerez und ein von den Schwankungen der Mode unbeirrter Familienbetrieb: Miguel Valdespino widersteht dem derzeitigen Trend, Fino mit einem Akoholgehalt von 15 % zu versehen – er bleibt bei 16 bis 17 %. «Sechs Monate lang bekomme ich zu hören, andere Finos seien frischer als meiner», gibt er zu, «aber nach einem Jahr ist meiner immer noch frisch.» Zum Unternehmen gehören sieben Bodegas im Sherry-Gebiet (u. a. Manuel de Argüeso, s.d.), und seine Hauptweine sind vorbildlich. 1999 wurde es an Marqués de Real Tesoro (s.d.) verkauft, allerdings unter der Zusage, dass es als unabhängige Einheit weitergeführt werden soll.
BESTE WEINE: Alle Weine sind sehr zuverlässig, v. a. Fino Inocente (in Spanien Ynocente; einer von nur noch wenigen Weinen, die im Eichenfass vergoren werden), Solera 1842 Oloroso, PX Solera Superior.

Williams & Humbert Ltd. ★★★

Nuño de Caña 2, Jerez de la Frontera

Das 1877 gegründete Haus befasste sich von Anfang an in der Hauptsache mit Weinen im Fino-Stil, während der übrige Markt noch allein an Oloroso und Amontillado interessiert war. Die Pando-Fino-Solera stammt aus jener Zeit. 1995 wurde das Unternehmen von der Luís Paez SA übernommen, die sich ihrerseits zu 50 % im Besitz der spanischen Familiengruppe Medina und zu 50 % der holländischen Royal Ahold (Hauptmarke Bols-Liköre) befindet. W&H verfügt über eine erstaunliche «Bibliothek» alter Jahrgänge bis zurück in die 1920er Jahre. Diese kommen zwar nie in den Handel, werden gelegentlich aber Besuchern angeboten. Der internationale Ruhm des Hauses fußte auf der Marke «Dry Sack», die früher den Amontillado-Markt beherrschte und sich auch heute noch in diesem Segment gut hält.

BESTE WEINE: Pando Fino, Alégria Manzanilla, Dos Cortados Oloroso, Canasta Oloroso, Dry Sack Amontillado.

Wisdom & Warter Ltd. ★★

Pizarro 7, Jerez de la Frontera

Das Unternehmen wurde 1854 gegründet und gehört seit langem zu González Byass (s.d.), darf aber bei Weinen, im Vertrieb und in der Werbung eigene Wege gehen. Das Programm ist generell gut, wenn auch nicht spektakulär, und umfasst La Canoa Manzanilla und Wisdom Dulce.

BESTE WEINE: Very Rare Solera Amontillado, Viale PX.

Málaga

Geschichte

Es war einmal eine Zeit, da bedeutete der Málaga ebenso viel wie Sherry. Als sich in der viktorianischen Ära der Sherry auf dem Höhepunkt seines scheinbar unendlichen Booms befand, durfte auf keinem Sideboard neben ihm ein Dekanter mit «Mountain Wine» fehlen, damit auch für solche Gäste, die es vielleicht süßer mochten, etwas da war. Als Abschluss einer Mahlzeit bildete er einen starken Rivalen für Port und Madeira. Es gibt wohl auch kaum einen Grund dafür, weshalb er so vollständig von der Bildfläche verschwunden ist.

Der Hauptunterschied zwischen dem Málaga und den anderen mit Alkohol angereicherten Weinen Andalusiens besteht einfach darin, dass er auf seinen eigenen Ruf allzu stolz war. Nachdem Sir Martin Frobisher im Jahr 1587 «dem König von Spanien den Bart versengt» und 2900 Fass Sherry gestohlen hatte, nahm die Nachfrage in England und weiten Teilen Nordeuropas phänomenale Formen an. Engländer, Iren, Holländer und Deutsche gründeten Niederlassungen im Gebiet von Jerez, und während das Condado de Huelva und Montilla ihre Individualität frohgemut aufgaben und Fehlmengen an Wein für die Sherry-Erzeuger ausglichen, hielt Málaga in der (zu jener Zeit durchaus begründeten) Hoffnung, sein Wein werde auch weiterhin als eigenständig anerkannt, an der seinigen fest.

Das aber sollte sich rächen, denn nach einer gewissen Erholung gegen Ende des neunzehnten Jahrhunderts brachte das zwanzigste tödliche Rückschläge. Zunächst zerstörte die Reblaus den größten Teil der Weinberge, dann kamen der Bürgerkrieg und der Zweite Weltkrieg; nach ihm schwang sich der Tourismus zum größten Gewerbe Südostpaniens auf, und die Küstenstriche, wo die besten Trauben gewachsen waren, wurden nun von Badestränden, Hotels, Wohnblocks und Ferienkolonien verschlungen. Obwohl es heute nur noch acht Bodegas im Málaga-Geschäft gibt, müssen sie doch im Rahmen einer Sondererlaubnis ständig Trauben aus dem benachbarten Montilla-Moriles beziehen, um Ausgleich für die verloren gegangenen Weinberge zu schaffen.

Die Trauben für Málaga

Eine einzige Traubensorte beherrscht die Produktion, nämlich Pedro Ximénez (PX). Daneben spielen in geringerem Umfang auch Moscatel, Doradilla, Airén und Vidueño eine Rolle. Die wirklich großen Málagas sind jedoch sortenreine PX-Weine aus zwei Gebieten: eines entlang der Küste um und hinter Estepona, das andere um die Stadt Málaga und in den Bergen in Richtung Montilla. Die Rebfläche ist hier sehr groß, aber nur etwa ein Zehntel davon (bei der letzten Zählung etwa 1000 ha) fällt unter die DO Málaga. Alles Übrige bringt billigen, süffigen Alltagswein für die Touristen oder für Destillationszwecke hervor.

So entsteht Málaga

Der Málaga unterscheidet sich von den anderen mit Alkohol angereicherten Weinen Andalusiens dadurch, dass das Aufspriten bei ihm während der Gärung erfolgt, um diese abzustoppen und die – oft beträchtliche – natürliche Süße der Trauben zu bewahren. Nach der Lese werden die Trauben auf Matten zum Trocknen in die Sonne gelegt (dieses Verfahren nennt sich *soleo*). Wenn sie dann in die Kelter gelangen, sind sie bereits eingeschrumpft, und die Gärung verläuft in dem dicklich-süßen Most nur langsam. Kommt der Kellermeister zu der Auffassung, dass genug vom Zuckergehalt der Trauben vergoren ist, wird 25 %iger Weingeist zugesetzt, und der Ausbau des Weins beginnt. Er kann statisch in Eichenfässern oder dynamisch in einer Variante des *solera*-Systems (siehe Abschnitt Sherry) erfolgen. Das Gesetz erkennt vier Reifegrade an: Málaga (bis zwei Jahre), Málaga Noble (zwei bis drei Jahre), Málaga Añejo (drei bis fünf Jahre) und Málaga Trasañejo (über fünf Jahre). In den Vorschriften ist auch die Erzeugung leichter Tischweine (meist von der Airén-Traube) sowie von sortenreinem Moscatel vorgesehen. Der Ausbau aller dieser Weine muss innerhalb der Grenzen von Málaga stattfinden.

Es werden auch Experimente mit einem trockenen (also voll ausgegorenen) Málaga gemacht, und es gibt auch junge, hellere, leichtere Medium-Stile sowie einige ausgezeichnete trockene Oloroso-Weine. Indessen ist der klassische Málaga ein süßer, starker PX-Wein – je älter, desto besser. Er schmeckt nach dem guten alten Sahnekaramell mit getrockneten Aprikosen, Rosinen und einem ganz einmaligen Anflug von Nusswürze. Die vollsten, ältesten Versionen enthalten bis zu 600 g/l Restsüße und gehören zu den ehrfurchtgebietendsten Weinen der Erde. Wer einen solchen je gekostet hat, wird ihn nie vergessen.

Bedeutende Erzeuger

Larios SA ★★→★★★
César Vallejo 24, 29004 Málaga
Das große, 1863 gegründete Unternehmen gehört heute zur Pernod-Ricard-Gruppe, die in fast allen Aspekten des Getränkegeschäfts in Spanien anzutreffen und vor allem durch Gin berühmt geworden ist. Sie hält aber immerhin auch das Málaga-Banner hoch; die Hauptmarke heißt einfach Málaga Larios.
BESTER WEIN: Benefique im trockenen Oloroso-Stil.

López Hermanos SA ★★★→★★★★
Canadá 10, Pol. Ind. El Viso, 29006 Málaga
Die größte der noch in der Region bestehenden Bodegas wurde 1885 gegründet. Hier wird der Wein noch in großen alten Redwood-Fässern produziert. Zwar liegt die Bodega in einem reizlosen Industriegebiet, ihre Weine aber sind durchaus traditionelle Málagas.
BESTE WEINE: Málaga Virgen, Trajinero Dry Oloroso.

***Mollina – Tierras de Mollina (ehemals Coop. Agricola Virgen de la Oliva)* ★**

Ctra. Alameda 35, 29532 Mollina

Die 1977 gegründete Bodega beschäftigt sich mit der Erzeugung von *joven afrutado* (d. h. leichtem weißem Tischwein von PX, Doradilla und Airén) unter der Marke Montespejo sowie mit Málaga in traditionellerem Stil.

BESTER WEIN: Carpe Diem.

***Manilva – Vinos y Bodegas de Manilva* ★→★★**

Rel. 83, 29680 Estepona

Die Bodega wurde 1996 gegründet – besteht denn endlich wieder Hoffnung für die Zukunft? – und ist auf dem Markt zunächst mit leichteren Weinen aufgetreten, die nicht unter die DO Málaga fallen, aber schließlich haben sich schon zahlreiche Weinbauregionen auf diese Weise gemausert. Wenn es dazu beiträgt, die nötige Infrastruktur zu schaffen, so dass auch die klassischen Wein weiter produziert werden können, dann ist es eine gute Sache. Zum Programm gehören auch ein süßer Weißwein, Sol de Estepona, von Moscatel und ein Rotwein von Garnacha (beide mit einer natürlichen Alkoholstärke von 15 %).

BESTE WEINE: Manilva, ein trockener Weißwein von voll durchgegorenen Moscatel-Trauben.

Montilla

Geschichte

Die meisten werden auf die Frage nach dem Montilla antworten: «Der ist doch ganz ähnlich wie Sherry, nicht wahr?» Hierin liegt der höchste Triumph der Region, aber auch ihr größtes Problem – das zweischneidige Schwert, das ihrem Wein in der Vergangenheit riesige Exportmärkte eroberte, zugleich aber seine Identität untergehen ließ. Als daher die Regeln geändert wurden und die Weine aus Montilla-Moriles, um die Region beim vollen Namen zu nennen, nicht mehr nach Jerez gebracht und dort stillschweigend unter das Etikett Sherry genommen werden durften, stand der Montilla vor einem gewissen Image-Vakuum.

Die Sache wurde noch dadurch verschlimmert, dass ein schlecht geführter Prozess in England nach dem Kriegsende Montilla das Recht nahm, die Begriffe «Fino», «Oloroso», ja sogar «Amontillado» (was «nach der Art von Montilla» bedeutet) zu benutzen. Das Urteil besagte, dass Jerez das Vorrecht auf diese Begriffe besitze und dass diese im Export nach England nur auf Weine aus dem dortigen Gebiet angewendet werden dürften. Inzwischen kämpfte Jerez allerdings auch darum, das exklusive Recht an dem Namen «Sherry» wieder zu erlangen, der zum Gattungsbegriff für allerlei Imitationen geworden war, daher wurde ihm aus dieser Ecke wenig Sympathie entgegengebracht. Schließlich drang Jerez 1996 damit in Europa durch, und nach einer 1999 ergangenen Regelung des Europa-Parlaments, die den Gebrauch klassischer Regionalnamen für alle Weine fordert, darf nun auch Montilla zum ersten Mal seit 50 Jahren aufgespriteten Wein, der die traditionellen Bezeichnungen trägt, nach England exportieren. Anderswo war das sowieso stets legal gewesen.

Nun ging Montilla daran, sich selbst neu zu erfinden, seine Märkte wieder mit sich vertraut zu machen, insbesondere aber in Erinnerung zu rufen, dass seine Weine zwar zum Teil dem Sherry ähnlich, in ihrer großen Mehrheit aber eben ganz anders sind. Die Region bringt nämlich drei Kategorien von Weinen hervor: *joven afrutado* (junge, frische, leichte Weißweine mit 10–12 % Alkohol), nichtaufgespritete *solera*-Weine mit einer natürlichen Alkoholstärke von 13–15 % und aufgespritete *generoso*-Weine mit 15 % und mehr, die ebenfalls in *soleras* ausgebaut werden und sehr alt und sehr großartig sein können.

Als hilfreich erwies sich auf dem englischen Exportmarkt die Besteuerungsgrenze bei 15 % Alkoholgehalt. Auf Wein mit geringerer Stärke wird nur die für «Table Wine» erhobene Abgabe gezahlt; über 15 % dagegen wird die Abgabe für «Liqueur Wine» erhoben, und diese ist wesentlich höher – jedenfalls so wesentlich, dass sich auf den Regalen der Supermärkte eine große Differenz ergibt. Bei so knappem Alkoholgehalt übersteht so mancher Fino oder Manzanilla Sherry gerade sechs Monate, aber wenn sie etwas taugen, dann stammen sie von besseren Erzeugern und sind entsprechend teuer. Montilla dagegen hat eine reiche Auswahl an nicht aufgespriteten Weinen, die von Natur aus unter 15 % Alkoholstärke liegen. Diese Chance wurde mit beiden Händen ergriffen, und Montilla begann die Räume, die einst von Ersatz-Sherry aus Zypern und von «British Sherry» besetzt waren, mit einer deutlichen Qualitätsverbesserung für den Verbraucher aufzufüllen.

Ein beharrliches Programm der Information, Werbung und Entwicklung beginnt allmählich Wirkung zu zeitigen; es wird angeführt von zwei der größten Bodegas der Region, Alvear und Pérez Barquero (s.u.). Diese Erzrivalen im Montilla-Geschäft haben sich dessenungachtet zum höheren Nutzen des Montilla-Weins insgesamt zusammengetan, und ihre Botschaft kommt an, zwar nicht rasch, aber Tropfen um Tropfen, Flasche um Flasche gewinnt der Montilla doch neue Freunde.

Die Trauben für Montilla

Hier wie in Málaga ist Pedro-Ximénez-Land. Die große Mehrheit aller Weine entsteht zu 100 % von «PX»; daneben wird in geringem Umfang die Airén-Traube angebaut, und in noch kleinerem Umfang (sogar!) Sauvignon blanc, Riesling und Chardonnay für manche *joven-afrutado*-Weine. Die *solera*-Weine, sowohl der nicht aufgespriteten als auch der aufgespriteten Art, bestehen dagegen meist ausschließlich aus PX.

So entsteht Montilla

Wie wir gesehen haben, gibt es drei Grundausführungen, die in die DO Montilla-Moriles fallen, in der Erzeugung aber nehmen sie alle denselben Anfang. Freilich hat ein guter Kellermeister von vornherein schon ziemlich genaue Vorstellungen davon, welche Trauben wahrscheinlich für die eine oder andere Ausführung prädestiniert sind. Auf jeden Fall wird das Lesegut in der übliche Weise gekeltert und vergoren. Nach Abschluss der alkoholischen Gärung erfolgt eine Prüfung. Most mit besonders viel Frische, Säure und Frucht wird für *joven afrutado* ausgesondert, gefiltert und bis zum Abfüllen in Tanks gelagert.

Die anderen Weine werden der malolaktischen Säureumwandlung unterzogen und dann in völlig trockenem Zustand in Tanks gelagert, bis die *flor*-Bildung einsetzt (s. Sherry). Anders als der Sherry erreichen die PX-Grundweine aus ihrem natürlichen Zuckergehalt eine Alkoholstärke von 15–15,5 % (das ist die richtige Stärke für das Wachstum der *flor*-Hefe), ohne dass sie noch mit Alkohol angereichert werden müssen. Ist auch noch der erforderliche Gehalt an entsprechenden Nährstoffen vorhanden, dann wächst auf ihnen die *flor*-Schicht wie auf Fino Sherry. Nun werden die (noch immer nicht aufgespriteten) Weine in solche mit und solche ohne kraftvollen *flor*-Wuchs aufgeteilt und in Fässer für statischen Ausbau oder in getrennte *soleras* für Fino bzw. Oloroso eingelagert. Anschließend werden sie nach den entsprechenden Verfahren behandelt (siehe Sherry). Man darf jedoch nicht vergessen, dass auch jetzt diese Weine noch nicht mit Alkohol angereichert sind und schließlich aus Fass oder *solera* mit der aus der natürlichen Gärung stammenden Akoholstärke von etwa 15 % entnommen werden.

Manche dieser Weine zeigen dann jedoch größeres Potenzial, und sie werden nun für die Generoso-Soleras bestimmt. Die meisten besseren Finos bleiben unaufgespritet und kommen mit 15 % Alkohol auf den Markt, wenn aber der Kellermeister der Meinung ist, dass ein Fino das Potenzial für einen Amontillado hat oder ein nicht zum Fino gewordener Wein einen klassischen Oloroso abgibt, dann wird er sich meist für Aufspriten auf 16–18 % Alkohol entscheiden – bis zur Versandreife können es sogar 20–22 % werden. Danach kommen die Weine in die geeignete Solera und bleiben darin etliche Jahre, bis der Erzeuger der Meinung ist, sie seien reif zum Verschneiden, Abfüllen und Verkaufen.

Montilla-Stile

Die Vorschriften sehen eine verwirrende Vielzahl von Stilen vor, u. a. Fino, Amontillado (ist das nun Montilla nach der Art von Montilla?), Oloroso, Palo Cortado (ein Wein, der sich zunächst wie ein Fino ausnahm, dann aber doch zum Oloroso umschwenkte), Raya (ein Oloroso, der es nicht ganz geschafft hat), Ruedo (ein junger Wein im alten Stil, d. h. nicht leicht, frisch und fruchtig, sondern einfach trockener Weißwein ohne Anreicherung mit Alkohol). Hinzu kommt Pedro Ximénez (sortenreiner Wein von teilweise sonnengetrockneten Trauben mit mindestens 272 g/l unvergorener natürlicher Restsüße), Blanco *sin envejecimiento* (Weißwein ohne Alterung, also *joven afrutado*) und Blanco *con envejecimiento* (Weißwein mit Alterung, mindestens 13 % Alkohol und mindestens 1 Jahr Ausbau im Eichenfass mit maximal 1000 l Inhalt).

Im Klartext heißt das:

1) Junge, fruchtige, trockene Weißweine vorwiegend von PX, aber auch Airén, Sauvignon, Chardonnay usw., unaufgespritet, 10–12 % Alkohol.

2) Klassische Montilla-Weine, trocken, lieblich oder süß, mit bis zu 15 % Alkohol, unaufgespritet, aber oft in einer Solera ausgebaut. Es kann sich um sehr feine alte Weine handeln.

3) Klassische Montilla-Stile: Fino, Amontillado und Oloroso, aufgespritet auf 17–18 % Alkohol, ausgebaut in einer Solera *(generosos)*. Sie erreichen eventuell eine Alkoholstärke von 20–22 % und sind die großartigsten Weine der Region.

Bedeutende Erzeuger

***Alvear SA* ★★★★**
Av. María Auxiliadora 1, 14550 Montilla
Gegründet 1729; eines der beiden Häuser (das andere ist Pérez Barquero, s.d.), die mehr als andere dazu beigetragen haben, die Sache des Montilla-Weins im letzten Jahrzehnt des 20. Jahrhunderts voranzubringen. Es achtet bei allen seinen Weinen auf solide Qualität, denn Kellermeister Bosco de Alvear y Zubiria, mit Marqués de la Sierra einer der Pioniere des *joven-afrutado*-Sektors, geht bei der Qualität niemals Kompromisse ein. Zum Unternehmen gehört auch Conde de la Cortina (s.d.).

BESTE WEINE: Das gesamte Programm, jedoch insbesondere PX 1830 Dulce, Solera Fundación Amontillado, Pelayo Oloroso, Carlos VII Amontillado, CB Fino, Asunción Oloroso und PX 1927.

Aragón y Cia. SA ★★→★★★
Ancha 31–33, 14900 Lucena
Das 1946 gegründete Haus ist recht altmodisch, was jedoch kein Nachteil ist. Der Verkauf erfolgt im Haus oder durch Versand direkt an Endabnehmer.
BESTE WEINE: Paccorrito Amontillado, Araceli Dulce.

Compañía Vinícola del Sur ★★→★★★★
Die Muttergesellschaft von Pérez Barquero und Gracia Hermanos (s.d.) sowie Tomás García in Montilla.

Conde de la Cortina SA ★★
Anschrift siehe Alvear
Das 1973 gegründete Unternehmen gehört heute zu Alvear und wird von demselben Kellermeister betreut, doch es hat eigene Weine und Absatzgebiete.
BESTE WEINE: Cortina Fino CC, Gran Vino Dulce.

Crismona SA ★
Baena 25, 14860 Doña Mencía
Die Bodega, gegründet 1904 und inzwischen stark modernisiert, ist vor allem (zu 60 %) im Inlandsgeschäft tätig, exportiert aber auch nach England und Holland.
BESTER WEIN: Dulce Crema PX.

Cruz Conde – Bodegas Cruz Conde ★→★★
Ronda Canillo 4, 14550 Montilla
Die altmodische, 1902 gegründete Bodega beschäftigt sich vorwiegend mit dem spanischen Markt und bietet neben den üblichen unaufgespriteten Weinen auch eine gute Auswahl an *generosos*.
BESTE WEINE: PX Cruz Conde, Mercedes Oloroso.

Delgado Hermanos SL ★→★★
Cosano 2, 14550 Puente Genil
Die 1874 gegründete, inzwischen modernisierte Bodega arbeitet sowohl mit Gärbehältern aus kunstharzbeschichtetem Beton als auch mit neuen Edelstahltanks. Der größte Teil der Produktion wird in Spanien vermarktet.
BESTER WEIN: Anacreonte Amontillado.

Gracia Hermanos SA ★★★
(Teil der Compañía Vinícola del Sur)
Av. Marqués de la Vega de Armijo 103, 14550 Montilla
Moderne Bodega, gegründet 1962, mit gutem Ruf für das gesamte Programm. Der größte Teil der Produktion wird in Spanien vermarktet, aber auch der Export ist bedeutend. Das Haus gehört zu derselben Gruppe wie Pérez Barquero (s.d.) und wird von demselben Kellermeister – Juan Márquez Gutiérrez – betreut.

BESTE WEINE: Alle zuverlässig, v. a. Montearruit Amontillado, Gracia Oloroso, Gracia PX Dulce Viejo.

Navisa Industrial Vinícola Española ★→★★
Ctra. Montalbán, s/n, 14550 Montilla
Gegründet 1950; zum Unternehmen gehören auch Cobos, Montúlia, Montebello und Velasco Chacón. Obwohl diese Bodegas noch als Firmen bestehen, sind ihre Weine in die Produktion der Muttergruppe einbezogen, und die Namen dienen nur noch als Marken für die einzelnen Weine.
BESTER WEIN: Fino Cobos.

Pérez Barquero SA ★★★★
(Teil der Compañía Vinícola del Sur)
Av. Andalucía 27, 14550 Montilla
Die 1905 gegründete Bodega bildet zusammen mit Alvear (s.d.) die Speerspitze der neuen Montilla-Marketingwelle und produziert mit Hilfe des Kellermeisters Juan Márquez Gutiérrez klassische Montilla-Weine. Der Betrieb ist gut mit modernen Ausrüstungen versehen, und seine Weine gehören zu den besten der Region.
BESTE WEINE: Alle sehr zuverlässig, v. a. das Programm Gran Barquero: PX, Amontillado, Oloroso, Fino.

Toro Albala SA ★★★★
Ctra. Málaga 1, 14920 Aguilar de la Frontera
Der Betrieb wurde 1922 auf dem Gelände eines alten Heizwerks eingerichtet (der Ursprung des Markennamens Eléctrico lässt sich erraten!). Er ist ein relativ kleiner Erzeuger, aber seine Weine (u. a. ein *joven afrutado*) sind prachtvoll und die Etiketten sehr originell.
BESTE WEINE: Don PX Gran Reserva 1972, Viejísimo Solera 1922, Don PX Dulce, Fino Eléctrico del Lagar.

Torres Burgos SA ★★→★★★
Ronda San Francisco 1, 14900 Lucena
Das 1965 in einer schönen alten Bodega eingerichtete kleine Haus vermarktet seine sehr guten Weine am Ort und im ganzen Land.
BESTER WEIN: Moriles 1890 Amontillado.

Condado de Huelva

Geschichte

«Condado» bedeutet Grafschaft; verwandte Begriffe sind im Englischen «County» und im Französischen «Comté». In der spanischen Provinz Huelva liegt auch die Stadt Lepe, die von dem englischen Dichter Chaucer schon im 14. Jahrhundert unsterblich gemacht wurde (s. Abschnitt Sherry). Allerdings liegt Lepe heute nicht mehr im Weinbaugebiet DO Condado de Huelva, doch die Geschichte seines Weins ist bereits Legende.

Ähnlich wie Montilla gingen auch die Weine aus dem Condado de Huelva in der großen Zeit des Sherry vom 16. bis zum 19. Jahrhundert nach Jerez und dort in aller Stille in die Sherry-Soleras ein. Ebenfalls wie Montilla musste Huelva, als das Sherry-Land in den 1930er Jahren solche «Importe» ausschloss, neue Absatzmöglichkeiten für seinen Wein finden. Dabei wurden drei Wege eingeschlagen. Zunächst wird die einheimische Zalema-Traube heute nach früher Lese frisch und säuerlich zu Wein im *joven-afrutado*-Stil verarbeitet. Die Qualität ist bescheiden; die Zalema hat mit fast allen Traubensorten Andalusiens gemein, dass sie recht neutralen, einfachen Wein erbringt – aber die Preise sind dementsprechend und deshalb günstig für den Tourismusmarkt. Zweitens gibt es den Condado de Huelva als «Pálido», der den «Solera-Weinen» von Montilla entspricht – mit von Natur aus hoher Alkoholstärke, daher nicht oder nur leicht aufgespritet, von trocken bis süß, die letztere Version mit natürlicher Restsüße. Die Spitze bildet die dritte Art, der Condado Viejo – er wird nach Sherry-Art nach dem Vergären auf bis zu 18 % Alkohol aufgespritet und reift mindestens zwei Jahre (öfter viel länger) in Eichenfässern mit höchstens 650 l Fassungsvermögen (so genannten *bocoyes*). Ein zusätzliches Einkommen verdient sich die Region mit dem «Würzen» von Eichenfässern für Scotch Whisky. Ein Fass, in dem zwei Jahre Condado Viejo «Oloroso» gelagert wurde, bringt beim Verkauf nach Schottland ebenso viel ein wie der darin ausgebaute Wein. So mancher Scotch Whisky, der sich damit brüstet, er sei «*aged in a Sherry cask*», verdankt seine Reife in Wahrheit einem Fass aus Huelva.

In der Praxis kämpft der *joven-afrutado*-Wein mit allen übrigen aus dem Mittelmeerraum zu Billigstpreisen um einen Platz an der Sonne, während die Pálido-Weine neben den Solera-Weinen aus Montilla die nichtspanischen «Ersatz-Sherrys» aus den Regalen englischer Supermärkte verdrängen. Die schwergewichtigen Viejos dagegen bleiben im Land oder werden nach Südamerika exportiert, wo noch ein bedeutender Absatzmarkt für sie besteht.

Bedeutende Erzeuger

***Andrade – Bodegas Andrade* ★→★★**
Av. Coronación 35, 21710 Bollullos par del Condado
Die 1942 gegründete, teilweise modernisierte Bodega verfügt über Edelstahltanks neben den traditionellen kunstharzbeschichteten

Betongärbehältern. Sie ist ein Familienbetrieb, der Wein in den drei Stilen produziert

BESTER WEIN: Doceañero Oloroso (Viejo).

Vinícola del Condado – Soc. Coop. Vinícola del Condado

★★→★★★

San José 2, 21710 Bollullos par del Condado

Der seit 1955 bestehende Betrieb ist oberflächlich betrachtet eine der üblichen gigantischen Genossenschaftskellereien Südspaniens mit fast 2000 Mitgliedern und einer Produktion von schlichtem, kaum erwähnenswertem Wein. Nichts könnte unwahrer sein – hier entstehen mit die besten Condado-Weine, stilvoll zusammengestellt von Kellermeister Juan Ojeda Tovar.

BESTE WEINE: Misterio (Palido), Mioro Fino (Palido).

Iglesias – Bodegas Iglesias ★

Teniente Merchante 2, 21710 Bollullos par del Condado

Gegründet 1937; ein teilweise modernisierter Betrieb mit Weinen der drei Kategorien, weitgehend für den heimischen Markt.

BESTER WEIN: Rica Hembra Dulce (Pálido).

Oliveros – Jaime Oliveros Macías

Rábida 12, 21710 Bollullos par del Condado

Gegründet 1940; ein ziemlich großer Erzeuger mit Weinen aller drei Kategorien, die größtenteils im Fass in der näheren Umgebung abgesetzt werden. Hier ist der Besitzer selbst der Kellermeister.

BESTER WEIN: La Bolita Fino (Pálido).

Sauci – Bodegas Manuel Sauci Salas

Doctor Fleming 1–11, 21710 Bollullos par del Condado

Die 1925 gegründete Bodega ist auf Fino und Oloroso für den heimischen Markt spezialisiert.

BESTER WEIN: Vino Dulce Sauci (Viejo).

Sonstige mit Alkohol angereicherte Weine aus Spanien

Außerhalb der vier DO-Regionen Andalusiens ist es oft schwierig, zwischen natursüßen und aufgespriteten Weinen zu unterscheiden, denn die Kellermeister sind oft nicht abgeneigt, dem Wein ein wenig Alkohol zur Stärkung zuzusetzen. Hier wird zur Vereinfachung der tatsächliche Alkoholgehalt angegeben. Die Bewertung in Form von Sternen gilt nur für die aufgespriteten/natursüßen Weine der jeweiligen Bodega. Weitere hier benutzte Begriffe sind:

Rancio – Dieses Wort bezeichnet Wein, der meist in Glasballons mit locker eingesetztem Stöpsel jahrelang im prallen Sonnenschein reift. Er nimmt fast schwarze Färbung und hohe Konzentration an und wird meist nach der Mahlzeit als *digestivo* getrunken.

Fondillón – Wein dieser Art ist hauptsächlich in der Gegend von Valencia anzutreffen; er wird meist von der Monastrell-Traube gewonnen, auf etwa 16 % Alkohol angereichert und mindestens acht Jahre in einer Art Solera ausgebaut. Er erlangt gelblich-braune Färbung und zarte, nusswürzige Süße.

Andalucía – Andalusien

Landwein

Neben den DO-Anbaugebieten gibt es acht Tafelweinbaugebiete, die zum Teil auch aufgespriteten Wein produzieren, meist nach Sherry-Art, jedoch öfter mit statischem Fassausbau als mit Solera-Ausbau. Die Qualität ist unterschiedlich, und nur wenige Bodegas sind über die Grenzen ihrer engeren Heimat hinaus bekannt.

Góngora – José Gallego Góngora ⋆
José-Antonio 59, 41808 Villanueva del Ariscal
Die kleine Bodega im Tafelweinbaugebiet Aljarafe verarbeitet die Garrido-Fino-Traube zu in ihrer Heimat angesehenen Weinen in trockener bzw. lang ausgebauter Version, die sie mit den Titeln «Fino» bzw. «Amontillado» beehrt.
BESTER WEIN: Amontillado Muy Viejo Góngora (17 % Alkohol).

Aragón

Aus dieser Region, insbesondere aus Campo de Borja, kommen auch *mistelas*, die jedoch nicht unter die jeweilige DO fallen.

DO Campo de Borja

Santo Cristo – Crianzas y Viñedos Santo Cristo Soc. Coop.
⋆⋆→⋆⋆⋆
Afueras s/n, 50570 Ainzón
Die 1956 gegründete, ziemlich große Genossenschaftskellerei ist einer der beiden größten Erzeuger in diesem Bereich. Neben dem

üblichen Weinprogramm produziert sie auch einen «Dulce» rein von Moscatel.

BESTER AUFGESPRITETER/NATURSÜSSER WEIN: Moscatel Ainzón (15 % Alkohol).

DO Cariñena

Marín – Bodegas Ignacio Marín ⋆
San Valero 1, 50400 Cariñena
Die seit 1903 bestehende Bodega vertreibt ihre Erzeugnisse hauptsächlich in der näheren Umgebung, aber auch im sonstigen Inland sowie im Export und ist auf Rot-, Weiß- und Roséwein spezialisiert.

BESTER AUFGESPRITETER/NATURSÜSSER WEIN: Barón de Lajoyosa Moscatel (15 % Alkohol).

Perdiguer – Bodegas Perdiguer ⋆
Av. Ejército 15, 50400 Cariñena
Die 1893 gegründete kleine Bodega produziert vorwiegend Rotwein und vertreibt ihn hauptsächlich auf dem Inlandsmarkt.

BESTER AUFGESPRITETER/NATURSÜSSER WEIN: Perdiguer Requemado Dulce (Garnacha; 18 % Alkohol).

San Estebán – Bodega Coop. San Estebán ⋆
Camino Estación s/n, 50470 Encinacorba
Die kleine, 1946 gegründete Bodega beliefert vorwiegend die engere Umgebung.

BESTER AUFGESPRITETER/NATURSÜSSER WEIN: Moscatel Virgen del Mar (15 % Alkohol).

Señorio – Bodegas del Señorio ⋆
Afueras s/n, 50108 Almonacid de la Sierra
1936 gegründet; die Bodega vertreibt ihren Wein in der engeren Heimat, aber auch im weiteren Inland und gelegentlich im Export. Der Hauptanteil entfällt auf Rot-, Weiß- und Roséwein.

BESTER AUFGESPRITETER/NATURSÜSSER WEIN: Gran Paulet Rancio (Garnacha; 17 % Alkohol).

Canarias – Kanarische Inseln

Im 16. und 17. Jahrhundert war «Canary-Sack» zeitweilig ebenso populär wie «Sherris-Sack», das Sherry-Land verdrängte aber einfach durch die größeren Mengen, die es anbieten konnte, allmählich den Inselnachbarn. Außerdem wurde durch Vulkanausbrüche im 18. Jahrhundert ein großer Teil der Weinberge zerstört, von denen die besseren vorwiegend auf La Palma und Lanzarote lagen (und noch liegen, denn beide Namen stehen heute für DO-Weine). Etwas Ähnliches wie der Canary-Sack wird noch heute produziert, und zwar süß, leicht mit Alkohol angereichert und meist von der Malvasía-Traube.

DO La Palma

Der Norden von La Palma ist ein Gewirr von dunstgeschwängerten Senken und vulkanischen Furchen, in denen einzelne Winzer ihre Trauben ziehen und Weine eigener Art produzieren, die nicht unter die DO fallen – in den oft in das Vulkangestein getriebenen Kellern gekostet, sind sie jedoch Offenbarungen. Meist handelt es sich um sehr alte, hochkonzentrierte *rancio*-Weine, die aber in den Touristengebieten überhaupt nicht zu finden sind. Die nun folgenden Weine haben sämtlich Anspruch auf die DO La Palma.

Carballo SL ⋆
Ctra. Las Indias 44, 38740 Fuencaliente
Der kleine, 1990 gegründete Familienbetrieb produziert Wein nur von eigenen Trauben und füllt ihn selbst ab.
BESTER AUFGESPRITETER/NATURSÜSSER WEIN: Carballo Malvasía Dulce (Canary-Sack, 15 % Alkohol).

El Hoyo – Bodegas El Hoyo ⋆
Callejones 60, 38738 Villa de Mazo
Der 1986 gegründete Betrieb mit funkelnagelneuer Ausrüstung übernimmt auch die Weinbereitung für kleine Winzer im mittleren Teil der Insel und bemüht sich, die alten, sonst weithin ausgestorbenen Rebsorten der Kanarischen Inseln wieder einzuführen.
BESTER AUFGESPRITETER/NATURSÜSSER WEIN: Hoyo de Mazo Dulce (Canary-Sack Malvasía; 14,5 % Alkohol).

Llanovid Soc. Coop. Ltda. ⋆
Los Canarios s/n, 38740 Fuencaliente
Der 1948 gegründete Genossenschaftsbetrieb ist der Haupterzeuger im Süden der Insel La Palma und produziert Wein von einigen der alten kanarischen Originalrebsorten. Sein wichtigster Süßwein ist jedoch durchaus traditionell.
BESTER WEIN: Malvasía Dulce Teneguía (Canary-Sack, 15 % Alkohol).

DO Lanzarote

El Grifo – Bodegas El Grifo ⋆⋆
Ctra. Masdache 121, 35550 San Bartolomé de Lanzarote
Der 1980 auf den Resten eines 1775 gegründeten Unternehmens aufgebaute Familienbetrieb bietet große Aussichten, nicht nur in der Wiederentdeckung der Wurzeln des kanarischen Weinbaus, sondern auch in der Erzeugung frischer, fruchtbetonter Weine im modernen Stil.
BESTE AUFGESPRITETE/NATURSÜSSE WEINE: El Grifo Semidulce (Malvasía; 11 % Alkohol), El Grifo Dulce (Malvasía; 12 %), El Grifo Dulce Moscatel (Canary-Sack; 17 %).

Montaña Clara ⋆
Mozaga s/n, 35550 San Bartolomé de Lanzarote
Die moderne, erst 1970 gegründete Bodega zählt dennoch zu denen, die sich um den Fortbestand der alten Rebsorten bemühen.

BESTER AUFGESPRITETER/NATURSÜSSER WEIN: Mozaga Dulce Malvasía (11,5 % Alkohol)

DO Valle de Güímar (Tenerife)

Bodega Comarcal Valle de Güímar ★→★★
Subida los Loros Km 4, 38550 Arafo
Gegründet 1991; die einzige größere Bodega in dieser DO an der Westküste Teneriffas. Ihre Weine nehmen sich immer besser aus.
BESTER AUFGESPRITETER/NATURSÜSSER WEIN: Brumas de Ayosa Semiseco (Listán Blanco; 12 % Alkohol).

DO Valle de la Orotava (Tenerife)

S.A.T. Union de Viticultores del Valle de la Orotava ★→★★
Ctra. La Orotava-Los Realejos Km 45, 38315 La Orotava
Die Weine der 1988 gegründeten, sehr modernen Genossenschafts-Bodega nehmen sich ebenfalls vielversprechend aus.
BESTER AUFGESPRITETER/NATURSÜSSER WEIN: Gran Tehyda Afrutado Semiseco (Listán Blanco; 11 % Alkohol).

Castilla-León – Altkastilien

DO Rueda

Rueda hat eine im Nordwesten Spaniens einmalige alte und hochentwickelte Tradition für aufgespritete Weine vorwiegend von der Palomino-Traube, die in althergebrachter Weise ausgebaut werden. Als die Mauren in Südspanien herrschten und weder die Weine von Jerez noch andere *vinos generosos* aus Andalusien zu Gebot standen, verlangten dennoch die zur Rückeroberung ausgezogenen Könige Kastiliens und ihre Truppen nach dem kostbaren Nektar. Rueda, wo die abziehenden Mauren nur verbrannte Erde zurückgelassen hatten, eignete sich hervorragend, denn der ertragreiche Palomino (die Traube von Jerez) gedieh auf diesem Boden.

Zwar ist diese Art traditioneller Weinbereitung durch die sauberen, frischen, fruchtbetonten trockenen Weißweine der neuen Welle von Verdejo und Sauvignon blanc verdrängt worden, aber es gibt noch immer einen kleinen, enthusiastischen Markt für die alten Weine aus Rueda. Man unterscheidet «Pálido» – trockenen Wein mit *flor*-Wuchs (s. Abschnitt Sherry) und mindestens drei Jahren Ausbau – sowie «Dorado», eine Kreuzung zwischen trockenem Oloroso und Rancio mit mindestens vier Jahren Ausbau.

Castilla la Vieja – Bodegas de Crianza de ★★
Ctra. Madrid-A Coruña Km 171, 47490 Rueda
Das 1976 gegründete Haus ist ein Zweig der Familie Sanz, die in ganz Rueda eine Reihe sehr erfolgreicher Bodegas betreibt und mit die besten Weine der neuen Welle produziert, aber dennoch ihre Wurzeln nicht vergisst.
BESTER AUFGESPRITETER/NATURSÜSSER WEIN: «62» Dorada (Verdejo/Palomino; 17,5 % Alkohol).

***Guitiérrez – Hijos de Alberto Guitiérrez* ★→★★**
Ctra. Valdestillas 2, 47239 Serrada
Das 1949 gegründete Unternehmen ist Teil einer Gruppe, die ihren Wein weithin exportiert und auch in ganz Spanien vertreibt. Es konzentriert sich zwar vor allem auf frische Weißweine der neuen Welle, hat aber die alte Art nicht aufgegeben.
BESTER AUFGESPRITETER/NATURSÜSSER WEIN: San Martín Dorada (Verdejo/Palomino; 17,5 % Alkohol).

Catalunya – Katalonien

In dieser Region wurde früher *vino rancio* (katalanisch *vi ranci*) produziert. Der größere Anspruch auf historischen Ruhm gebührt jedoch dem Tarragona *clásico*, der im Nachkriegs-England als «Port des kleinen Mannes» bezeichnet wurde und eine ganz eigene Geschichte hat. Er wird meist von der Garnacha-Traube gewonnen und muss einen natürlichen Mindestalkoholgehalt von 13,5 % erreichen (es sollen aber auch schon 17 % zustande gekommen sein). Nach der vorgeschriebenen Ausbauzeit von 12 Jahren dürfte der Alkoholgehalt aufgrund der dabei erfolgten Konzentration noch höher geworden sein (und wenn nicht, kann man sich auf die nachhelfende Hand des Kellermeisters verlassen). Diese Weine sind heutzutage rar, und zwar aus einfachen wirtschaftlichen Gründen: Einen sehr hohen Preis kann man damit nicht erzielen, und die Kosten der Reifezeit von vollen 12 Jahren sind allgemein untragbar. Ähnlicher, aber weit kürzer gereifter (und deshalb viel billiger zu produzierender) Wein heißt «Garnatxa». Der berühmteste dieser Art stammt aus der DO Ampurdán-Costa Brava (katalanisch: Empordà-Costa Brava). Er kann von sonnengetrockneten Trauben nach der Art von Montilla und Málaga gekeltert werden.

DO Ampurdán-Costa Brava (Empordà-Costa Brava)

***CoViNoSA – Comercial Vinícola del Nordeste SA* ★**
Espolla 9, 17752 Mollet de Perelada
Ein 1977 gegründetes Gemeinschaftsunternehmen von Cavas del Ampurdán (am bekanntesten für Schaumwein) und der örtlichen Genossenschaft in Mollet de Perelada.
BESTER AUFGESPRITETER/NATURSÜSSER WEIN: Garnatxa de l'Empordà (15 % Alkohol).

***Fabra – Celler Martí Fabra* ★**
Vic. 26, 17751 Sant Climent Sescebes
Das kleine, 1913 gegründete Haus produziert Wein vorwiegend von eigenen Trauben und vertreibt ihn in der Umgebung. Es setzt sich jedoch stark für die Belange des süßen bzw. mit Alkohol angereicherten Weins ein und baut dafür viel Moscatel an.
BESTE AUFGESPRITETE/NATURSÜSSE WEINE: Garnatxa Masía Pairal Can Carreras (15 % Alkohol), Muscat Masía Pairal Can Carreras (15 %).

Guardiola, Pere ★
Centre 1, 17750 Capmany
Das moderne, erst 1989 gegründete Unternehmen zielt stark auf den Markt für katalanischen Wein der neuen Welle ab.
BESTER AUFGESPRITETER/NATURSÜSSER WEIN: Garnatxa Pere Guardiola (15 % Alkohol).

DO Priorato (Priorat)

Costers del Siurana ★★★★
Manyetes s/n, 43747 Gratallops
Die Bodega, gegründet 1987 als Teil des «Siurana-Projekts» der neuen Welle, ist die einzige, die sich mit einem aufgespriteten Süßwein versucht hat. Sie hat in der internationalen Süßweingemeinde damit große Aufregung verursacht, weil sie ihn aus überreifen Trauben der Sorten Garnacha, Cabernet Sauvignon und Syrah produziert und mindestens 14 Monate lang im Eichenfass ausbaut.
BESTER AUFGESPRITETER/NATURSÜSSER WEIN: Dolç de l'Obac (16 % Alkohol).

Rottlan Torra – Vins d'Alta Qualitat ★★★
Balandra 8, 43737 Torroja del Priorat
Die moderne, 1984 gegründete Bodega interessiert sich vor allem für Rotwein, produziert aber auch Süßwein von Garnacha, Cabernet Sauvignon, Cariñena und Syrah.
BESTER AUFGESPRITETER/NATURSÜSSER WEIN: Amadis Dolç (14,5 % Alkohol).

Vinícola del Priorat ★★
Piró s/n, 43737 Gratallops
Der 1991 gegründete, moderne, halbgenossenschaftliche Betrieb verfügt über neueste Ausrüstungen und über Teilhaber, die ein aktives Interesse am Geschäft und an den Weinen bekunden. Trotz der sehr modern ausgelegten Hauptweine ist die Zuwendung zur Tradition vorbildlich.
BESTE AUFGESPRITETE/NATURSÜSSE WEINE: Cingle Rancio (Garnacha, Cariñena; 17 % Alkohol), Cingle Mistela (dto.; 16,5 %).

DO Tarragona

De Muller ★
Cami Pedra Estela 34, 43205 Reus
Das 1851 gegründete große, alte Haus betätigt sich auch andernorts in Katalonien (s. Terra Alta) und gilt bei vielen als traditionsverhaftet. Jedenfalls vernachlässigt es traditionelle Weine nicht.
BESTER AUFGESPRITETER/NATURSÜSSER WEIN: Moscatel Añejo de Muller (15 % Alkohol)

Falsetença – Coop. Agrícola Falsetença S.C.C.L. ★★
Miguel Barceló 31, 43730 Falset
1917 gegründet. Die modernisierte Genossenschaftskellerei bildet ein Gemeinschaftsunternehmen mit Bodegas Pedro Rovira in Mora

la Nova, und nach Beratung durch australische «*flying winemakers*» sind die Weine beider Betriebe besser als der Durchschnitt.
BESTE AUFGESPRITETE/NATURSÜSSE WEINE: Garnatxa Negra (16 % Alkohol), Garnatxa Blanca (16 %), Vi Ranci (Garnacha/Garnacha Blanca/Macabeo; 16 %).

DO Terra Alta

De Muller ⋆
Näheres siehe De Muller, Tarragona
BESTE AUFGESPRITETE/NATURSÜSSE WEINE: Pajarete (fällt nicht in die DO; Garnacha, Mazuela; 21 % Alkohol), Vino de Misa Dulce Superior (Garnacha, Macabeo; 15,5 %).

Gandesa – Celler Coop. de Gandesa S.C.C.L. ⋆→⋆⋆
Av. Catalunya 28, 43780 Gandesa
Die 1919 gegründete größte Genossenschaftskellerei hat ihren Sitz in Gandesa (der Hauptstadt von Terra Alta) in einem prachtvollen Gebäude im Stil Gaudís. Ein ebenfalls prachtvoller moderner Anbau beherbergt Verkaufsräume für alle Produkte der Bodega und Lebensmittelspezialitäten der Gegend.
BESTE AUFGESPRITETE/NATURSÜSSE WEINE: 1919 Rancio Semiseco (Garnacha Blanca; 21 % Alkohol), Mistela de la Terra Alta (Garnacha Blanca; 16,5 %).

DO Navarra

Navarra ist zwar nicht berühmt für seine Süßweine (obschon solche in ganz Nordspanien produziert werden), wohl aber für seinen experimentierfreudigen Geist. Manche Bodegas der Region können auf diesem Gebiet schöne Erfolge vorweisen.

Castillo – Herederos Camilo Castillo ⋆⋆
Santa Bárbara 40, 31591 Corella
Die klassische alte Bodega wurde 1856 gegründet und hat stets natursüße und aufgespritete Weine im traditionellen Stil im Programm gehabt. Die Produktion mag inzwischen eine neue Hauptrichtung erhalten haben, die alten Weine sind aber noch immer da.
BESTE AUFGESPRITETE/NATURSÜSSE WEINE: Goya (Moscatel; 15 % Alkohol), Capricho de Goya Gran Reserva (Moscatel; 15,5 %).

Chivite – Bodegas Julián Chivite ⋆⋆⋆
Ribera 34, 31592 Cintruénigo
Die 1860 gegründete Firma geht eigentlich auf das Jahr 1647 zurück und ist das älteste Unternehmen in Navarra sowie eines der ältesten in Spanien. Die Serie Colección 125 wurde 1985 zur Feier des 125-jährigen Firmenjubiläums aufgelegt und wird seither als Auswahl der besten Weine eines jeden Jahrgangs weitergeführt.
BESTER AUFGESPRITETER/NATURSÜSSER WEIN: Chivite Colección 125 Moscatel (14 % Alkohol).

***Ochoa – Bodegas Ochoa* ★★★★**
Alcalde Maillata 2, 31390 Olite
Das Haus wurde 1986 gegründet, seine Wurzeln reichen aber viel weiter zurück. Geschäftsführer und Kellermeister Javier Ochoa opfert viel von seiner Zeit für das örtliche Forschungsinstitut EVENA, das sehr dazu beigetragen hat, Navarra zu einer so interessanten und innovativen Region zu machen.
BESTER AUFGESPRITETER/NATURSÜSSER WEIN: Ochoa Moscatel (11,5 % Alkohol).

***Piedemonte – Bodegas Piedemonte* ★★★**
Rua Romana s/n, 31390 Olite
Die 1993 gegründete Bodega neuen Stils will den Genossenschaftsgedanken in das 21. Jahrhundert weitertragen. In der Hauptsache befasst sie sich mit jungen Rotweinen, sie steht aber auch bei Experimenten mit Süßwein in vorderster Front.
BESTER AUFGESPRITETER/NATURSÜSSER WEIN: Piedemonte Moscatel (10,5 % Alkohol).

Valencia

Valencia ist heute für sehr erfolgreiche preiswerte Alltagsweine besonders bekannt, es gibt hier aber auch eine alte Tradition für Süßwein, insbesondere *mistelas* von Moscatel aus der DO Alicante. Trotz der allgemeinen Tendenz zu technisch einwandfreien Weinen für die Supermärkte der Welt, hergestellt in klinisch reinen, hochmodernen Kellereien, lebt die Tradition für süßen alten Fondillón und üppigen Muskateller fort. Der Moscatel de Valencia, ebenfalls einer der Bannerträger des Supermarktgeschäfts, tritt meist in Gestalt einer munteren *mistela* von Moscatel de Alejándria auf, gelegentlich aber auch als schöner alter, behutsam aufgespriteter und bemerkenswert guter Wein.

DO Alicante

***Alfonso – Bodegas Alfonso Crianza de Vinos* ★**
Casa de Rodrigo 79, 03650 Culebrón-Pinoso
Diese 1872 gegründete Bodega wird nun von der sechsten Generation der Gründerfamilie geleitet und arbeitet für alle Weine nur mit der Monastrell-Traube.
BESTER AUFGESPRITETER/NATURSÜSSER WEIN: Fondillón 64 (18 % Alkohol).

***Gutiérrez de la Vega, Bodegas* ★★★→★★★★**
Canalejas 4, 03792 Parcent
Das 1978 gegründete Haus ist eine von wenigen Bodegas, die in ihrer Produktion neben anderen Weinen auch dem Süßwein einen besonderen Rang einräumen.
BESTE AUFGESPRITETE/NATURSÜSSE WEINE: Casta Diva Cosecha Miel Moscatel (14 % Alkohol), Viña Caballetta Moscatel (13,5 %).

Mendoza – Bodegas Enrique Mendoza ★★→★★★
Partida El Romeral s/n, 03580 Alfaz del Pí
Die hochmoderne, 1989 gegründete Bodega befasst sich in erster Linie mit Weinen der neuen Welle.
BESTE AUFGESPRITETE/NATURSÜSSE WEINE: Moscatel de Mendoza (15 % Alkohol), Moscatel de la Marina (15 %).

Nuestra Señora de las Virtudes, Bodegas ★
Ctra. de Yecla 9, 03400 Villena
Die 1961 gegründete riesige Genossenschaftskellerei im traditionellen Stil beliefert vor allem die Umgebung mit Alltagswein.
BESTER AUFGESPRITETER/NATURSÜSSER WEIN: Tesoro de Villena Fondillón Gran Reserva (Monastrell; 16,5 % Alkohol).

DO Valencia

CVVE – Compañía Valenciana de Vins i Espirituosos ★
Pl. Maestro Serrano 3, 46380 Cheste
CVVE, gegründet 1996, ist ein neues Unternehmen, das die traditionellen Rebsorten der Gegend im traditionellen Stil verarbeitet.
BESTE AUFGESPRITETE/NATURSÜSSE WEINE: Solera Cordiales Dulce Gran Reserva (PX/Moscatel; 15 % Alkohol), CVVE Monastrell Rancio (15 %).

Marsala

Geschichte

Eigentlich sind es mehrere Geschichten. Zwar steht fest, dass der Schöpfer des heutigen Marsala ein gewisser John Woodhouse, ein Import/Export-Kaufmann aus Liverpool, war, der diesen Wein 1773 erstmals nach England brachte. Aber schon darüber, wie das zustande kam, gibt es verschiedene Versionen. Die eine erzählt, Woodhouse habe sich darüber geärgert, dass ihm die Madeira-Erzeuger nicht die gebührende Achtung erwiesen, als er in Geschäften auf die Insel kam. Darum habe er bei der Abreise geschworen, er wolle sich seinen Madeira anderswo suchen, und sie würden das schon noch bereuen. Andererseits heißt es, er habe einmal mit einem seiner Schiffe in Mazaro del Vallo an der sizilianischen Küste eine Ladung Waschsoda holen wollen, als ihn schlechtes Wetter zwang, in Marsala, etwas nördlich von Mazaro, Schutz zu suchen. Um jene Zeit lag Sizilien schon seit etlichen Jahrhunderten im Kreuzungspunkt des Mittelmeerhandels, und einer der beliebtesten Exportartikel von Marsala war damals ein Wein, der in der Umgebung wuchs. Als Woodhouse ihn kostete, fand er, dass er dem Grundwein für Madeira sehr ähnlich sei. Er kaufte eine Ladung und nahm sie mit heim nach England. Unterwegs machte er Experimente, indem er ihm Brandy zusetzte, teils um die Haltbarkeit auf der Seereise zu verbessern, teils aber auch, um zu sehen, ob er dem damals in England herrschenden Geschmack an starken, süßen, aufgespriteten Weinen wie Madeira und Sherry entgegenkommen würde.

In England verkaufte er die erste Ladung mühelos und merkte daran, dass hier ein Markt darauf wartete, entdeckt zu werden. 1773 kehrte Woodhouse nach Sizilien zurück, gründete einen Exporthandel, richtete eine Kellerei ein und legte Weinberge an. Um 1800 verproviantierte er bereits die englische Marine unter Admiral Horatio Nelson, und der Marsala war überall im georgianischen England zum festen Bestandteil feierlicher Anlässe geworden.

Der Handel entwickelte sich derart erfolgreich, dass ein weiterer Engländer, Benjamin Ingham, sich in Marsala neben Woodhouse niederließ, und 1833 baute Vicenzo Florio als erster Italiener eine Kellerei zwischen denen der beiden Engländer, und weitere folgten. Allerdings gilt es zu bedenken, dass damals recht turbulente Zeiten herrschten: Piratenschiffe bedrohten noch immer die Seewege, und Sizilien wurde von Neapel aus durch den bourbonischen König Franz regiert, der sich dem für ein geeintes Italien eintretenden Savoyerkönig Viktor Emanuel II. von Piemont-Sardinien widersetzte. Damals hatte der Marsala zum zweiten Mal Gelegenheit, in der Geschichte eine Rolle zu spielen. Der italienische Freiheitsheld Giuseppe Garibaldi beschloss, auf Berichte über eine Volkserhebung in Sizilien hin ein zusammengewürfeltes Heer in den Kampf gegen die Bourbonen zu führen. Nach Sizilien setzte er an Bord von Handelsschiffen über, deren Hauptaufgabe es war, Marsala nach England zu bringen, und es heißt, die englische Flotte habe in Bereitschaft gelegen und strenge Konsequenzen angedroht, falls die Weinlieferungen gefährdet würden. Am 11. Mai 1863 landete Garibaldi mit seiner Streitmacht und setzte sich nach Palermo in Marsch. Der Rückhalt in der Bevölkerung war für Garibaldi so groß, dass er und seine 1000 wackeren, aber mangelhaft ausgebildeten Soldaten 20 000 neapolitanische Söldner schlugen und nicht nur am 6. Juni in Palermo, sondern schließlich am 7. September im Triumph auch in Neapel einzogen.

Neben dem Beistand der englischen Flotte hat wohl auch der Marsala-Wein bei diesem Siegeszug eine Rolle gespielt, worüber es allerdings wieder zwei verschiedene Versionen gibt. In der einen heißt es, Garibaldi sei erstaunt gewesen, das Ladengeschäft von Woodhouse noch offen zu finden, als seine Truppen durch die Straßen von Marsala lärmten. Er trat ein und fragte, ob man denn nicht wisse, dass er mit 1000 Kämpfern gekommen sei, um die Bourbonen aus Sizilien zu vertreiben. «In diesem Fall, mein Herr», antwortete der Geschäftsführer, «werden Ihre Männer einiger Stärkung bedürfen, bevor sie sich auf den Weg begeben», und so verließ Garibaldi den Laden, nicht ohne ein paar Fässer Wein für seine Truppe eingekauft zu haben. Die andere (vermutlich wahrere) Version berichtet, dass Garibaldi bei seinem Einzug in Palermo, nachdem er fast die gesamte neapolitanische Armee besiegt hatte, als feierlichen Begrüßungstrunk ein Glas Marsala kredenzt erhielt. Er war zwar kein Weintrinker, nahm das Glas aber aus Höflichkeit an und zeigte sich überrascht und erfreut vom Geschmack dieses Weins. Es soll sich um die süßeste Art von Marsala gehandelt haben, die dann den Namen *Garibaldi Dolce* erhielt. Später fand sie auch ihren Weg in das Rezept eines Rosinengebäcks, das heute noch in England «Garibaldi» heißt. (Dagegen hat der Familienname seines Widersachers Franz in anderer genießbarer Form Niederschlag gefunden.)

Die Popularität dieses Weins erreichte auf die Berichte über die heroischen Taten Garibaldis hin in England einen Gipfelpunkt, und so fand nun auch ein Dekanter mit Marsala seinen Platz auf den Sideboards der feinen viktorianischen Gesellschaft.

Bedauerlicherweise richteten gegen Ende des 19. Jahrhunderts der Mehltau und die Reblaus in Sizilien dieselben Verwüstungen an wie in Spanien, Portugal und Madeira. Da diese Region aber nicht über eine so starke wirtschaftliche Grundlage verfügte wie diese anderen, schwand der Marsala allmählich dahin. Er wurde lediglich von einigen wenigen Enthusiasten und einem umfangreichen Markt in der italienischen Gastronomie bis heute am Leben erhalten. Es wird allerdings nach wie vor guter Marsala produziert, und nachdem nun auch die gesetzlichen Vorschriften genauer gefasst worden sind, ist es im Jahr 2000 wohl eher möglich, etwas zu bekommen, was dem Original näher ist, als dies ein Jahrhundert lang der Fall war.

Die Trauben für Marsala

Ursprünglich entstand besserer Marsala ganz von der einheimischen Grillo-Traube, doch davon stehen nicht die erforderlichen Mengen zur Verfügung, und so sind nach heutigen Vorschriften im Wesentlichen die folgenden Sorten zugelassen: Grillo, Cataratto, Inzolia, Ansonica, Damaschino (weiß); Perricone, Calabrese, Nerello Mascarese (rot).

So entsteht Marsala

Ob nun John Woodhouse damals dem ihm unfreundlichen Madeira den Rücken kehrte oder nicht, der Weinbereitungsprozess für den Marsala zeigt deutliche Verbindungen zum Wein dieser Insel, aber auch zu Porto und Málaga, denn die Gärung des Mosts wird durch Zusetzen von Weingeist abgestoppt. Eine Besonderheit ist dagegen, dass eine kleine Menge Most unmittelbar nach dem Keltern mit Weingeist am Gären gehindert und damit zu *sifone* oder *mistella* (franz. *mistelle*, span. *mistela*) verarbeitet wird, der später zum Süßen dient. Oft wird auch frischer Traubensaft zu einem dicklich süßen, sehr dunklen Sirup eingekocht, dem so genannten *vino cotto* (wörtlich «gekochter Wein», witzigerweise aber auch «beschwipster Wein»).

Den Hauptteil des Weins lässt der Kellermeister nach Gutdünken gären und reichert ihn schließlich meist auf 17–18 % mit Alkohol an. Dann folgt der Ausbau in großen, üblicherweise oberirdisch gelagerten Fässern, bis über das weitere Verfahren entschieden wird.

Marsala-Stile

Die für den Marsala gültigen Vorschriften wurden 1994 revidiert, um Ordnung in die Sache zu bringen. Dadurch wurde eine Rationalisierung der Marsala-Stile wie folgt erreicht:

Grundformen

Marsala Fine ist der einfachste, oft durchaus nicht besonders «feine», bei italienischen Küchenchefs in aller Welt aber sehr beliebte Typ. Er muss 17 % Alkoholgehalt aufweisen und eine Reifezeit von mindestens einem Jahr hinter sich haben. Marsala Fine per Cremovo ist eine mit Eiern, Mandeln und anderen würzenden Zutaten bereitete Art Likör, die als Stärkungsmittel für Rekonvaleszenten sehr populär ist, hier aber nicht weiter erörtert zu werden braucht.

Marsala Superiore muss 18 % Alkoholstärke besitzen und eine Reifezeit von mindestens zwei Jahren im Fass durchmachen. Süße Versionen heißen manchmal Garibaldi Dolce.

Marsala Superiore Riserva muss ebenfalls 18 % Alkoholstärke besitzen, aber die Fassreifezeit beträgt mindestens vier Jahre.

Marsala Vergine, ebenfalls mit einer Alkoholstärke von 18 %, reift mindestens fünf Jahre im Fass oder in einer *solera* (s. Abschnitt Sherry) und kann dann «Marsala Solera» heißen.

Marsala Vergine Stravecchio oder **Riserva** hat bei einer Alkoholstärke von 18 % mindestens 10 Jahre Fassreifezeit hinter sich, wenn er in den Handel kommt. Es kann sich dabei auch um Jahrgangswein handelt.

Zusatzbezeichnungen

Alle vorgenannten Grundformen können, wenn sie die entsprechenden Kriterien erfüllen, eine der folgenden zusätzlichen Bezeichnungen führen:

Oro, Ambra, Rubino (Gold, Bernstein, Rubin) als Beschreibung der Farbe.
Secco, Semisecco, Dolce (trocken, halbtrocken, süß) Bezeichnung nach der Restsüße bzw. der zum Süßen verwendeten Zusätze (*sifone* oder *cotto*). Im Marsala Vergine dürfen solche Süßmittel nicht verwendet werden, daher beruht die Süße dieses Typs allein auf dem unvergoren gebliebenen natürlichen Zuckergehalt der Trauben.

Wann trinkt man Marsala?

Marsala Fine ist in der Hauptsache für die Küche bestimmt und wird in zahllosen italienischen Restaurants in aller Welt zu herrlichen Saucen und feinstem *tiramisù* verarbeitet. Trinken wird ihn wohl kaum jemand wollen. Marsala Superiore ist ein preiswerter Alltagswein, der in trockener Form einen bescheidenen Aperitif und in süßer Form einen belebenden Trunk für den späten Vormittag abgibt; als Riserva ist er um einiges besser. Die beste Version schließlich ist der Marsala Vergine, der in trockener Ausführung in Stil und Stärke einem «trockenen» Madeira oder Pale Cream Sherry oder White Port entspricht – d. h., er ist nicht gerade übermäßig trocken, aber schön traubig und oft köstlich. Rubino ist ein neuartiger Typ mit frischer Tanninherbheit in den trockeneren Ausführungen. Absolut an der Spitze steht der Marsala Vergine Stravecchio, vom vollen, rosinensüßen *dolce* bis zum oft bemerkenswert nusswürzigen, zarten, delikaten *semisecco*. Jahrgangs-Marsala ist nicht häufig anzutreffen, die wenigen Exemplare aber beweisen erst richtig, wie gut Marsala sein kann. Sie sind Dessertweine *per eccellenza*, die sich mit allen außer vielleicht den feinsten aus Spanien und Portugal messen können.

Bedeutende Erzeuger

Dieselben Häuser bieten auch andere mehr oder weniger stark aufgespritete Weine.

De Bartolì – Marco de Bartolì & Co. SRL ★★★★
Contrada Fornara Samperi 292, 91025 Marsala
Ein alter Familienbetrieb mit einem Ruf für Innovationsfreudigkeit und einem eigensinnigen Hang zur Erzeugung von Weinen, die gegebenenfalls eine geringere Alkoholstärke besitzen, als es die DOC-Vorschrift verlangt – seine Marsala-Weine dürfen diesen Namen nicht führen, weil sie nicht aufgespritet sind (s.a. unter «Weitere mit Alkohol angereicherte Weine Italiens»).
BESTE WEINE: Vigna la Miccia Superiore Oro (14,5% Alkohol), Vecchio Samperi 20 Anni Viene (15%).

Florio – SAVI Florio & Co. SPA ★★★→★★★★
Via V. Florio 1, 91025 Marsala
Das 1833 gegründete Haus wurde 1929 von Cinzano übernommen; zu ihm gehören die Reste der ursprünglichen Firmen Woodhouse

und Ingham (diese Namen treten noch als Marken in Erscheinung). 1998 verkaufte Cinzano es weiter an die (durch Amaretto bekannte) Saronno-Gruppe. Es ist stark im Export tätig und auf ältere Marsala-Weine spezialisiert.

BESTE WEINE: Terre Arse Vergine (rein von Grillo; 10 Jahre alt), Jahrgangsweine.

Pellegrino – Carlo Pellegrino & Co. SPA ★★★→★★★★

Via del Fante 39, 91025 Marsala

Gegründet 1880; heute der mengenmäßig größte Erzeuger aller wichtigen Spielarten, einschließlich des in Marsala noch ziemlich neuen Rubino.

BESTE WEINE: Alle zuverlässig, v. a. 1962 Vintage Vergine, Superiore Dolce und Secco.

Rallo – Alvis SPA ★★→★★★★

Via V. Florio 2, 91025 Marsala

Hinter der Holding-Gesellschaft steckt das 1860 gegründete und noch immer von der Familie geleitete Haus Diego Rallo i Figli. Es verfügt über eine breitgefächerte Weinproduktion, aber mit Marsala hat alles angefangen, und bei ihm leistet es nach Meinung vieler auch noch sein Bestes. Der alte Solera Vergine 1860 fehlt seit einigen Jahren in der Preisliste.

BESTE WEINE: Vergine Solera Riserva 12 Anni, Superiore Dolce und Secco.

Sonstige mit Alkohol angereicherte Weine aus Italien

In vielen Regionen Italiens wird ein *liquoroso,* eine natursüße bzw. mehr oder minder stark aufgespritete Version des Hauptweins, produziert. Insbesondere im Norden gibt es weit gefasste DOC-Bestimmungen, die bis zu einem Dutzend Weintypen – weiß und rot, jung und alt, auch süß und aufgespritet – unter einem Namen zusammenfassen. Im Süden werden die Dinge unbefangener gehandhabt und beruhen auf Traditionen, die auf den Mittelmeerhandel von vor tausend Jahren zurückgehen, wobei die meisten Weinstile fast überall anzutreffen sind.

Man begegnet den Versionen Passito (von am Weinstock eingeschrumpften Trauben) oder Vin Santo (wörtlich «heiliger Wein», von Trauben, die traditionell nach der Lese bis Weihnachten unter dem Dach getrocknet werden) und Liquoroso (aufgespritet). Die dafür verwendeten Traubensorten sind meist solche, die von Natur aus sehr süßen Most liefern, z. B. Moscato, Malvasìa, Zibibbo (eine Muskatellervariante). Viele dieser Weine sind außerhalb ihrer Heimatprovinz selten anzutreffen, sollen hier aber in einem Streifzug durch die Regionen Italiens aufgeführt werden. Besonders wichtige Erzeuger werden namentlich erwähnt, in vielen Gegenden jedoch ist echte Qualität nur durch eigene Erfahrung zu ermitteln. Die angegebenen Alkoholstärken entsprechen den in den jeweiligen DOC-Vorschriften genannten Mindestwerten.

Emilia-Romagna

Colli Piacentini ist ein an Sorten reicher DOC-Name, der auch einen Vin Santo (16 % Alkohol) vorwiegend von Malvasìa (jedoch auch von Sauvignon blanc und Marsanne) und einen Vin Santo di Vigoleno (18 %) vorwiegend von Marsanne beinhaltet. Die Reifezeit beträgt vier bzw. fünf Jahre.

Lazio – Latium

Aleatico di Gradoli gilt für einen roten Liquoroso (15 % Alkohol), rein von der Aleatico-Traube, in einfacher oder *riserva*-Version mit einer Ausbauzeit von sechs Monaten bzw. zwei Jahren.

Liguria – Ligurien

Golfo del Tigullio beinhaltet unter anderem einen Passito (16,5 % Alkohol) von beliebigen weißen Traubensorten und einen Moscato Passito (15,5 %) ausschließlich von Moscato bianco, beide mit einem Jahr Reifezeit.

Lombardia – Lombardei

Oltrepò Pavese gibt es in vielen Formen, unter anderem als raren und teuren Liquoroso *dolce* (17,5 %) und *secco* (18 %).

Valcalepio ist ebenfalls ein weit gefasster DOC-Name, unter den auch ein roter Moscato Passito (15%) und ein Moscato di Scanzo Passito von einer anderen Spielart dieser Traubensorte fällt. Beide müssen eine Ausbauzeit von 14 Monaten durchmachen.

Puglia – Apulien

Aleatico di Puglia ist besser als der Namensvetter aus Latium. In Bestform hat die vier Monate gereifte Liquoroso-Version echten Charakter. Noch besser ist die drei Jahre und länger ausgebaute Riserva (beide 18,5%). Spitzenerzeuger: Francesco Candido; die neuere Produktion besteht ganz aus unaufgespriteten Versionen.

Gioia del Colle umfasst einen sehr süßen Aleatico Liquoroso *dolce* (16%), er hat aber nicht ganz so viel Stil wie der vorige Wein.

Den Moscato di Trani gibt es als «natursüßen» Wein und als Liquoroso (16%) mit einem Jahr Reifezeit. In Süditalien allgemein und in Apulien im Besonderen wird leicht aufgespriteter Muskateller dieser Art sehr schön bereitet. Spitzenerzeuger: Fratelli Nugnes in Bari, Spezialist für diesen Weintyp.

Primitivo di Manduria entsteht ganz von der Primitivo-Traube, die im südlichen Klima echte Schwergewichte hervorbringt. Es gibt zwei Liquoroso-Versionen: *dolce* (15%) und *secco* (16,5%), beide zwei Jahre gereift. Manche Exemplare wirken einfach umwerfend, aber einige Erzeuger verstehen es, der Hitzigkeit und Stärke schöne Reife und Ausgewogenheit entgegenzusetzen. Spitzenerzeuger: Giordano.

Salice Salentino beinhaltet aufgespritete Weine von der Aleatico-Traube. Der Liquoroso *dolce* reift vier Monate, die Riserva-Version 26 Monate (beide 16%). Man findet hier gute Weine, wenn auch diese Traube sich nirgendwo besser zeigt als im Aleatico di Puglia.

Sardegna – Sardinien

Alghero *liquoroso* (18%) entsteht aus einer Mischung von Lokalrebsorten und reift drei Jahre und länger, die *riserva*-Version sogar fünf Jahre, und schließlich gibt es noch einen Alghero *passito* (15%) vorwiegend von Cabernet Sauvignon. Spitzenerzeuger: Sella e Mosca.

Cannonau di Sardegna von der gleichnamigen Traube kommt als *secco* (18%) und *dolce naturale* (16,5%) vor. Spitzenerzeuger: Sella e Mosca.

Girò di Cagliari *liquoroso* beinhaltet eine ganze Reihe von aufgespriteten oder unaufgespriteten Weinen, je nachdem, welche Alkoholstärke von Natur aus erreicht wird (15–16,5%). Die Grundversion reift acht Monate, die Riserva zwei Jahre.

Malvasìa di Bosa *liquoroso* kommt *dolce* (15%) oder *secco* (16,5%) vor und muss eine Reifezeit von mindestens zwei Jahren aufweisen.

Malvasìa di Cagliari *liquoroso* gibt es in drei Ausführungen: *secco* (16,5%), *dolce* (15%) und *riserva* (17,5%). Die beiden ersteren reifen acht Monate, die letztere zwei Jahre.

Moscato di Cagliari *liquoroso* (15 %) muss vier Monate, die *riserva*-Version ein Jahr Ausbauzeit hinter sich haben. Die Qualität ist unterschiedlich, kann aber sehr gut sein.

Nasco di Cagliari *liquoroso* kommt als *dolce* (15 %), *secco* (16,5 %) und *riserva* (17,5 %) vor. Nasco ist ein rustikaler, in seiner Heimat vielgepriesener Schwergewichtler. Die beiden ersteren Versionen reifen acht Monate, die letztere ein Jahr. Von Sella e Mosca stammt eine unaufgespritete Version, die nicht unter die DOC fällt.

Vernaccia di Oristano hat in der einfachen Version 15 %, als *superiore* 15,5 %, als *liquoroso* 16,5 und als *riserva* 17,5 % Alkohol. Die Ausbauzeit beträgt zwei Jahre und fünf Monate, außer beim *superiore,* bei dem sie ein Jahr länger dauert. Einer der besten Erzeuger ist Attilio Contini.

Sicilia – Sizilien

(siehe auch Marsala)

Malvasia delle Lipari kann als *passito* (18 %) oder *liquoroso* (20 %) mit einer Reifezeit von sieben bzw. sechs Monaten in Erscheinung treten. Spitzenerzeuger: Carlo Hauner.

Moscato Passito di Pantelleria ist so etwas wie eine mediterrane Legende. Die Insel Pantelleria wird vom rund 120 km entfernten Sizilien aus verwaltet, liegt aber tatsächlich dem nur 80 km entfernten Tunesien näher. Sie ist seit Jahrhunderten ein Stützpunkt für die Schifffahrt, und viele Bezeichnungen hier wirken arabisch. Dieser Wein stammt ursprünglich aus einem Ort mit dem klangvollen Namen Bukkuram – so steht es manchmal auf dem Etikett. Produziert wird er von der Zibibbo-Traube (eigentlich Alexandria-Muskateller) in den Versionen *liquoroso* (15 %) und *extra liquoroso* (15,5 %) mit 14 Monaten Reifezeit. Spitzenerzeuger: Marco de Bartolì, SAVI Florio (siehe Marsala).

Toscana – Toskana

Bianco dell'Empollese beinhaltet auch Vin Santo *secco* (16 %) und *amabile* (15 %). Beide Versionen entstehen vorwiegend von Trebbiano und müssen mindestens drei Jahre reifen.

Candia dei Colli Apuani kommt als eher leichter Vin Santo (16,5 %) vorwiegend von Vermentino mit einer Reifezeit von drei Jahren vor.

Colline Lucchesi umfasst einen weißen Vin Santo (16 %) als *secco* oder *amabile* sowie eine *rosato*-Version namens Vin Santo Occhio di Pernice («œuil de perdrix»; 16 %). Die Ausbauzeit beträgt vier bzw. drei Jahre.

Vin Santo di Chianti verfügt über eine eigene, vom Chianti getrennte DOC. Es handelt sich um einen *rosato* Occhio di Pernice (16,5 %; drei Jahre Ausbau) bzw. Occhio di Pernice *riserva* (16,5 %; vier Jahre Ausbau). Vor diesen Namen können gegebenenfalls auch die der sieben Chianti-Distrikte (Colli Aretini, Colli Fiorentini, Colli Senesi, Colline Pisane, Montalbano, Rufina und Montespertoli) stehen. Die Mindestalkoholstärke beträgt 17 %. Alle diese Weine werden hauptsächlich von der Sangiovese-Traube erzeugt.

Frankreich

Geschichte

Die aufgespriteten Weine Frankreichs sind nicht besonders bekannt, vermutlich weil sie im Schatten so vieler guter Dinge stehen, die hier produziert werden. Es gibt aber einige exzellente – ja sogar einige herausragende – Weine dieser Art, insbesondere im Südwesten, wo sich das katalanische Erbe ebenso stark zeigt wie das französische und die Weine Spaniens und Frankreichs viel Ähnlichkeit miteinander aufweisen. Allgemein lassen sich die aufgespriteten französischen Weine in zwei Gruppen einteilen: Vin Doux Naturel und Vin de Liqueur.

Vin Doux Naturel

Diese Art Wein (abgekürzt VDN) ist nicht, wie der Name zu verstehen geben will, natursüß, obschon seine Süße vom natürlichen Zuckergehalt der Trauben stammt. Der Most wird normal vergoren, bis eine Alkoholstärke von 5 bis 6 % erreicht ist, und dann wird er mit Weingeist angereichert, um die natürliche Süße zu konservieren. Es folgt oft eine lange Reifezeit. Im Roussillon (wo der katalanische Einfluss am stärksten ist) genießt auch der *rancio*-Stil einige Beliebtheit; hierfür wird der Wein gewöhnlich einige Jahre lang direktem Sonnenlicht ausgesetzt. In Frankreich lagert er dabei im Fass, während er in Katalonien allgemein in Glasballons liegt. Trotz der Popularität des *rancio*-Stils sind solche Weine außerhalb ihrer engeren Heimat nicht oft anzutreffen; viel mehr Verbreitung haben die süßen Muskatellerweine gefunden. Es folgen die wichtigsten VDN-Appellationen, gegebenenfalls mit den Namen der jeweils besten Erzeuger. Die hier verarbeiteten Muskatellervarianten sind Muscat de Frontignan (MF) und Muscat d'Alexandrie (MA).

Banyuls, Roussillon

Die am weitesten im Süden gelegene Appellation Frankreichs grenzt an Spanien. Ihr Wein entsteht von Grenache noir, gris und blanc mit bis zu 10 % sonstigen Traubensorten. Die Ausbauzeit beträgt mindestens 30 Monate, eventuell in gebrauchten Fässern, die immer wieder mit neuem Wein aufgefüllt werden, also in einer Variante des Solera-Systems (siehe Abschnitt Sherry). Spitzenerzeuger: Domaine du Mas Blanc (Banyuls), Coopérative L'Etoile (Banyuls), Château de Jau (Rivesaltes).

Clairette du Languedoc

Dieser Wein wird vermutlich aufgespritet, weil er in seiner natürlichen trockenen Form nicht besonders interessant ist. Normalerweise gibt es ihn als Markenwein in den Stilen VDN und *rancio*. Spitzenerzeuger: Domaine de la Condamine (Paulhan).

Grand Roussillon

Ungeachtet des grandiosen Namens ist dies das Sammelbecken für Muskatellerweine aus allen Appellationen im Roussillon: Alles, was nicht gut genug ist, um unter dem eigenen Namen laufen zu können, wird «deklassiert» und kommt als Grand Roussillon auf den Markt – eigentlich wäre Petit Roussillon eher angebracht (MF, MA).

Muscat de Beaumes-de-Venise, Rhône

Im nördlichsten Vorposten des VDN von der Muskatellertraube (MF) sorgen Boden und Klima dafür, dass einer der besten Vins Doux Naturels in Frankreich entsteht. Er hat den erfreulichen Vorteil, dass er schon in der Jugend ebenso gut schmeckt wie nach einiger Flaschenreife. Spitzenerzeuger: Der Löwenanteil entfällt auf die Genossenschaftskellerei Beaumes-de-Venise, es gibt aber auch einige gute kleine Erzeuger, u. a. die Domaines Durban, des Coyeaux und des Bernadins (alle in Beaumes).

Muscat de Cap Corse, Korsika

Die relativ neue und sehr kleine Appellation bringt dessenungeachtet einen exzellenten VDN (von MF) hervor, der in der Zukunft vermutlich noch viel von sich reden machen wird. Spitzenerzeuger: Clos Nicrosi (Rogliano).

Muscat de Frontignan, Languedoc

Die Stadt Frontignan hat dem ansonsten als Muscat à Petits Grains bekannten edelsten Muskateller ihren Namen geliehen, allerdings wird ihr einstiger Ruhm inzwischen von Beaumes-de-Venise überstrahlt. Die exzellenten Weine – natürlich von MF – kommen als VDN oder Vins de Liqueur (s.u.) vor. Spitzenerzeuger: die örtliche Genossenschaftskellerei; Château de la Peyrade (Frontignan).

Muscat de Lunel, Languedoc

Die kleinere Appellation produziert MF-Weine in ähnlich guter Qualität wie in Frontignan, jedoch ohne deren Bekanntheitsgrad. Spitzenerzeuger: die örtliche Genossenschaftskellerei; Château du Grès St-Paul (Lunel).

Muscat de Mireval, Languedoc

Nachbar-Appellation von Frontignan mit ähnlich guten (MF-)Weinen, die aber selten über die Grenzen ihrer engeren Heimat hinausgelangen. Spitzenerzeuger: Cave Coop. de Rabelais (Mireval).

Muscat de Rivesaltes, Roussillon

Die Appellation ist durch roten und weißen VDN (s.u.) besser bekannt, produziert aber auch Muscat (MA, MF) in gefälligem, früh trinkreifem Stil. Spitzenerzeuger: Mont Tauch (Tuchan), Domaine Sarda-Malet (Perpignan).

Muscat de St-Jean-de-Minervois

Das für Rotwein bekanntere Minervois hat in dieser Enklave auch einen Muscat (MF) zu bieten. Die Qualität kann außerordentlich gut sein. Spitzenerzeuger: die örtliche Genossenschaft; Domaine Barroubio.

Rasteau, Rhône

Aus dem nördlichen Vorposten für VDN auf Grenache-Basis kommt eine rote und eine braune Version. Die letztere Art gilt allgemein als die bessere. Spitzenerzeuger: hauptsächlich die Genossenschaftskellerei Rasteau.

Rivesaltes, Roussillon

Umfangreiche Appellation mit großen Mengen VDN, auch Muscat (s. o.). Hauptsächlich entfällt die Produktion jedoch auf Rot-, Rosé- und Weißwein von Muscat (MA, MF), Grenache und anderen südfranzösischen Rebsorten in unterschiedlicher Kombination. Bei der Qualität dürften die Rotweine die Nase vorn haben. Spitzenerzeuger: Domaine Cazes (Rivesaltes), Château de Corneilla (Corneilla-del-Vercol), Coopérative Baixas.

Vin de Liqueur

Vin de Liqueur unterscheidet sich vom Vin Doux Naturel insofern, als bei ihm überhaupt keine Gärung stattfindet: Der Traubensaft wird sofort nach dem Pressen mit Weingeist gemischt (anders gesagt handelt es sich eher um eine *mistelle* als um einen Wein). Anschließend reift das Ganze im Fass. In der Jugend schmecken Stiele und Alkohol stark vor, nach dem Reifeprozess aber sind manche dieser Produkte, vor allem aus der Cognac-Region, sehr ansprechend.

Floc de Gascogne, Armagnac

Das Armagnac-Gegenstück zum Pineau des Charentes (s.u.) ist außerhalb seiner Heimat nur sehr selten zu finden. Über eine anerkannte AC verfügt es nicht.

Macvin du Jura

Eine Mischung aus Weingeist und unvergorenem Most von Trauben aus dem Jura, u. a. Poulsard, Savagnin, Trousseau usw. Warum sie über eine AC verfügt, während Floc und Ratafia keine haben, ist eigentlich ein Rätsel. Es fehlt diesem Getränk an der Fülle des Muscat oder auch am köstlichen Cognac-Stil des Pineau des Charentes, doch auch es hat seine Anhänger. Spitzenerzeuger: Henri Maire ist sehr zuverlässig.

Muscat de Frontignan, Languedoc

Neben dem hier produzierten VDN (s. o.) gibt es auch einen Vin de Liqueur.

Pineau des Charentes, Cognac

Der Pineau hat eine eigene AC und von allen Vins de Liqueur Frankreichs den höchsten Bekanntheitsgrad. Die Geschichte berichtet von einem jungen Kellermeister, der 1589 in Burie in einer Cognac-Brennerei arbeitete. Aus Versehen ließ er einmal frischen Traubenmost in ein noch nicht ganz leeres Cognac-Fass laufen. Dadurch wurden die Hefen im Most «betäubt», und es entwickelte sich keine Gärung. Der Kellermeister wollte das Fass nicht einfach ausleeren und ließ es deshalb einfach liegen, bis er sich weiter darum kümmern konnte. Es vergingen ein paar Jahre, bevor es wieder entdeckt und der Inhalt als sehr gut befunden wurde – der Pineau des Charentes war geboren. In der Praxis erweist sich das Getränk auch als nützliche Möglichkeit, überschüssiges Traubengut zu verbrauchen, und dient zugleich als «Sicherheitsventil» für kleinere Cognac-Hersteller. Pineau muss in der Cognac-Region hergestellt sein; es gibt ihn in Weiß und Rot. Die weiße Version entsteht vorwiegend von den Standardtrauben für Cognac: St-Emilion (Ugni blanc), Folle Blanche und Colombard, die rote Version von Malbec, Merlot, Cabernet franc und Cabernet Sauvignon. Da frischer Traubensaft die Grundlage bildet, erfolgt die Herstellung jeweils zur Lesezeit unter Verwendung von jungem, im Vorjahr destilliertem Cognac. Anschließend lagert das Gemisch in alten Cognac-Fässern; die Dauer bleibt dem Kellermeister überlassen. In der Jugend wirkt es etwas scharf, mit der Zeit mildert es sich jedoch, und im Alter von 10 Jahren ist es geradezu vorzüglich – voll vom Duft alten Cognacs und kraftvoll wie Tawny Port. Spitzenerzeuger: Es gibt so viele Hersteller – wobei die kleinsten oft die besten Pineaus produzieren –, dass es unangebracht wäre, nur einzelne zu nennen, jedoch unmöglich, alle aufzuführen. Bei Einkäufen außerhalb der Heimatregion Charentes sollte man sich an mindestens 10-jährige Pineaus halten, in der Region selbst aber ist es sehr vergnüglich, kleine Cognac-Brennereien aufzusuchen und deren Pineau zu degustieren. Näheres teilt auch gern der zuständige Verband mit: Comité National du Pineau des Charentes, 112 Av. Victor Hugo, 16100 Cognac.

Ratafia, Champagne

Eine *mistelle* von Weingeist und unvergorenem Champagnermost. Wie Floc (s. o.) hat auch dieses Getränk keine AC und ist außerhalb seiner Heimatregion nur selten zu finden.

Griechenland

Geschichte

Die Geschichte des Weinbaus in Griechenland ist ungeheuer lang. In nicht allzu ferner Vergangenheit wurde er freilich durch die osmanische Herrschaft lange gelähmt, und erst nach 1990 gelangte er zu neuer Blüte dadurch, dass innovative Weinbaubetriebe frische, saubere Weine der neuen Welle hervorbringen – mit ihnen aber wollen wir uns hier nicht näher befassen. Die Geschichte des natursüßen und des mit Alkohol angereicherten Weins beginnt in Griechenland mit den Göttern selbst, die auf dem Olymp Nektar und Ambrosia zu sich nahmen. Der Grund dafür, dass der griechische Wein so sehr von Sagen umwoben ist, liegt nun einmal mit darin, dass er so weit in die Zeit zurückreicht, als das Mittelmeer das Herz der Welt war.

Im ersten Jahrtausend v. Chr. brachten die Griechen die Weinrebe nach Südwesteuropa, aber damals waren sie selbst schon seit tausend Jahren und länger Weinerzeuger gewesen. Ihrerseits hatten sie das Handwerk von den Babyloniern und Ägyptern gelernt, die schon tausend Jahre davor Wein bereitet hatten.

Muskateller

Der Nektar war zweifellos süßer Muskateller, der im *nama*-System in großen Tonkrügen reifte, die jeweils mit neuem Wein aufgefüllt wurden, ehe der alte Inhalt völlig ausgeschöpft war – ein früher Vorläufer des *solera*-Systems. Große Süße und Alkoholstärke waren die wichtigsten Faktoren in jenem Zeitalter, als die Weinlagergefäße kaum luftdicht verschließbar waren und Oxidation eher die Regel als die Ausnahme bildete. Das Anreichern mit Alkohol kam irgendwann in den ersten Jahrhunderten v. Chr. auf und wurde als neue Möglichkeit, den Eigencharakter des Weins länger als bisher zu konservieren, eingeführt. Die süßen Muskateller Griechenlands gehören nach wie vor zu den ursprünglichsten Weinstilen der Welt: Mit ihrer Fülle, Reichhaltigkeit und grenzenlosen Süße sprechen sie den Anfänger unmittelbar und den Enthusiasten auf Dauer an. Es darf durchaus behauptet werden, dass jeder später irgendwo in der Welt produzierte Muskatellerwein dem Stil und dem Erbe dieser griechischen Weine viel verdankt. Zwar haben sich die Originale seither gewandelt, aber dennoch ist ihnen etwas vom Zauber jener fernen Vergangenheit geblieben. Es gibt sie mehr oder minder stark mit Alkohol angereichert oder völlig ohne Anreicherung, die einen von Muscat de Frontignan (MF), die anderen von Muscat d'Alexandrie (MA), im Rahmen des recht komplexen griechischen Appellationssystems in den folgenden Regionen:

Kefallenia, Ionische Inseln

Die Insel ist heute eher für Weine der neuen Welle bekannt, doch ihr Muskateller (MF) ist bereits eine Legende, wird aber noch produziert.

Lemnos, Ägäische Inseln

Auch diese Insel macht sich mit Weinen der neuen Welle einen Namen, hält jedoch ihren traditionellen Muskateller (MA) in Ehren. Spitzenerzeuger: Achaia Clauss (s.u.).

Patras, Peloponnes

Der Muskateller (MF) von der Nordküste des Peloponnes gilt als der feinste in Griechenland. Es gibt noch eine Unterkategorie Muscat Rion von Patras. Spitzenerzeuger: Achaia Clauss (s.u.).

Rhodos, Dodekanes

Neben dem Patras ebenfalls ein Muskateller (MF) der feinsten Klasse. Spitzenerzeuger: die örtliche Genossenschaftskellerei CAIR.

Samos, Ägäische Inseln

Der vielleicht großartigste aller klassischen Muskateller Griechenlands (MF) entsteht hier, ebenso der berühmte Nectar der Genossenschaftsunion EOS. Spitzenerzeuger: EOS (s.u.).

Mavrodaphne

Diesen Wein gibt es nur in Griechenland; sein Schöpfer ist Gustav Clauss, der 1861 in der Region Achaia eine Weinkellerei gründete. Die Legende erzählt, er sei gerade verwitwet von Bayern nach Griechenland gezogen, um ein neues Leben zu beginnen. Dort habe er sich in eine Einheimische namens Daphne verliebt. Unglücklicherweise starb sie bald darauf, und er gelobte, ihr zu Ehren einen Wein mit ihrem Namen zu schaffen. Er nannte ihn Mavrodaphne – «dunkeläugige Daphne». Wie die Traubensorte, die er dafür verwendete, ursprünglich hieß, weiß niemand. Heute kennt man sie allgemein als Mavrodaphne.

Die Trauben werden in der Sonne getrocknet; das Aufspriten erfolgt nach der Gärung, und der Wein wird in sehr großen Fässern sehr lange gelagert, dennoch trinkt er sich schon jung sehr gut. Am besten schmeckt der Mavrodaphne jedoch, wenn er sehr alt ist. Der größte Teil der Produktion entfällt auf die Gegend von Patras, aber auch auf der Insel Kefallenia wird eine gewisse Menge erzeugt. Spitzenerzeuger: Achaia Clauss (s.u.).

Sonstige mit Alkohol angereicherte Weine aus Griechenland

Daphnes und Sitia, beide auf der Insel Kreta, beinhalten einen roten Likörwein von der Liatiko-Traube. Santorini, eine der Kykladen-Inseln, hat den leicht aufgespriteten Süßwein Visanto von sonnengetrockneten Assyrtiko-Trauben zu bieten.

Bedeutende Erzeuger

Die meisten griechischen Weinerzeuger verfügen über eine breite Palette, oft vom frischen, säuerlichen Sauvignon blanc der neuen Welle bis zum vollsten alten Muskateller. Hier einige Namen:

***Achaia-Clauss* ★★★★**
PO Box 1035, 26110 Patras
1861 gegründet, leider 1999 aufgelöst. Viel Wein dieses Hauses wird jedoch noch etliche Jahre im Handel sein.
BESTE WEINE: Original-Mavrodaphne, Muskateller aus Lemnos und Patras.

***EOS Samos* ★★★★**
Malagari, 83100 Samos
Ein Genossenschaftszusammenschluss mit vielen der besten Muskatellerweine der Insel.
BESTE WEINE: Nectar, Anthemis.

Zypern

Geschichte

Je weiter nach Osten man im Mittelmeer kommt, desto älter ist die Geschichte des Weinbaus. Selbst wenn man annimmt, dass die Phöniker, als sie vor 3000 Jahren das heutige Sherry-Land entdeckten, dort gleich Reben pflanzten, ist diese Gegend geradezu ein Langschläfer im Vergleich mit Zypern, wo es damals schon einen tausendjährigen Weinbau gab. Doch auf dem Schachbrett der Geschichte hat es für Zypern häufiger ein Matt gegeben als für andere Regionen, und obwohl seine Lage als strategisch günstiger Umschlagplatz auf dem Schifffahrtsweg von Latakia nach Gadir ihm Handel, Wandel und Wohlstand brachte, trug sie ihm auch Überfälle von Piraten und Eroberern ein.

Der erste Wein, für den es echte Belege gibt, ist der berühmte Commandaria. Während der Kreuzzüge wurde Zypern 1191 vom Heer des englischen Königs Richard Löwenherz erobert (entgegen allen Legenden war er nur zweimal in seinem Leben in England, und er sprach kein Wort Englisch). Von ihm ging die Insel an die Tempelritter über (gegen bares Geld – es war ein überaus reicher Orden), und diese richteten dort eine *commanderie* als ihr regionales Hauptquartier ein. Es war ein religiöser und militärischer Orden, der im 12. und 13. Jahrhundert große politische Macht besaß. Der ritterliche Adel war einem guten Leben mit feinen Speisen und besten Weinen meist nicht gerade abhold, und der Orden bestimmte die von ihm ausgewählten Weine «für die Commanderie», woraus in Verkürzung «Commandaria» wurde. Damals waren die Weine sicher natursüß, von sonnengetrockneten Trauben, aber möglicherweise auch aufgespritet. Vermutlich reiften sie im *nama*-System, dem Vorläufer der *solera*. Die Trauben trockneten bis zu 14 Tage lang an der Sonne, und nach dem Vergären gelangte der Wein in so große Tonkrüge, wie sie Ali Baba für seine 40 Räuber brauchen konnte. Die damaligen Weinbauern wussten aus Erfahrung, dass junger Wein weitgehend den Charakter des alten annahm, wenn von diesem ein gewisser Teil im Krug zurückblieb. Heute wird in Zypern verbreitet nach dem *solera*-System mit Eichen- und Kastanienholzfässern gearbeitet.

Wie Griechenland war auch Zypern lange ein Teil des osmanischen Reichs, so dass der Weinbau rund 300 Jahre darnieder lag, schließlich aber gelangte die Insel 1878 unter englische Herrschaft, damals noch im Namen des türkischen Sultans. Im 1. Weltkrieg standen sich dann England und die Türkei feindlich gegenüber, und so wurde Zypern von England annektiert und 1925 formell zur britischen Kolonie erklärt. Inzwischen ist die Insel unabhängig geworden, und es sind große militärische, politische und religiöse Anstrengungen gemacht worden, das Leben dort schwieriger zu gestalten, als es eigentlich sein müsste – aber das betrifft uns hier nicht.

Die britische Herrschaft ab 1878 brachte Zypern zweierlei, woran es ihm fast seit der Zeit der Kreuzzüge gemangelt hatte: Verbindung mit einem umfangreichen Schifffahrts- und Handelsnetz und das britische Empire als einen aufnahmefähigen Markt. Als

Kronkolonie kam Zypern in den Genuss von Vorzugszöllen, Vergünstigungen bei Schiffsfrachtraten sowie eines freien Wegs in den britischen Markt und darüber hinaus. Damals war die große Zeit der «Süßweine auf den Sideboards Englands», und Zypern nutzte sie mit Enthusiasmus. Der Commandaria wurde (und wird weiterhin) für eine kleine, treue Anhängerschaft produziert, das große Wachstum aber steuerte ein aufgespriteter Wein bei, der (bis 1996) «Cyprus Sherry» genannt wurde, obwohl er dem Original außer im Namen kaum gleichkam. Bei den Kosten aber hatte Zypern als Mitglied des britischen Commonwealth den Vorteil, alles unterbieten zu können, was aus dem übrigen Europa kam, und daher gingen die Geschäfte gut.

Sie gingen sogar so gut, dass der zypriotische Weinbau recht konservativ wurde. Als die Weinbauern sahen, wie die Reblaus in der zweiten Hälfte des 19. Jahrhunderts Europa verwüstete, gelobten sie, niemals Reben von außen ins Land zu lassen. Das bewährte sich auch gut, bedeutete aber andererseits, dass jeder in Zypern erzeugte Wein schließlich eine Mischung von drei Hauptrebsorten war – Mavro (rot), Xynisteri (weiß) und Muscat of Alexandria. Ab den 1960er Jahren wurden auch einige andere Varietäten erprobt, und als es sich in den 1990er Jahren herausstellte, dass es mit dem «Zypern-Sherry» nicht mehr so flott weiterging, begann der kommerzielle Weinbau, auch sozusagen «westeuropäische» Rebsorten anzubauen und Weine der neuen Welle, ja sogar im Stil der Neuen Welt zu produzieren. Aber auch das betrifft uns hier nicht.

Unter dem Gesichtspunkt des mit Alkohol angereicherten Weins ist inzwischen am wichtigsten, dass Zypern sich wieder den Minderheiten unter seinen Rebsorten zuwendet, von denen einige (z. B. Maratheftico und Ophthalmo) seit dem Mittelalter überlebt haben.

Moderne mit Alkohol angereicherte Weine aus Zypern

Commandaria

Es wird oft behauptet, dieser Wein sei nur noch ein Schatten seiner selbst. Wie diese Behauptung zustande kommt, ist freilich ein Rätsel, denn niemand kann wissen, wie er zur Zeit der Kreuzritter schmeckte. Inzwischen ist ihm 1993 von der zyprischen Regierung legaler Status zuerkannt worden. Die Trauben wachsen im Troodos-Gebirge. Die besten Weine dieser Art sind wahrscheinlich eine Mischung von je 50 % Mavro und Xynisteri, bereitet von sonnengetrockneter Frucht, nach der Gärung mit Weingeist aufgespritet und dann in einer *solera* ausgebaut. Bessere Exemplare sollten mindestens 10 Jahre alt sein und tragen manchmal ein Jahrgangsdatum. Die Alkoholstärke liegt meistens bei 15 bis 17 %, wobei die Vorschrift bis zu 20 % zulässt.

Sonstige

Hierbei handelt es sich um die Sherry- und Portwein-ähnlichen Produkte, die während der Commonwealth-Zugehörigkeit und vor dem Zeitpunkt, als der Sherry das alleinige Recht an seinem eigenen Namen innerhalb der EU zurückerhielt (dem Portwein war das schon in der Zeit König Edwards zuteil geworden), so große Bedeutung erlangten. Wie alle Imitationen können auch sie im Vergleich mit dem Original nicht recht mithalten, man muss aber zugeben, dass sie gefällige, aufgespritete, im *solera*-System bereitete Süßweine sind, und zwar je süßer, desto besser.

Muskateller

Die legendären Muskateller Griechenlands wurden in Zypern neu aufgelegt und sind selbst heute noch exzellente, von sonnengetrockneten Trauben bereitete und leicht mit Alkohol angereicherte Weine. Es gibt auch Erzeuger, die Muskatellerweine ohne Aufspriten bereiten und allein auf den natürlichen Traubenzuckergehalt bauen – allerdings bringt es die geringe Alkoholstärke von höchstens 10 % mit sich, dass sie meist früh und im Land selbst verbraucht werden.

Bedeutende Erzeuger

Der größte Teil des Zypernweins wird von einem halben Dutzend großer Häuser in Paphos und Limassol produziert, und die meisten von ihnen haben alle Stile im Programm, darunter auch Rot-, Weiß- und Roséweine der neuen Welle. Daneben gibt es kleine, im Export unbekannte Erzeuger, nach denen zu suchen sich für den interessierten Besucher lohnt. Hier nun folgen jedoch die großen Namen:

Etko Ltd. ★
PO Box 261, Limassol
Diese Firma produzierte früher den EMVA Cyprus Sherry, der jetzt als Emva Cream, Emva Dry, Emva Ruby usw. bezeichnet wird. Die besten Weine aller Typen liegen zwischen durchschnittlich und gut.

Keo Ltd. ★★
PO Box 209, Limassol
Ein großes Haus mit berühmten Weinen im unaufgespriteten Sektor; es ist aber auch im Markt für aufgespritete Weine tätig und liefert den besten trockenen, mit Alkohol angereicherten Wein Zyperns.
BESTE AUFGESPRITETE WEINE: Commandaria St. John, Keo Fino.

Loel Ltd. ★★★
PO Box 139, Limassol
Hierbei handelt es sich sowohl um eine große Destillerie als auch um einen Weinerzeuger, daher dürften manche Produkte des Hauses auch in die Weine anderer Firmen eingehen.

BESTE AUFGESPRITETE WEINE: Commandaria Alasia 1989, Muscat Limassol.

Sodap Ltd. ★★
PO Box 314, Limassol
Die 1844 gegründete, ziemlich große Genossenschaft bringt viel Wein aller Arten hervor.
BESTER AUFGESPRITETER WEIN: Commandaria St. Barnabas.

USA

In Kalifornien überwog die Produktion an Süßwein – darunter viele Port- und Sherry-Imitationen – bis 1968 bei weitem die Erzeugung von trockenem Wein. Heute ist noch eine gewisse Anzahl recht nichtssagender aufgespriteter Weine auf dem Markt, die uns hier nicht zu interessieren brauchen, daneben aber erfreulicherweise auch einige originelle «Ports» sowohl von portugiesischen Rebsorten als auch von Zinfandel, unter denen sich beachtenswerte Beispiele finden. Ihre Erzeuger sollen hier genannt sein.

Central Valley

Bedeutende Erzeuger

Ficklin ★★★
Madera, CA 93637
Die Ficklins sind auf Weine im Port-Stil spezialisiert, seit sie 1946 in diesem extrem heißen Binnenlandklima den Anbau von portugiesischen Rebsorten betreiben. *Soleras* bilden die Basis der jahrgangslosen Verschnitte, darunter ein in amerikanischer Eiche ausgebauter Tawny. Daneben steht aber auch ein sehr feiner Wein im Vintage-Port-Stil vorwiegend von Tinta Madeira.

Quady ★★★
Madera, CA 93639
Andrew Quady zeigt echten Erfindergeist sowohl in der Weinerzeugung als auch bei der Aufmachung. Unter seinen Weinen befindet sich einer mit dem grandiosen Namen Essensia – ein aufgespriteter süßer Muscat mit frischer, pikanter Art. Elysium heißt sein Black Muscat, der auf die gleiche Weise bereitet wird und ein interessantes Rosenaroma aufweist. Ferner produziert Quady exzellente Weine im Port-Stil, vorwiegend von Frucht aus den Sierra Foothills – entweder Zinfandel oder portugiesische Rebsorten. Der bekannteste dieser Weine trägt den Namen Starboard. Alle sind sehr süß, nur an Eleganz fehlt es ihnen etwas.

Napa Valley

Bedeutende Erzeuger

Togni ★★★
St. Helena, CA 94574
Philip Togni ist auf Cabernet Sauvignon spezialisiert, doch produziert er auch kleine Mengen an köstlichem Black Hamburg, der vor der Abfüllung ganz leicht aufgespritet wird – ein blumiger, traubiger Wein, der in seiner Jugend am besten schmeckt.

Sonstige mit Alkohol angereicherte Weine

Einige ansprechende «Ports» erzeugt Heitz von der italienischen Grignolino-Traube und von portugiesischen Rebsorten. Beaulieu produziert seit langem einen seidigen, honigsüßen Muscat, der in kleinen Fässern lange reift.

San Luis Obispo County

Justin erzeugt einen Port namens Obtuse von Cabernet Sauvignon, und die Twin Hills Winery in Paso Robles ist auf Weine im Port- und Sherry-Stil spezialisiert, die in einem *solera*-System bereitet werden.

Sierra Foothills und Lodi

Bedeutende Erzeuger

Mondavi Woodbridge ★★
Acampo, CA 95258
Mondavis zweite, in der Werbung nicht so groß erscheinende Kellerei produziert rund 6 Millionen Kisten Wein im Jahr. Das Resultat der 1988 gepflanzten portugiesischen Rebsorten ist der 1993 erstmals erzeugte Porto Cinco im Port-Stil, der ausgesprochen Gutes verspricht.

Renwood ★★★
Plymouth, CA 95669
Das Programm umfasst eine große Auswahl an fachgerecht bereiteten Weinen, darunter auch «Port» von Zinfandel in ausgeprägt vollem, kräftigem Stil.

St-Amant ★★
Stockton, CA 95204
Tim Spencer hat trotz Reblausbefall die portugiesischen Rebsorten neu angesetzt und kann also weiter Wein im Port-Stil produzieren. Sein Tawny wirkt etwas alkoholbetont, doch der von portugiesischen Rebsorten aus den Sierra Foothills bereitete Vintage ist oft exzellent.

Shenandoah ★★
Plymouth, CA 95669
Zwar werden hier auch anständige «Ports» vorwiegend von Zinfandel produziert, doch die Starrolle spielt der üppige, pfefferige Black Muscat.

Sonora Winery & Port Works ★★
Sonora, CA 95370
Der 1986 gegründete Betrieb ist auf Weine im Port-Stil von portugiesischen Rebsorten spezialisiert.

Australien

Der große australische Süßwein ist der Liqueur Muscat oder Tokay. Dieser Stil, eine Spezialität des Distrikts Rutherglen in Nordost-Victoria, wird dort seit den 1850er Jahren produziert. Der Unterschied zwischen beiden ist der, dass der Muscat von der Traubensorte Muscat Rouge à Petits Grains, der Tokay dagegen von der weißen Muscadelle-Traube entsteht und mit dem ungarischen Tokajer (siehe «natursüße Weine») nicht das Geringste zu tun hat. Für beide Weine bleiben die Trauben den ganzen, meist sonnigen und trockenen Herbst hindurch am Weinstock, bis sie rosiniert sind.

Der Lesezeitpunkt ist je nach dem Reifegrad und anderen vom Erzeuger gewünschten Eigenschaften unterschiedlich. Nach der Ernte werden die Trauben gepresst und vergoren; die Gärung wird durch Zusetzen von Brandy abgestoppt. Anschließend werden die Weine nach ihrer potenziellen Qualität sortiert und in ältere Fässer verschiedener Größe zum Ausbau abgestochen.

Manche Erzeuger arbeiten mit einem *solera*-System, während andere das Verschneiden *ad hoc* bevorzugen. Vor dem Abfüllen wird durch Hinzufügen jüngerer Weine aufgefrischt. Mit zunehmendem Alter erlangen die Weine durch Verdunstung höhere Konzentration, und es wird angestrebt, die Intensität alten Weins mit der überschäumenden Fruchtigkeit jüngeren Weins abzustimmen. Die Erzeuger hüten ihre Bestände an altem Wein eifersüchtig – es sind Fässer mit bis zu 90-jährigem sirupsüßem, dunklem Wein darunter. Sie werden zur Aufrechterhaltung von Einheitlichkeit und Qualität gebraucht, und nur wenig davon gelangt jedes Jahr in die Flasche. Besonders prestigeträchtige Weine, die relativ viel von diesem sehr alten Fundus enthalten, werden nur in ganz begrenzten Mengen produziert und zu hohen Preisen angeboten. Alles in allem handelt es sich um einen einzigartigen Stil, der es mit den besten dieser Art aus Portugal oder dem Roussillon durchaus aufnehmen kann.

Australien produziert aber auch eine gute Auswahl an anderen aufgespriteten Weinen, u. a. recht achtbaren «Sherry» und kraftvollen, langlebigen «Port», meist von Shiraz und Grenache. Der in Australien als Liqueur Port bezeichnete Stil reift in Fässern, die unter das Dach der Kellerei gepackt werden, wo durch Temperaturschwankungen bei beträchtlicher Erwärmung im Sommer Verdunstung und dadurch Geschmackskonzentration eintritt. Unter der Bezeichnung «Madeira» wird in Australien ein eher trockener aufgespriteter Wein von weißen Trauben verstanden.

Insgesamt aber sind die aufgespriteten Weine im Schwinden. In den 1950er Jahren machten sie noch 80 % der Erzeugung aus, wobei der größte Teil davon auf den in Australien «*brown paper bag segment*» genannten Marktsektor entfiel.

New South Wales

Bedeutende Erzeuger

De Bortoli ★★★★
Bilbul, NSW 2680
Das Haus ist durch seinen erstaunlich konzentrierten Semillon mit Edelfäule namens Noble One am bekanntesten geworden (siehe «natursüße Weine»). Eine weitere Spezialität ist der Black Noble – ein etwa 10 Jahre ohne Auffüllen im Fass gereifter Wein, der etwas aufgespritet wird, um ihn zu konservieren. Das Ergebnis ist intensiv und rosinensüß, ähnlich einem Pedro Ximénez, jedoch weniger dickflüssig.

Queensland

Hier gibt es zwei Erzeuger, die sich besonders auszeichnen: Ballandean produziert einen lebendigen, aber etwas alkoholstarken weißen Muscat, und Roma Villa bietet eine Auswahl von Weinen im Port- und Madeira-Stil.

Südaustralien

Bedeutende Erzeuger

Chateau Yaldara ★★★
Lyndoch, SA 5351
Die meisten aufgespriteten Weine sind hier gewöhnliche Qualität, doch der Lakewood Show Liqueur Port mit einem Durchschnittsalter von 25 Jahren ist vorzüglich.

D'Arenberg ★★★
McLaren Vale, SA 5171
Das Haus produziert einen aufgespriteten Wein namens Nostalgia Very Old Port von Grenache und Shiraz.

Penfolds ★★★
Nuriootpa, SA 5355
Der vorwiegend von Grenache aus dem Barossa Valley produzierte Magill Tawny verströmt einen lieblichen Duft von karamellisierten Orangen und ist frisch und lebendig im Geschmack. Seriöser und konzentrierter wirkt der Grandfather Port von Shiraz und Mataro (Mourvèdre), der ein Durchschnittsalter von 20 Jahren hat.

Seppelt ★★★
Seppeltsfield, SA 5352
Das Haus gehört zu den besten Erzeugern von aufgespritetem Wein in Australien; es produziert den im Durchschnitt 21 Jahre alten prachtvollen Show Tawny von Frucht aus Barossa sowie einige eindrucksvolle Sherrys von Palomino, v.a. Show Amontillado und Show Flor Fino. Am bekanntesten ist jedoch der hundertjährige Para Liqueur Port, eine kostbare Rarität aus Weinen, die schon seit

100 Jahren in Reserve gehalten werden – eine auf das Jahr 1878 zurückgehende Tradition.

***Yalumba* ★★★**
Angaston, SA 5353
Das große Unternehmen produziert eine reiche Auswahl an Weinen im Port-Stil; manche Abfüllungen sehr alter Weine, so der Antique Tawny, können ganz vorzüglich sein.

Weine im Sherry-Stil werden ferner von Angoves, Peter Lehmann und McWilliams, Weine im Port-Stil von Jim Barry (Old Tawny), Bethany, Grant Burge, Chateau Reynella, Hardy's (Show Port, Vintage Port), Manning Park, Normans, Rockford (Marion Tawny) und Wirra Wirra (Old Tawny) erzeugt.

Victoria

Die unter dem Dach des Muscat of Rutherglen Network zusammengeschlossenen führenden Erzeuger traditioneller Muscats und Tokays haben die Qualitätshierarchie neu geordnet. Auf lange Sicht soll dadurch dem Verbraucher mehr Transparenz geboten werden, in der näheren Zukunft allerdings bringt es mehr Konfusion, denn die nun auslaufenden Stilbezeichnungen wie «Old» und «Special» sind auf den Regalen des Fachhandels noch zu finden. Der Grundtyp trägt bei allen Erzeugern künftig die Bezeichnung Rutherglen Muscat bzw. Tokay. Darüber sind in aufsteigender Reihenfolge von Konzentration, Rarität und Preis die Stufen Classic, Grand und Rare gesetzt. Die Kriterien für die einzelnen Stufen müssen die Erzeuger selbst festlegen, wobei darauf geachtet wird, dass die Qualität innerhalb einer Stufe jeweils gleichwertig sein soll. Die «Rare» Muscats gibt es nur in geringen Mengen, da sie Anteile aus sehr alten Beständen enthalten; die Preise sind überaus hoch.

Bedeutende Erzeuger

***All Saints* ★★★**
Wahjunyah, Victoria 3687
Das Unternehmen machte bis 1991, als es von Brown Bros. (s.dort) übernommen wurde, eine enttäuschende Periode durch. Inzwischen gibt es Anzeichen für eine Besserung, und der Museum Release Muscat ist hervorragend. Neben zuverlässigen Tokays stehen auch feine alte Weine im Port- und Sherry-Stil.

***Baileys* ★★★★**
Glenrowan, Victoria 3675
Meine Notizen nennen eine Vielfalt von Stilen, u. a. Founders Award und Gold Label. Die Qualität erwies sich als unterschiedlich, doch die besten Weine sind wirklich großartig mit fabelhafter Geschmacksintensität und gewaltiger feigen- und honigsüßer Fülle.

Brown Bros ★★★
Milawa, Victoria 3678
Der Reserve Muscat ist trotz seines Namens ein nicht so seriöser Verschnitt wie der Liqueur Muscat, der eine feine Einführung in den Stil bildet: Im Duft findet man *«Christmas pudding»*, im Geschmack Schokolade – das Ganze belebt durch eine kräftige Säure. Die Tokays sind in ähnlichem Stil gehalten; der Very Old Tokay ist superb, und seine Intensität wird durch kein alkoholisches Übermaß beeinträchtigt.

Bullers ★★★
Rutherglen, Victoria 3685
Das traditionsverhaftete Unternehmen wurde in den 1920er Jahren gegründet und befindet sich nun in der Hand der dritten Generation. Die besten Abfüllungen zeigen sich etwas karg im Stil, sind aber dennoch komplex mit Untertönen von karamellisiertem Zucker, Süßholz, Feigen und Kaffee. Der Schwerpunkt liegt mehr auf Finesse als auf Fülle. Daneben steht ein Vintage Port, der anders als sonst üblich von Durif und Touriga gewonnen wird.

Campbell's ★★★★
Rutherglen, Victoria 3685
Die Weine des Hauses sind auf allen Stufen wunderbar. Natürlich zeigen sich die teuersten Spitzenabfüllungen Isabella Tokay und Merchant Prince Muscat besonders konzentriert und dicht, aber auch der weniger kostspielige Classic Muscat mit Nuancen von karamellisierten Orangen und intensivem, sahnigem Geschmack ist eindrucksvoll. Der höchst individuelle Merchant Prince weist eine würzige Zimtnote und ziemlich kräftige Säure auf.

Chambers ★★★★
Rutherglen, Victoria 3685
Das 1858 gegründete Haus ist einer der wenigen Erzeugerbetriebe, denen Weine aus der Zeit vor der Reblaus zur Verfügung stehen – zwar sind diese in ihrem ultrakonzentrierten Reinzustand ungenießbar, als Verschnittkomponenten jedoch unschätzbar. Die glorreichen Weine des Hauses bieten Nuancen von Orangen, Karamell, Butterscotch und Kaffee, und der Rare Muscat, der bis zu 90-jährige Weine enthält, ist einfach prachtvoll.

Morris ★★★★
Rutherglen, Victoria 3685
Seit 1970 befindet sich Morris im Besitz von Orlando, aber die Familie bleibt für die Weinbereitung zuständig. Zum Glück sind Bestände an sehr alten Weinen vorhanden, die den Abfüllungen beträchtliche Gewichtigkeit und Üppigkeit verleihen. Old Premium Muscat und Tokay sind erstklassig.

Pfeiffer ★★
Wahgunyah, Victoria 3637
Chris Pfeiffer, der bei Lindemans arbeitete, bis er 1986 seine eigene Kellerei gründete, ist sich bewusst, dass ihm als relativem Neuling

die Bestände an sehr alten Weinen und *soleras* fehlen, die den Produkten seiner alteingesessenen Nachbarn so viel Fülle und Rückgrat verleihen. Nichtsdestoweniger bietet er eine reiche Auswahl an Muscats und Weinen im Port-Stil sowie die feste Entschlossenheit, hohe Qualität zu produzieren.

Seppelt ★★★
Seppeltsfield, SA 5352
Das Haus produziert einen feinen Rutherglen Muscat mit Feigenduft und vollem, pfefferigem, markantem Geschmack.

Stanton & Killeen ★★★
Rutherglen, Victoria 3685
Einer der Erzeugerbetriebe, die eine *solera* als Basis für ihre Muscats benutzen. Die einfacheren Abfüllungen sind oft etwas scharf, doch die fruchtigeren Premium und Collector's Muscats haben mehr Fülle, wenn auch weniger Süße und Konzentration als in Rutherglen sonst üblich.

Westaustralien

Lang gereifte aufgespritete Weine produziert Talijancich in Herne Hill.

Neuseeland

Hier werden seit langem aufgespritete, vor allem auf Alkohol und Süße und weniger auf Finesse ausgerichtete Weine sowie «Sauterne» meist von Hybridrebsorten und Muscat produziert. Es gibt noch immer eine treue Anhängerschaft für diese im Schwinden begriffenen Weine im alten Stil, die zum Teil durchaus hohe Qualität aufweisen und, wie beispielsweise die Erzeugnisse von Mazuran in Auckland, erst nach 20 Jahren Reifezeit zum Verkauf angeboten werden.

Gute Weine im Port- und Sherry-Stil sind recht verbreitet. Neben Mazuran stehen als Erzeugerbetriebe Pleasant Valley (Auckland) und Esk Valley (Hawke's Bay), in dessen Programm sich auch ein Liqueur Muscat vorfindet.

Südafrika

Geschichte

Südafrika wird im Hinblick auf den Weinbereitungsstil stets als zur Neuen Welt gehörig betrachtet, deshalb ist man immer wieder überrascht, wenn man sich erinnert, dass hier schon seit etwa 1650 Weinbau getrieben wird. Aufgespriteter Wein spielte dabei von Anfang an eine Rolle: Die holländischen Siedler kannten sich mit dem Schnapsbrennen aus, und die ersten Versuche mit der Weinbereitung dürften zunächst so miserable Qualitäten erbracht haben, dass sehr wahrscheinlich schon in einem frühen Stadium «*brandewijn*» zugesetzt wurde.

Die erste große Umstellung ergab sich beim südafrikanischen Wein nach 1910, als die damalige Union of South Africa eine britische Kronkolonie wurde. Wie in Zypern war es der bequeme, rasche und zollbegünstigte Zugang zu den Märkten des britischen Empire, der die Gemüter der Weinerzeuger bewegte, und die größten Renner auf dem damaligen Markt waren Sherry und Port. Der Name «Port» war inzwischen vom englischen Recht geschützt, doch die Erzeuger von Sherry, der mitten in einem neuen Aufschwung begriffen war, hatten es versäumt, sich das Alleinrecht an diesem Namen zu sichern. So kam es, dass Südafrika aufgespritete Weine unter den Bezeichnungen «South African Sherry» und «South African Ruby» auf den britischen Markt zu bringen begann. Niedrige Steuern und Zölle und ein aufnahmefreudiger Markt sorgten für rasche Erfolge dieser größtenteils nach den in Jerez und Porto gebräuchlichen Methoden produzierten Weine.

Inzwischen entwickelte Südafrika mit dem so genannten Jerepigo aber auch eine eigene Kultur an aufgespriteten Weinen. Es handelt sich dabei um eine *mistelle*, bei der frisch gepresster Traubensaft in einen Behälter mit zum Aufspriten geeignetem Alkohol geleitet wird. Eine Gärung findet nicht statt, aber das fertige Produkt reift im Fass und nimmt dabei schöne Milde an. Allerdings ist der Jerepigo außerhalb seiner Heimat nicht verbreitet. Eine weitere Spezialität Südafrikas ist der Hanepoot, ansonsten auch als Muscadel (Muscat of Alexandria) bekannt. Er wird in manchen Gegenden ohne Aufspriten bereitet (siehe «natursüße Weine»), da aber «*rebate brandy*» (von Traubenüberschüssen gebrannter Weingeist) reichlich zur Verfügung steht, ist das Aufspriten zur Regel geworden. Wie anderswo kann die Anreicherungsmenge jedoch von praktisch null bis ausgesprochen viel schwanken, das liegt ganz im Ermessen des Kellermeisters (oder der Marketingabteilung, wenn der Wein für den Export in ein Land bestimmt ist, wo sich die Zoll- und Steuersätze nach der Alkoholstärke richten).

Die zweite große Umstellung kam für den südafrikanischen Weinbau in den 1990er Jahren, als der Abbau der Apartheid und die Einführung der allgemeinen Demokratie den südafrikanischen Weinbaubetrieben endlich die Chance gab, mit der übrigen Welt auf gleichem Fuß zu konkurrieren. Die Weine, mit denen sie sich eine neue Reputation bauen, sind fast sämtlich unaufgespritet, und wir brauchen uns mit ihnen hier nicht aufzuhalten, doch auch die alten Weinstile sind noch immer da und in Südafrika und auf nichteuropäischen Märkten durchaus populär. Einige der besten sind nachstehend aufgeführt; dabei ist Port mit P, Sherry mit S, Jerepigo mit J und Muscadel mit M abgekürzt.

Bedeutende Erzeuger

Bon Courage, Robertson ★★
PO Box 589, Robertson 6705
Der 1984 gegründete Betrieb gehört der Familie Brouwer und kann auf gute Erfolge mit preisgekrönten Weinen verweisen.
BESTER AUFGESPRITETER WEIN: Muscadel.

Boplass, Klein Karoo ★★★
PO Box 156, Calitzdorp 6660
Das 1981 gegründete Unternehmen ist auf Weine im Port-Stil spezialisiert und versteht sich sehr gut darauf.
BESTER AUFGESPRITETER WEIN: P Vintage Reserve.

De Krans Estate, Klein Karoo ★★
PO Box 28, Calitzdorp 6660
Das alte Haus befasst sich mit Wein im alten Kap-Stil und hält sich wacker damit.
BESTE AUFGESPRITETE WEINE: P Vintage Reserve und J.

Glen Carlou, Paarl ★★★
PO Box 23, Kapmuts 7625
Ein Betrieb im Besitz von zwei Familien – Finlayson und Hess –, wobei die eine (Donald Hess in Kalifornien) für Vertrieb und Entwicklung sorgt. Generell sehr gute Weine.
BESTER AUFGESPRITETER WEIN: P.

KWV International, Paarl ★★
PO Box 528, Suider-Paarl 7624
Dieser gigantische Zusammenschluss von Genossenschaften bestimmte in den Jahren vor der Demokratie praktisch die südafrikanische Weinwirtschaft. 1995 büßte er seinen konstitutionellen Status ein, ist aber als Privatunternehmen immer noch das größte Tier im südafrikanischen Weinzoo. Aus der früheren Rolle ergibt sich, dass sein Programm fast alle Weinstile des Landes enthält.
BESTE AUFGESPRITETE WEINE: P aller Arten.

Nuy Cooperative, Worcester ★★
PO Box 5225, Worcester 6850
Eine Genossenschaftskellerei mit gutem Ruf.
BESTE AUFGESPRITETE WEINE: M rot und weiß.

Overgaauw Estate, Stellenbosch ★★–★★★
PO Box 3, Vlottenburg 7604
Das 1906 gegründete Unternehmen beruht auf einer seit dem 18. Jahrhundert im Besitz der Familie befindlichen Farm. Es hat das

Renommee, einen der besten südafrikanischen Weine im Port-Stil zu produzieren.
BESTER AUFGESPRITETER WEIN: P Vintage.

Robertson Winery, Robertson ★★
PO Box 37, Robertson 6705
Die Genossenschaft macht sich auf dem Dessertweinmarkt einen guten Namen.
BESTER AUFGESPRITETER WEIN: M.

Rooiberg Winery, Robertson ★★
PO Box 358, Robertson 6705
Die recht altmodische Genossenschaft bringt allen neuen Moden zum Trotz vorbildliche aufgespritete Weine hervor.
BESTE AUFGESPRITETE WEINE: M rot; J Rooi.

Rustenberg Estate, Stellenbosch ★★
PO Box 33, Stellenbosch 7600
Der 1891 gegründete, hochangesehene Weinbaubetrieb hat bei der Qualität aller seiner Weine ein altes Erbe zu wahren. Der Schwerpunkt liegt zwar auf Weinen der neuen Welle, aber auch der alte Stil ist nicht vergessen.
BESTE AUFGESPRITETE WEINE: P.

Twee Jonge Gezellen Estate, Tulbagh ★★
PO Box 16, Tulbagh 6820
Der 1947 gegründete Betrieb gehört der Familie Krone, die hier seit zwei Jahrhunderten eine Farm bewirtschaftet.
BESTER AUFGESPRITETER WEIN: M.

Weltevrede Estate, Bonnievale (Robertson) ★★
PO Box 6, Bonnievale 6730
Das hochangesehene Unternehmen wurde 1974 gegründet und gehört der Familie Jonker (aus ihr stammt auch Lourens Jonker, Vorsitzender der KWV). Es bringt Weine hervor, die ihren Preis wert sind.
BESTE AUFGESPRITETE WEINE: M rot und weiß.

Feine Muscats produzieren auch Douglas (N-Cape), Grundheim (Klein Karoo), Jonkheer (Robertson) und Rietvallei (Robertson), und süße Hanepoots stammen von Bergsig (Worcester North), Botha (Worcester) und du Toitskloof (Worcester). Rooiberg (Robertson) produziert einen einzigartigen Jerepigo von Pinotage.

Karten

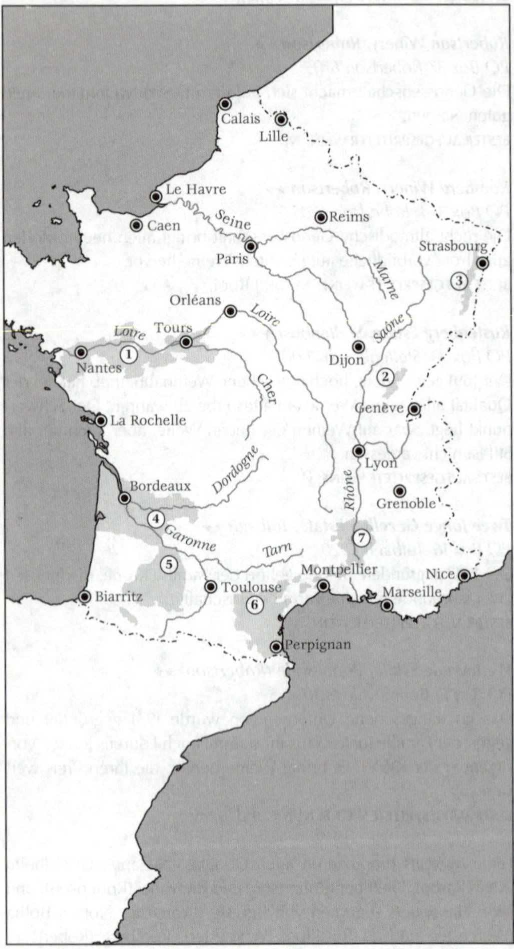

Frankreich

Schlüssel zu den wichtigsten französischen Erzeugungsgebieten von aufgespriteten und natursüßen Weinen:

1 Loire-Tal	4 Bordeaux
2 Savoyen und Jura	5 Südwesten
3 Elsass	6 Roussillon

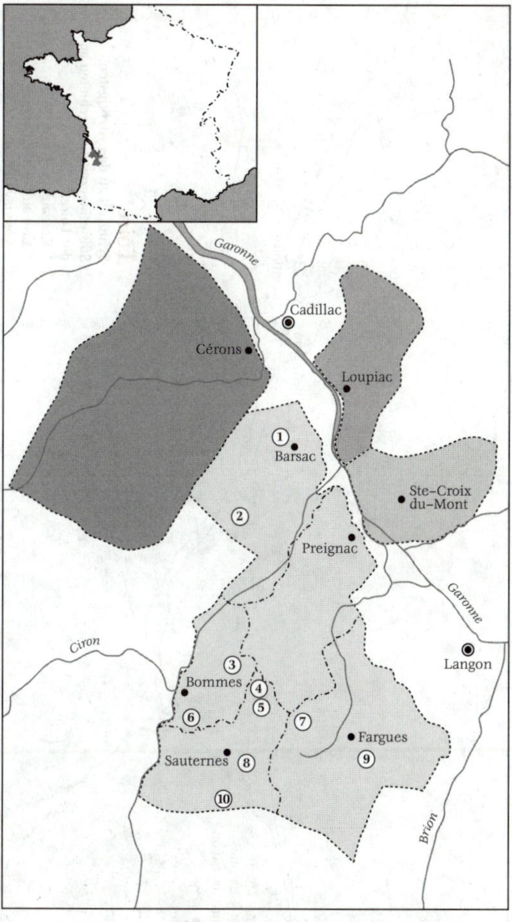

Sauternes

Schlüssel zu den bedeutendsten Châteaux von Sauternes:

1 Nairac
2 Climens
3 Sigalas-Rabaud
4 Raymond-Lafon
5 Yquem
6 Tour-Blanche
7 Rieussec
8 Guiraud
9 Fargues
10 Filhot

Sauternes
Ste-Croix-du-Mont
Loupiac
Cérons

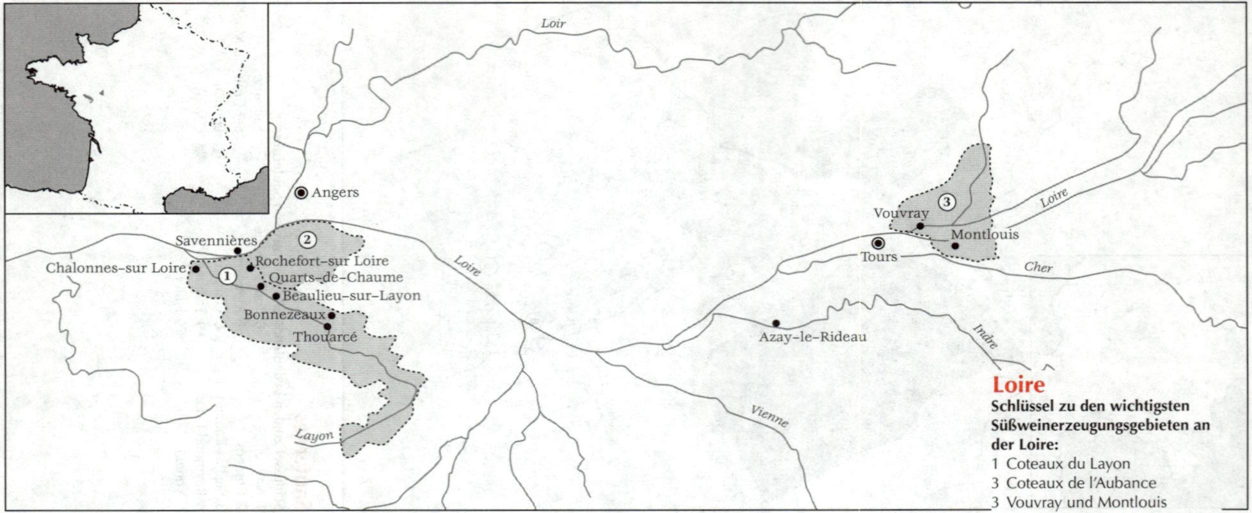

Loire

Schlüssel zu den wichtigsten Süßweinerzeugungsgebieten an der Loire:

1 Coteaux du Layon
3 Coteaux de l'Aubance
3 Vouvray und Montlouis

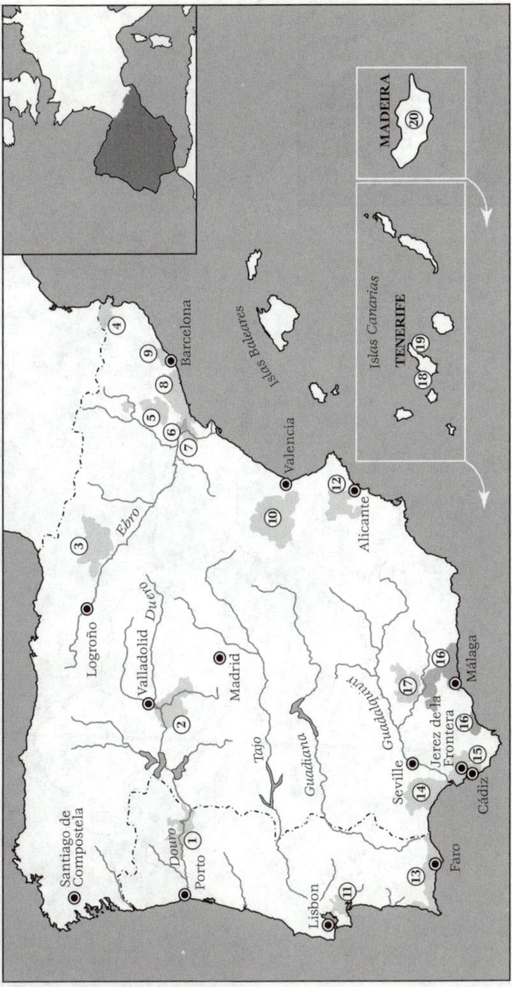

Spanien und Portugal

Schlüssel zu den wichtigsten spanischen und portugiesischen Erzeugungsgebieten von aufgespriteten und natursüßen Weinen:

1 Douro
2 Ribera del Duero
3 Rioja
4 Ampurdán-Costa Brava
5 Costers del Segre
6 Conca de Barberá
7 Priorato
8 Penedès
9 Alella
10 Valencia
11 Setúbal
12 Alicante
13 Algarve
14 Condado de Huelva
15 Jerez
16 Málaga
17 Montilla-Moriles

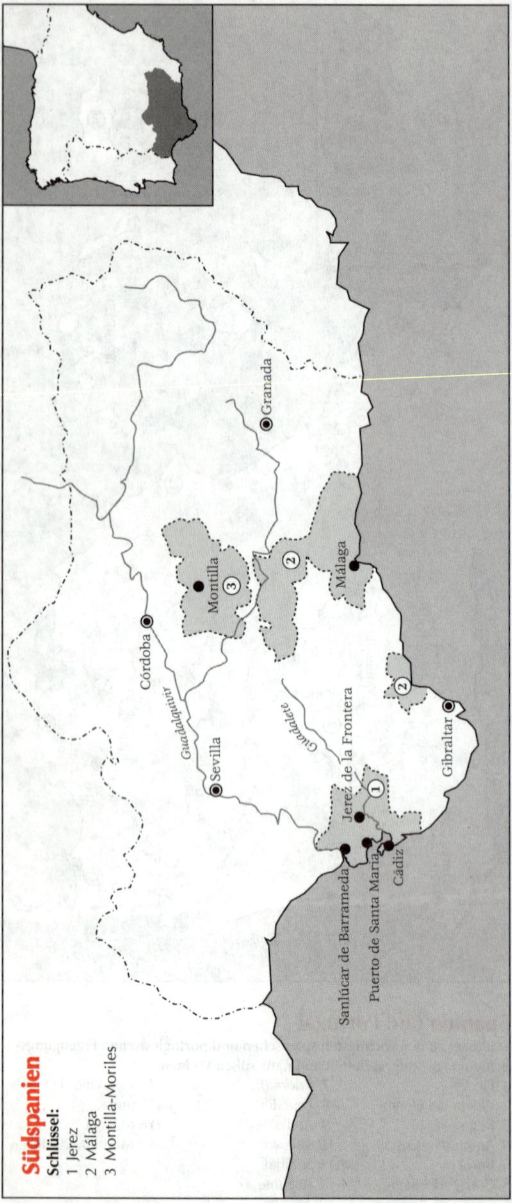
Südspanien
Schlüssel:
1 Jerez
2 Málaga
3 Montilla-Moriles
Granada
Córdoba
Montilla
Málaga
Guadalquivir
Sevilla
Guadalete
Jerez de la Frontera
Gibraltar
Sanlúcar de Barrameda
Puerto de Santa María
Cádiz

Douro

Schlüssel zu den bedeutendsten *quintas* am Douro:

1 Quinta de Boa Vista
2 Quinta dos Frades
3 Quinta do Crasto
4 Quinta do Castello Borges
5 Quinta da Foz
6 Quinta de Boavista
7 Quinta do Panascal
8 Quinta do Bom Retiro
9 Quinta do Seixo
10 Quinta do Porto
11 Quinta do Sagrado
12 Quinta da Foz
13 Quinta da Eira Velha
14 Quinta do Junco
15 Quinta de Cavadinha
16 Quinta das Manuelas
17 Quinta do Fojo
18 Quinta do Noval
19 Quinta de Amarela
20 Quinta do Bomfim
21 Quinta das Carvalhas
22 Quinta de Pedrogão
23 Quinta do Roriz
23 Quinta da Vila Velha
25 Quinta Milieu
26 Quinta dos Malvedos
27 Quinta de Tua
28 Quinta da Alegria
29 Quinta da Ferrandosa
30 Quinta de Vargellas
31 Quinta do Vesuvio

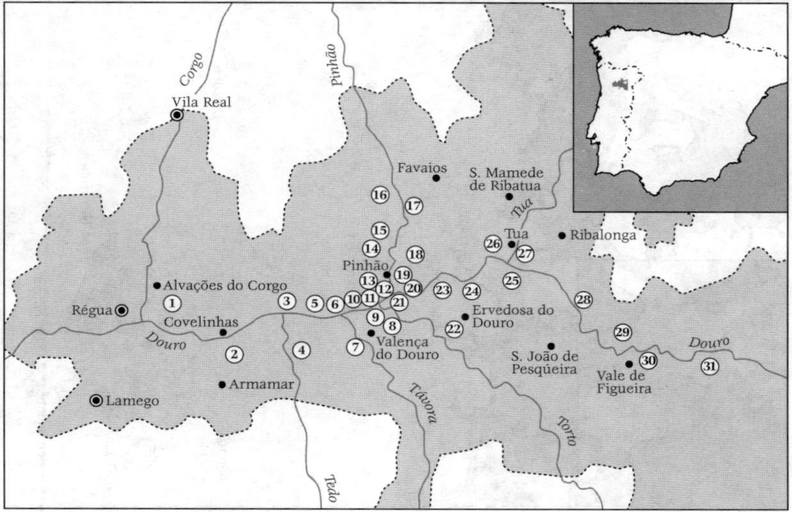

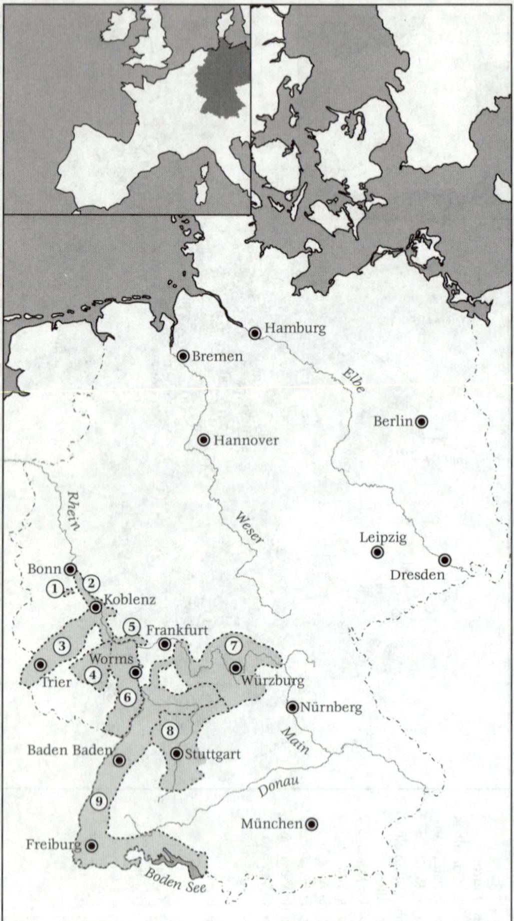

Deutschland

Schlüssel zu den wichtigsten deutschen Erzeugungsgebieten von natursüßem Wein:

1 Ahr	4 Nahe	7 Franken
2 Mittelrhein	5 Rheingau	8 Württemberg
3 Mosel-Saar-Ruwer	6 Pfalz	9 Baden

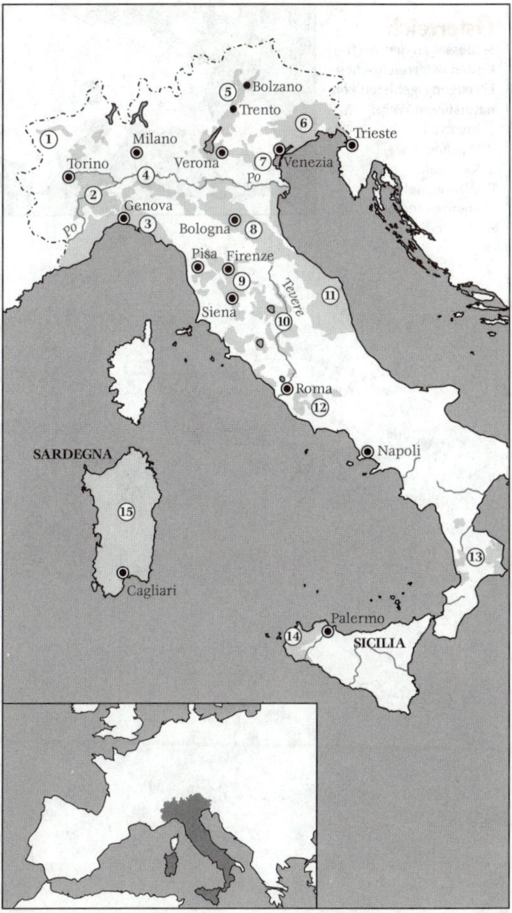

Italien

Schlüssel zu den wichtigsten italienischen Erzeugungsgebieten von aufgespriteten und natursüßen Weinen:

1 Valle d'Aosta
2 Piemont
3 Ligurien
4 Lombardei
5 Trentino
6 Friaul-Julisch Venetien
7 Venetien
8 Emilia-Romagna
9 Toskana
10 Umbrien
11 Marken
12 Latium
13 Kalabrien
14 Marsala
15 Sardinien

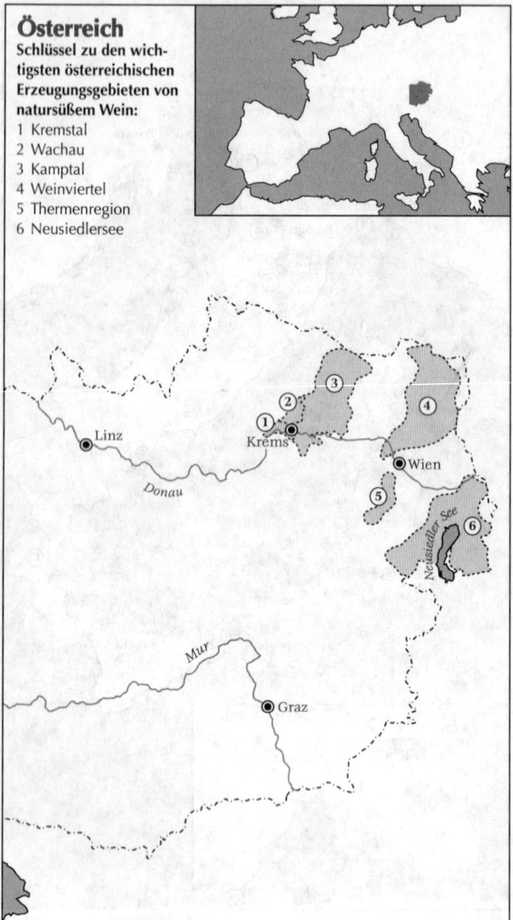
Österreich
Schlüssel zu den wichtigsten österreichischen Erzeugungsgebieten von natursüßem Wein:
1 Kremstal
2 Wachau
3 Kamptal
4 Weinviertel
5 Thermenregion
6 Neusiedlersee
Linz
Krems
Wien
Donau
Neusiedler See
Mur
Graz

Teil 2
Natursüße Weine

Es ist eine paradoxe Sache mit dem süßen Wein: Einerseits sind viele eifrige Weinliebhaber der Meinung, süßer Wein sei irgendwie vulgär oder mittelmäßig, andererseits aber sind die teuersten Weine der Welt süß, sehr süß sogar. Das war schon immer so. An den Fürstenhöfen Europas war süßer Wein höher geschätzt als jeder andere: Der Yquem, der Tokajer und der überaus süße Cristal Champagner standen beispielsweise in St. Petersburg in höchstem Ansehen.

Allerdings besteht ein Unterschied zwischen einfach nur süßem Wein und großem süßem Wein. Süßen Wein zu produzieren ist nicht schwer: Dafür braucht man lediglich hochreife Trauben – in sehr warmen Gegenden, beispielsweise Süditalien, werden geeignete Reifegrade ohne weiteres erreicht. Um süßen Wein in guter Qualität hervorzubringen, braucht es jedoch mehr als nur Zucker. Bloße Süße kann klebrig und flau wirken; ihr muss als Gegengewicht Säure gegenüberstehen, wenn der Wein Lebendigkeit und Frische haben soll. Auch Minerale, Extraktstoffe und Alkohol können zur Komplexität des Weins beitragen. Großer Süßwein ist immer ein Balanceakt zwischen vielen Faktoren, von denen Süße, so wesentlich sie auch sein mag, doch nur einer ist.

Wie natursüßer Wein entsteht

Es gibt vier Grundmethoden. Die erste beruht einfach auf Hochreife, die zweite darauf, dass die Edelfäule den Zucker- und Säuregehalt in den Trauben konzentriert, die dritte besteht darin, gesundes Lesegut zu trocknen, und als vierte gibt es schließlich noch das Einfrieren.

Hochreife

Hochreife oder überreife Trauben liefern süßen Wein in guter Qualität nur dann, wenn Säure das Gleichgewicht herstellt. Nur in wenigen Regionen genügt Hochreife allein – ein klassisches Beispiel ist Jurançon in Südwestfrankreich. Hier hat die Lokaltraubensorte Petit Manseng sehr kräftige natürliche Säure, die im Wein die Restsüße ausgleicht. Überreife, die zum Einschrumpfen führt, wird in Frankreich *passerillage* genannt.

Edelfäule

Die Edelfäule, auch unter dem lateinischen Namen *Botrytis cinerea* bekannt, ist ein parasitärer Schimmelpilz der Familie Ascomycetes. Seine vom Wind verbreiteten Sporen greifen unter der Einwirkung von Feuchtigkeit die Traubenschalen an. Es bedarf also besonderer klimatischer Voraussetzungen, damit die Edelfäule ihr Werk verrichten kann, nämlich die Wechselwirkung von Luftfeuchtigkeit, meist in der Form von Frühnebel, mit anschließendem

Sonnenschein, der die Trauben wieder abtrocknet und destruktivere Formen der Fäule verhindert.

Die Botrytis-Sporen durchdringen die Traubenschale mit feinen Fäden, und dann breitet sich der Pilz unter der Beerenhaut im Fruchtfleisch aus. Das hat mehrere Folgen. Zunächst wird die Beerenhaut durchlässig, nimmt eine unappetitliche rötlichbraune Färbung an, und die Beeren schrumpfen ein. Im Zuge dieses Wandels vollziehen sich auch chemische Reaktionen. Beim Einschrumpfen verdunstet Wasser, und der Zuckergehalt wird konzentriert, auch der Glyzeringehalt steigt an, Gerbstoffe gelangen aus der Schale ins Innere der Beere, und schließlich konzentriert sich auch die Säure.

Botrytis schlägt aber nur sporadisch zu, also gilt es, bei der Lese die wirklich befallenen Trauben herauszusuchen, während diejenigen, an denen sich unerwünschte, dem Wein schädliche Formen von Fäule festgesetzt haben, aussortiert werden. Die Praxis der selektiven Lese in mehreren Durchgängen (franz. *tris successifs*) ist bei der Erzeugung von natursüßem Wein hoher Qualität von wesentlicher Bedeutung. Manchmal erfolgt der Botrytis-Befall verbreitet und gleichmäßig, doch das kommt nicht oft vor. An der Loire sind meist drei bis fünf *tris* erforderlich, in Sauternes bis zu zwölf.

Bei Trauben, die für trockenen Weißwein bestimmt sind, hat der Kellermeister die Wahl zwischen mehreren Arten der Vinifizierung. Bei edelfauler Frucht dagegen liegt die Bestimmung von vornherein fest, weil die von der Edelfäule in Gang gesetzten chemischen Prozesse den Geschmack, die Struktur sowie den Süße- und Säuregehalt des resultierenden Weins prägen. Deshalb sind niedrige Erträge und selektive Lese so wichtig.

Sind die Trauben gekeltert, dann erfolgt die Vinifizierung in Tanks oder Fässern. Der an Geschmacksstoffen und Glyzerin reiche Most profitiert gewöhnlich durch den Gärprozess und den Ausbau im Fass. Doch auch die Rebsorte spielt eine Rolle. Säurereiche Sorten wie Chenin blanc und insbesondere Riesling bedürfen keiner Fassreife, obwohl diese bei Chenin blanc zunehmend Anwendung findet. Üblicherweise wird der Gärprozess durch Zusetzen von Schwefeldioxid oder durch Abkühlen gestoppt – in beiden Fällen werden die noch verbliebenen Hefen abgetötet. Manchmal endet der Gärprozess auch ohne menschliches Zutun, sobald der Alkoholgehalt einen Grad erreicht hat, bei dem die Hefen absterben. Über 15 % Alkohol hinaus kann der Gärprozess nur selten gehen, so dass der unvergorene Traubenzucker als Süße im Wein verbleibt.

Botrytis-Weine sind immer teuer. Die Hektarerträge müssen drei- bis viermal niedriger liegen als beispielsweise bei großem Rotwein, die Lese ist kostenintensiv, und das mit der Auslese verbundene Ausscheiden ungeeigneten Leseguts ist ebenfalls kostspielig.

Trocknen der Trauben

Das Konzentrieren des Zuckergehalts durch Trocknen der Trauben geht mindestens auf die Römerzeit zurück. In Italien ist diese Technik verbreitet; sie wird als *appassimento* bezeichnet, und der resultierende Wein heißt *passito*. Die Lese findet relativ früh statt, um sicherzustellen, dass die Trauben gesund und frei von Mängeln sind – Edelfäule gilt als unerwünscht. Anschließend werden die Trauben in flachen Wannen oder Kästen ausgebreitet oder unter dem Dachgebälk aufgehängt. Gute Belüftung ist wichtig, sowohl um die Trocknung zu begünstigen als auch um Fäule zu verhindern. In sehr heißen Gegenden werden die Trauben einfach nur in der Sonne getrocknet und sind meistens schon nach ein paar Wochen zum Keltern bereit, während das Trocknen unter dem Dachgebälk fünf Monate in Anspruch nehmen kann. Bei beiden Verfahren schrumpfen die Trauben ein, verlieren einen Teil ihres Feuchtigkeitsgehalts, und ihr Zuckergehalt steigt an.

In Frankreich werden diese Techniken für Vin de Paille angewandt, und in Österreich geschieht das Traubentrocknen auch auf Schilfmatten. Das Prinzip und die Folgen aber sind überall gleich.

Einfrieren

Ein höchst wirkungsvolles Mittel zum Konzentrieren des Zuckergehalts besteht darin, die Trauben am Weinstock gefrieren zu lassen. Diese Methode ist vor allem in Deutschland und Kanada verbreitet, wo man schon im Oktober oder bald danach mit kräftigem Frost rechnen kann. Die Weinstöcke, an denen Trauben für Eiswein hängen gelassen werden, müssen oft mit Netzen oder auf sonstige Weise gegen Vogelfraß geschützt werden, denn die Trauben müssen bei der Lese einwandfrei gesund sein und dürfen weder Fäulnis noch Beschädigungen aufweisen. Bei Frost gefriert der Wassergehalt zu Eis und lässt sich dann beim Keltern leicht entfernen, so dass der Most mit konzentrierter Süße und Säure zurückbleibt.

In manchen Gegenden versuchen die Erzeuger, den Botrytis- und Eisweineffekt künstlich nachzuahmen. Beispielsweise werden gesunde Trauben in eine Kammer mit hoher Luftfeuchtigkeit gebracht und dort mit Botrytis-Sporen bestäubt, oder die Trauben werden in einer Kältekammer eingefroren. Im Allgemeinen ist das Resultat freilich kaum je so eindrucksvoll, wie es die Natur zustande bringt.

Sauternes

Geschichte

Sauternes liegt im südlichen Teil von Graves mit der Garonne als östlicher Grenze. Hier wurde wahrscheinlich schon in römischer Zeit Weinbau getrieben, aber erst im 17. Jahrhundert erlangte die Region durch ihre Süßweine Bekanntheit. Damals bereits fand die Weinlese Ende Oktober statt, wenn die Trauben hochreif, sehr süß und vermutlich auch von Edelfäule befallen waren.

Um 1780 war das Renommee des Yquem und anderer Weine aus Sauternes bereits so hoch, dass Thomas Jefferson, der damals als amerikanischer Botschafter in Paris wirkte, auf sie aufmerksam wurde. Einen noch stärkeren Schub erhielt die Reputation des Sauternes, als der russische Großfürst Konstantin im Jahr 1859, bezaubert vom Wohlgeschmack des 1847er Yquem, ein kleines Vermögen für ein großes Fass dieses Weins zahlte.

Damals wurde der Sauternes schon genau so bereitet wie heute. Die Leser schwärmten zu wiederholten Malen in die Weinberge aus, um die edelfaulen Beeren herauszusuchen (selektive Lese). Auf diese Weise zog sich die Ernte oft über zwei Monate hin, denn der *Botrytis*-Befall tritt selten auf einmal ein.

Hochherrschaftliche Gunst und Seltenheitswert, vom exquisiten Geschmack des Weins erst gar nicht zu reden, sicherten dem Sauternes das ganze 19. Jahrhundert hindurch und bis in das 20. hinein einen hohen Ruf. Nach dem 1. Weltkrieg sank sein Stern. Der Zarenhof existierte nicht mehr. Gegenüber der Zeit, als Süßwein noch zu Fisch getrunken wurde, wandelte sich der Geschmack zu Kargerem und Strengerem. Mehltau und Reblaus hatten die Weinberge verwüstet, so dass sie erst wieder neu angepflanzt werden mussten. In der Zeit zwischen den Kriegen brachte die Prohibition den Export nach den USA zum Erliegen. Nach dem 2. Weltkrieg befand sich die Region stark im Niedergang.

Es ist nicht schwer zu verstehen, weshalb die Kosten für die Produktion von Sauternes so hoch sind. Der maximal zulässige Ertrag beläuft sich auf nur 25 hl/ha – die meisten besseren Weingüter beschränken ihn noch weit stärker. Yquem zum Beispiel verweist mit Stolz auf einen Durchschnittsertrag von rund 9 hl/ha. Vergleicht man diese Ertragsmengen etwa mit dem Médoc, wo 60 hl/ha üblich sind, dann sieht man ohne weiteres ein, dass die grundlegenden Produktionskosten in Sauternes weit höher liegen als in Gebieten mit Rotweinanbau. Hinzu kommt, dass die Edelfäule nicht jedes Jahr auftritt, so dass in manchen Jahren – neuere Beispiele sind 1992 und 1993 – praktisch kein Wein dieser Art entstehen konnte.

Auch die Kosten der selektiven Lese sind extrem hoch, denn die Leser müssen besonders ausgebildet und bis zu zwei Monate abrufbereit sein. Selbst wenn der Wein fertig ist, kommt es vor, dass einzelne Posten aus diesem oder jenem Grund ausgeschieden werden müssen: vielleicht wegen zu schwachem Edelfäulecharakter oder wegen Verwässerung oder Schwarzfäulebefall.

In den 1960er und 70er Jahren war die Reputation von Sauternes auf einen Tiefpunkt gelangt. Es war ein Preisverfall eingetreten, und so verlegten sich viele Weingüter auf Einsparungen. Die selektive Lese wurde, wenn überhaupt, nicht mehr so rigoros praktiziert wie früher. Teure Eichenfässer wurden zugunsten von Betontanks aufgegeben. Die Lese fand statt, lange bevor Edelfäulebefall eingetreten war, und anschließend wurde um bis zu 2° «chaptalisiert». (Chaptalisation nennt man das Anreichern des Mosts mit Zucker, wodurch der Alkoholgehalt gesteigert, der Geschmacksinhalt jedoch nicht verändert wird. Eine leichte Behandlung dieser Art kann zwar manchmal Verbesserungen bringen, das routinemäßige Chaptalisieren von schwächlichem Most führt jedoch nur zu schlecht ausgewogenen Weinen. Erstklassige Weingüter wie Yquem lehnen das Chaptalisieren mit der Begründung ab, es bedeute nur das Eingeständnis schlechter Weinbaupraktiken.)

1976 ging ein Weingutsbesitzer sogar so weit, dass er seine 2e-Cru-Weinberge von Château Myrat roden ließ. Andere Weingüter wichen auf die Erzeugung von trockenem Weißwein oder gar Rotwein aus, viele, z. B. Guiraud und Nairac, wurden verkauft. Dann kam der Jahrgang 1983. Auch in den 1970er Jahren hatte es große Jahrgänge gegeben, es wurden aber nur wenige ausnehmend gute Weine produziert. Doch nun begannen neue Investitionen sich zu lohnen. Manche Weingüter, z. B. Lafaurie-Peyraguey, hatten erkannt, dass es falsch gewesen war, die kleinen Eichenfässer aufzugeben. Jetzt wurde die Weinwelt wieder auf den Sauternes aufmerksam. Als der nächste gute Jahrgang, nämlich 1986, kam, hatte sich der Standard radikal gebessert. Auch die Preise stiegen wieder, so dass längst überfällige Investitionen durchgeführt werden konnten. Zum Ende des Jahrzehnts gab es ein Trio glorreicher Jahrgänge: 1988, 1989 und 1990. Endlich brachte die Region wieder prachtvolle Weine mit Fülle, Kraft und Komplexität hervor. Dennoch blieb der Sauternes dazu verurteilt, lediglich eine Marktnische zu füllen, teils weil er ein besonderer Wein ist, den man nicht jeden Tag trinkt, teils aber auch, weil die Sauternes-Erzeuger kaum dazu zu bringen waren, Reklame für ihren Wein zu machen.

Aber wenigstens nimmt der Sauternes wieder seinen angestammten Platz ein. Während in den 1970er Jahren die meisten Cru-Classé-Güter keinen Wein mehr produzierten, der auch nur entfernt ihrem Status entsprach, so ist das inzwischen eindeutig anders geworden. Auch ist dieser Wiederaufstieg nicht auf die Crus Classés beschränkt, denn viele exzellente Crus Bourgeois erreichen regelmäßig einen vergleichbar hohen Qualitätsstand.

Die Trauben für Sauternes

Drei Rebsorten trifft man in Sauternes an: Sémillon, Sauvignon blanc und Muscadelle. Der Sémillon dominiert dank seiner Empfänglichkeit für Edelfäule und seiner Fähigkeit, langlebige Weine hervorzubringen. Sauvignon blanc wird nicht so leicht von *Botrytis* befallen, bietet aber kräftigere Säure als der Sémillon, und viele Erzeuger schätzen die Frische, die er dadurch in den Wein bringt. Die Muscadelle-Traube wird zwar wegen ihrer duftigen Art sehr geschätzt, befindet sich aber im Niedergang, denn sie ist anfällig für Krankheiten aller Art.

Scharfer Rebschnitt ist unumgänglich, um sicherzustellen, dass die Erträge gering bleiben und die Trauben völlig ausgereift sind, ehe die Edelfäule auftritt. Die klimatischen Voraussetzungen für den *Botrytis*-Befall werden vom Zusammenfluss des Ciron mit der Garonne geschaffen. Der Ciron ist so kalt, dass sich beim Einströmen seines Wassers in die Garonne Dunst bildet, der die Weinberge einhüllt und die *Botrytis*-Sporen aktiviert.

So entsteht Sauternes

Nach dem Pressen wird der Most in besseren Weingütern stets in *barriques* vergoren. In einem guten Jahr erreichen die von *Botrytis* befallenen Trauben einen potenziellen Alkoholgehalt von 19 bis 21 %. Die meisten Châteaux streben etwa 14 % Alkohol an, das restliche Potenzial bleibt als Restsüße erhalten. Es gibt aber auch Jahre, in denen die Trauben schon mit einem potenziellen Alkholgehalt von 15 % geerntet werden müssen, und das ist für die Entstehung eines markanten Sauternes unzulänglich. In diesem Fall kann der Verlust in Grenzen gehalten werden, indem der Wein an den Großhandel verkauft wird, man kann aber auch versuchen, durch Chaptalisieren 2 % zuzulegen. Selektive Lese bedeutet von vornherein, dass mehrere einzelne Weinposten vorhanden sind, die nach und nach zusammengeführt werden, wobei nicht zufriedenstellende Posten ganz ausscheiden.

Eine größere Kontroverse ist um die in den 1980er Jahren in Bordeaux entwickelte Technik der *cryo-extraction* entstanden. Vereinfacht ausgedrückt arbeitet sie mit einer luftdicht verschließbaren Kammer, in der sehr tiefe Temperaturen hervorgerufen werden können. Viele Weingüter, darunter auch Yquem, hatten diese Technik aufgegriffen. Sie findet vor allem in verregneten Herbsten Anwendung, wenn die Trauben zwar von der Edelfäule befallen, aber auch verwässert sind. In der Kältekammer friert der Wassergehalt ein und kann leicht als Eis entfernt werden, so dass die Trauben wieder zu ihrem Zustand vor dem Regen zurückkehren. Durch *cryo-extraction* kann minderwertige Frucht zwar nicht in gute verwandelt werden, sie kann aber einen Teil der Ernte retten, der andernfalls ganz unbrauchbar wäre.

Bei verregneter, aber ansonsten normaler Ernte wie etwa 1987 hat sich die *cryo-extraction* zweifellos bewährt. Manche Kritiker argumentieren jedoch, sie könne das Gleichgewicht des Weins verändern. Im Augenblick scheint Einigkeit dahingehend zu herrschen, dass die *cryo-extraction* zwar in nassen Jahren hilfreich sei, jedoch mit Vorsicht angewendet werden müsse, und dass nur ein kleiner Teil des Weins von so behandeltem Most produziert werden dürfe.

Kommunen und Klassifizierungen

Fünf Gemeinden mit einer Gesamtrebfläche von 2100 ha haben Anspruch auf die AC Sauternes: Sauternes selbst, Bommes, Fargues, Preignac und Barsac. Es wird behauptet, dass es deutliche Charakterunterschiede zwischen diesen Kommunen gebe, in der Praxis aber erweist sich lediglich Barsac als wirklich eigenständig. Die Weine aus der Gemarkung Sauternes sind oft die vollsten der Region; sie sind üppig, aber manchmal mangelt es ihnen an Finesse. Die Weine aus Bommes sind oft um eine Spur frischer als die von Sauternes, doch die Ähnlichkeit kann sehr groß sein. Fargues ist kühler; dort reifen die Trauben oft später. Preignac hat außerordentlich unterschiedliche Böden. Den Weinen aus Barsac merkt man oft größere Frische und Zitrusaromen an, was möglicherweise auf den Kalksteinuntergrund zurückzuführen ist. Trotz seiner scheinbaren Leichtigkeit kann der Barsac äußerst langlebig sein.

1855 wurden die Weinberge wie im Médoc klassifiziert. Seither hat es geringfügige Änderungen an der Klassifizierung gegeben, da manche Besitzungen zusammengelegt oder geteilt wurden, doch obwohl inzwischen fast 150 Jahre vergangen sind, ist sie doch im Wesentlichen intakt geblieben. Château d'Yquem verfügt als Premier Grand Cru über einen besonders hervorgehobenen Status. Daran schließen sich die Premiers Crus an, in alphabetischer Reihenfolge Climens, Clos Haut-Peyraguey, Coutet, Guiraud, Lafaurie-Peyraguey, Rabaud-Promis, Rayne-Vigneau, Rieussec, Sigalas-Rabaud, Suduiraut und La Tour Blanche. Als Deuxièmes Crus eingestuft sind d'Arche, Broustet, Caillou, Doisy-Daëne, Doisy-Dubroca, Doisy-Védrines, Filhot, Lamothe, Lamothe-Guignard, de Malle, Myrat, Nairac, Romer du Hayot und Suau.

Die besten Jahrgänge

Für Sauternes waren 1975, 1976, 1980, 1983, 1986, 1988–90 und 1996–98 die besten neueren Jahrgänge.

Bedeutende Erzeuger

Château d'Arche ★★
Sauternes, 33210 Langon
Das alte Gut ist seit Anfang der 1980er Jahre von Pierre Perromat gepachtet. Der Wein reift in zu etwa 40 % neuen *barriques*. Die ersten Jahrgänge Perromats waren eindrucksvoll, kräftig und schön üppig, aber etwas alkoholstark. Spätere Jahrgänge waren besser ausgewogen, doch es fehlte an Komplexität.

Château d'Armajan-des-Ormes ★
Preignac, 33210 Langon
Das 15 ha große Gut bringt kraftvollen, recht alkoholstarken Wein hervor, der meist chaptalisiert wird – leider. In Spitzenjahrgängen wird eine Crème de tête produziert. Die Standardversion ist sauber und zuverlässig.

Château Bastor-Lamontagne ★★
Preignac, 33210 Langon
Das alte Gut wurde 1936 von der Bank Crédit Foncier erworben und wird tadellos geführt. Die Erträge sind recht hoch, dennoch ist der Wein gut bereitet, äußerst zuverlässig und relativ preiswert. Ausbau 18 Monate in zu 25 % neuen Fässern. Die Weine vom Ende der 1990er Jahre sind ausnehmend gut.

Château Broustet ★★
Barsac, 33720 Podensac
Dieses Gut gehörte bis 1994 der Familie Fournier von Château Canon in St-Emilion, dann aber kam es wegen Familienstreitigkeiten zum Verkauf. Die Gärung fand meist im Tank statt, und Fournier versah den Broustet mit kräftigem Alkohol – er behauptete, es sei dies der traditionelle Stil von Barsac. Wie dem auch sein mag, der Wein erschien oft unausgewogen, und es fehlte ihm an Charme und saftiger Art. Der neue Besitzer ist Didier Laulan vom Nachbar-Château St-Marc. Er verleiht dem Broustet etwas mehr Lebendigkeit und Würze.

Château Caillou ★
Barsac, 33720 Podensac
Seit 1909 wird das Gut von der Familie Bravo mit Enthusiasmus geführt, doch der Wein enttäuschte oft. Der Gärprozess findet in Stahltanks, der Ausbau in zu 20 % neuen Eichenfässern statt. Es gibt zwei Cuvées, von denen die bessere als Auswahl der am stärksten von Edelfäule befallenen Posten nur in Spitzenjahren produziert und länger ausgebaut wird; bis 1975 hieß sie Crème de Tête, seither trägt sie den Namen Private Cuvée. Die normale Version ist eher karg und frisch, es fehlt ihr an Fülle und Komplexität.

Château Cantegril ★
Barsac, 33720 Podensac
Das 16-ha-Cru befindet sich im Besitz der Dubourdieus von Doisy-Daëne (s.d.), und der Wein entsteht auf dieselbe Weise wie dort. Ein guter, einfacher, zuverlässiger und preisgünstiger Barsac.

Château Climens ★★★★
Barsac, 33720 Podensac
Bei Climens gibt es nicht viel zu sehen: Es ist ein niedriger, weißer Bau mit schlichten Türmen an den Enden und einer Reihe von Fenstern, deren Klappläden gelegentlich offen stehen, um Luft in den *chai* (das Kellereigebäude) zu lassen. Dabei produziert dieses Gut mühelos einen der besten Weine der Region. 1971 wurde es von Lucien Lurton erworben, dessen Tochter Bérénice es heute führt. Seit 1969 bereitet Christian Broustaut den Wein.

Die Weinberge bilden größtenteils eine geschlossene Parzelle auf dem höchstgelegenen Gelände in Barsac, was an sich nicht viel besagt. Doch der Rebenbestand, rein Sémillon, ist alt und der Wasserabzug ausgezeichnet. Der Wein reift bis zu 2 Jahre in *barriques*. Da ein bis zwei Drittel davon neu sind, kann der Climens in der Jugend eine recht kräftige Eichenholznote aufweisen.

Broustaut hat die Gabe, auch in Jahren, die anderen Probleme bereiten, feine Weine hervorzubringen; 1973 und 1991 z. B. war der Climens exzellent. Wenn die Qualität eines Weins nicht den geforderten Standard erreicht, wie 1984, 1992 und 1993, wird er unter dem Zweitetikett Les Cyprès de Climens abgefüllt. Der Climens braucht einige Jahre, bis er seine Komplexität entfaltet. In der Jugend ist er frisch und ansprechend, es fehlt ihm aber an Fülle, doch nach 10 Jahren stellt sie sich zusammen mit fester Struktur ein, ohne dass der Wein an Eleganz und Beschwingtheit einbüßt. Viele halten den Climens nach dem Yquem für den feinsten Wein der Region. Dagegen ist schwerlich etwas einzuwenden.

Château Clos Haut-Peyraguey ★★★
Bommes, 33210 Langon
Das kleine Gut war früher Teil von Château Lafaurie-Peyraguey (s.d.), wurde aber 1879 nach Familienstreitigkeiten abgetrennt. 1914 kam es in den Besitz der Familie Pauly. Bis gegen Ende der 1980er Jahre war der Clos Haut-Peyraguey stets gut bereitet, aber leicht und relativ eindimensional. Jacques Pauly erkannte, dass ein Wandel nötig war, und arbeitet seit 1989 vermehrt mit Fassgärung und neuen Eichenfässern. Die Verbesserung ist eindeutig, der Wein zeigt größere Intensität und Eleganz, hat aber seine Ananasfrische und Lebendigkeit nicht eingebüßt.

Château Coutet ★★★
Barsac, 33720 Podensac
Das Gut existierte bereits zu Beginn des 17. Jahrhunderts, und Thomas Jefferson befand, der Coutet sei der feinste aller Barsacs. Gegen Ende 1970er Jahre ging es an den Industriellen Marcel Baly über.

Der Most wird in neuen Eichenfässern vergoren, nach jedem Abstich aber gelangt der Wein in ältere Fässer, und erst in den letzten sechs Monaten der Ausbauzeit liegt er wieder in neuen Eichenfässern. Der Coutet ist in der Jugend hell und zeigt weder viel Kraft noch Wucht, doch ist er elegant und entfaltet sich über Jahrzehnte hinweg. Bis gegen Ende der 1980er Jahre enttäuschte der Coutet manchmal, aber seit 1989 zeigt er mehr Schwung und Komplexität.

In guten Jahren entsteht bei Coutet die Luxusversion Cuvée Madame. Jedes Jahr wird eine bestimmte Parzelle für einen erhofften starken *Botrytis*-Befall reserviert. Die Produktion beträgt knapp 1600 Flaschen. Da überrascht es nicht, dass dieser Wein sehr teuer ist, aber er kann sich in manchen Jahrgängen sogar mit dem Yquem messen.

Cru Barréjats ★★★
Mareuil, 33210 Pujols
Das Gut hat nur 3 ha Reben nahe bei Château Climens (s.d.), und der erste Jahrgang war der 1990er – allerdings ein sensationelles Debüt. Dr. Mireille Daret und Philippe Anduran sparten weder Mühe noch Kosten. Der Gärprozess findet ganz in neuen Eichenfässern statt. Der so entstehende Wein ist intensiv, stark eichenholzwürzig und hat sehr hohe Qualität.

Château Doisy-Daëne ★★★
Barsac, 33720 Podensac
Das Gut gehört seit 1924 der Familie Dubourdieu, und heute produziert ein Mann diesen Wein, der erklärtermaßen Sauternes nicht besonders mag. Pierre Dubourdieu, ein Bilderstürmer von Natur, ist ein Magier in der Bereitung von trockenem Weißwein und strebt vor allem anderen Eleganz und Lebhaftigkeit an. Zwar arbeitet auch er mit selektiver Lese, seine Vinifikationsmethode aber ist darauf gerichtet, die Lebendigkeit des Weins zu bewahren. Er lehnt Chaptalisation und hohen Alkoholgehalt ab und bevorzugt die *cryo-extraction* als Mittel zur Konzentration der Frucht.

Was dabei herauskommt, ist stets ein Wein von bemerkenswerter Finesse und Langlebigkeit, ein reiner Sémillon, rassig, charmant und ungewöhnlich reintönig. Pierre Dubourdieu liebt Experimente, und so produzierte er einmal einen Vin de Noël von Trauben, die an Weihnachten 1978 geerntet wurden. 1990, 1996 und 1997 entstand sein Wein «L'Extravagance» von Trauben, die bei der Lese ein Mostgewicht von 42° Baumé anstatt der üblichen 20 oder 21° hatten.

Château Doisy-Dubroca ★★
Barsac, 33720 Podensac
Das mit 4 ha sehr kleine Gut wird seit 1997 von Louis Lurton geleitet. Zuvor war Christian Broustaut von Climens (s.d.) für die Produktion zuständig. Wegen der geringen Menge von 9000 Flaschen ist dieser Wein nur selten aufzufinden. Er ist nicht so kraftvoll und komplex wie der Climens, aber dennoch ein echter Barsac, schlank und elegant.

Château Doisy-Védrines ★★★
Barsac, 33720 Podensac
Pierre Castéja aus der berühmten Weinhändlerfamilie in Bordeaux lebt seit 1947 auf diesem schönen 27-ha-Gut. Dank alter Rebenbestände, sorgfältiger selektiver Lese und einem hohen Anteil an neuen Eichenfässern ist der Doisy-Védrines der üppigste von den drei Doisy-Weinen und inzwischen einer der zuverlässigsten, wenn auch der am wenigsten typische aller Barsacs.

Château de Fargues ★★★★
Fargues, 33210 Langon
Die öde Ruine dieses 1687 niedergebrannten Schlosses war der Sitz der Vorfahren der Familie Lur-Saluces (s. Château d'Yquem). Lese und Weinbereitung folgen den strengen Richtlinien von Yquem; die Erträge sind mit einem Durchschnitt von 7,5 hl/ha extrem gering. Allerdings ist das *terroir* nicht übermäßig gut, und deshalb betont das Yquem-Team, dass – so attraktiv der Fargues in seiner Jugend auch sein mag – der Yquem sich doch schließlich stets als der Größere erweist. Der Hauptunterschied zwischen den beiden Weinen liegt darin, dass der Fargues in jeweils ein Jahr alten *barriques* ausgebaut wird. Er ist auf jeden Fall ein großer Wein: höchst konzentriert, fest gefügt, recht eichenholzwürzig und langlebig.

Château Filhot ★
Sauternes, 33210 Langon
Niemand kennt die Geschichte von Sauternes besser als Henri de Vaucelles, der schon seit 1974 in diesem prachtvollen Château lebt. Man versteht nicht recht, warum sein Wein meist nur mittelmäßig ist. Thomas Jefferson schätzte ihn 1787 hoch, doch um die Zeit, als die Vaucelles aus dem Lur-Saluces-Clan (s. Château d'Yquem) das Gut übernahmen, war dieses sehr heruntergekommen. Henri de Vaucelles ist kein Freund des Fassausbaus, daher mangelt es dem Filhot oft an Fülle und Komplexität. Es ist kein schlechter Wein, aber er könnte doch viel besser sein, wie gelegentliche gelungene Jahrgänge beweisen.

Château Gilette ★★★
Preignac, 33210 Langon
Dieses Gut ist das exzentrischste in Sauternes. Die 5 ha Rebfläche gehören seit über zwei Jahrhunderten der Familie Médeville von Château Les Justices (s.d.). Der Wein wird in Tanks vergoren und lagert dann 15 bis 20 Jahre lang in kunstharzbeschichteten Betonbehältern. Alles, was dem Qualitätsstandard von Gilette nicht genügt, wird entweder verkauft oder in den Les Justices aufgenommen.

Christian Médeville erklärt, dass er dank der eigenwilligen Produktionsmethode seinen Kunden stets viel ausgereiften Wein anzubieten hat. Das stimmt zwar, aber der Wein ist auch sehr teuer, und daran zeigt sich, dass Médeville seine Ausbaumethode wohl mit einkalkuliert. Könnte der Wein aber nicht vielleicht noch besser sein, wenn er im Eichenfass ausgebaut und nach ein paar Jahren abgefüllt würde? Sei dem, wie es mag, der Gilette kann ein höchst eindrucksvoller, recht alkoholstarker, überaus kraftvoller Wein mit opulenten Marmelade- und Pfirsichnoten sein.

Château Guiraud ★★★
Sauternes, 33210 Langon
Das in den 1940er und 50er Jahren skandalös vernachlässigte Gut wurde 1981 von dem kanadischen Reeder Frank Narby erworben. Er tätigte gewaltige Investitionen auf dem 85 ha großen Besitz, der lange Zeit unter der Leitung von Xavier Planty stand. Guiraud hat einen sehr viel höheren Sauvignon-blanc-Anteil im Rebenbestand, als es sonst in Sauternes üblich ist, und das verleiht dem Wein, wie Planty sagt, eine subtile rauchige Note. Seit Beginn der 1990er Jahre findet der Gärprozess ausschließlich im Fass statt, und Spitzenjahrgänge werden in zu 50 % neuen Eichenfässern ausgebaut.

Der Guiraud ist ein Wein mit größter Fülle und fast teerähnlichen *Botrytis*-Tönen, die gefährlich an Oxidation erinnern. Das Beste steht aber noch bevor, denn viele Reben sind noch jung. Dem Guiraud mag es vielleicht an Eleganz fehlen, auf jeden Fall aber ist er ein wahrhaft vollmundiger Wein.

***Château Haut-Bergeron* ★★★**
Preignac, 33210 Langon
Die Familie Lamothe besitzt in mehreren Gemeinden 22 ha mit einem im Durchschnitt 50 Jahre alten Rebenbestand. Die Lamothes sind starke Befürworter der späten Lese, daher hat der Wein stets tiefe Farbe, große Fülle und üppige Art. Er wird größtenteils direkt an Privatkunden verkauft und ist deshalb nicht so bekannt, wie er es seiner Qualität nach verdient.

***Château Les Justices* ★★**
Preignac, 33210 Langon
Die Médevilles von Château Gilette (s.d.) erzeugen auf diesem Gut an der Garonne zuverlässige Sauternes. Seit 1985 erfolgt der Ausbau in zu einem Drittel neuen *barriques*. Die Erträge liegen ziemlich hoch, daher fehlt es den Weinen oft an Intensität, doch in Bestform sind sie stilvoll und ausgewogen.

***Château Lafaurie-Peyraguey* ★★★★**
Bommes, 33210 Langon
1917 ging der charmante mittelalterliche Besitz an die bekannte Firma Cordier in Bordeaux über. In den 1970er Jahren war der Qualitätsstand etwas abgesunken, doch das Haus Cordier merkte den Fehler, und seit Anfang der 1980er ist der Wein wieder vorzüglich.

Michel Laporte, Kellermeister seit 1981, ist ein Fanatiker der selektiven Lese, und so gelingt es ihm oft, Weine mit eindeutigem *Botrytis*-Charakter selbst in hochproblematischen Jahrgängen wie 1984, 1987 und 1991 hervorzubringen. Seit 1985 erfolgt der Ausbau 22 Monate lang in bis zu 50 % neuen Eichenfässern. Der Zweitwein des Hauses heißt La Chapelle de Lafaurie.

Im Lafaurie-Stil vereinen sich Fülle und Finesse, und die Eichenholznote ist stets ausgeprägt, aber schön eingebunden. So entsteht äußerst stilvoller, relativ jung genießbarer Wein, der dennoch viele Jahre Flaschenreife verträgt.

***Château Lamothe* ★**
Sauternes, 33210 Langon
Der Lamothe-Besitz wurde am Ende des 19. Jahrhunderts aufgeteilt, und dieser Teil gehört seit 1961 der Familie Despujols. Die Erträge liegen ziemlich hoch; Gärprozess und Ausbau finden sowohl in Großbehältern als auch in zumeist älteren *barriques* statt. Bis 1990 war der Wein mittelmäßig, doch seit Guy Despujols als Kellermeister fungiert, hat sich eine gewisse Qualitätsverbesserung eingestellt.

***Château Lamothe-Guignard* ★★**
Sauternes, 33210 Langon
Nachdem Château Lamothe (s.d.) an die Familie Despujols übergegangen war, wurde der restliche Besitz 1981 an die Brüder Philippe und Jacques Guignard verkauft. Sie renovierten das Gut, und schon die ersten Jahrgänge waren vielversprechend. Der Ausbau erfolgt 15 Monate in Eichenfässern, die je nach Jahrgang in unterschiedlichem Maß erneuert werden. Üppig ist der Wein nur selten

zu nennen, aber in guten Jahren zeigt er köstliche Frucht und schöne Konzentration.

Château de Malle ★★★
Preignac, 33210 Langon
Die Comtesse de Bournazel bewohnt mit ihren Kindern dieses hübscheste aller Châteaux in Sauternes. Ihr Gatte war mit der Familie Lur-Saluces (s. Château d'Yquem) verwandt und erbte das Gut in den 1950er Jahren. Seit seinem Tod 1985 führen seine Witwe und sein Sohn es mit Energie und Geschick. Ab 1988 zeigen sich beim Wein Qualitätsverbesserungen. Der früher dünne und stark geschwefelte de Malle ist nun ein voller, schöner, ja oft aufregender Sauternes.

Château de Myrat ★★
Barsac, 33720 Podensac
Die Vorfahren der heutigen Besitzer, die Familie de Pontac, besaßen früher Haut-Brion und gehörten zu den Großen von Bordeaux. 1976 rodete Comte Maximilien de Pontac, unzufrieden mit den schlechten Preisen für seinen Wein, die Weinberge. Nach seinem Tod 1988 fassten seine Erben den wackeren Beschluss, sie wieder anzupflanzen. Allerdings war das Timing ungünstig, denn die ersten Jahrgänge waren von Frost und Schwarzfäule geplagt. Die Weinbereitung erfolgt in klassischer Weise in zur Hälfte neuen Fässern. Noch ist es zu früh, das wahre Potenzial von Myrat einzuschätzen, aber die neueren Jahrgänge versprechen Gutes.

Château Nairac ★★★★
Barsac, 33720 Podensac
Das Gut besteht seit dem 17. Jahrhundert, doch der nur selten unter dem Namen des Châteaus abgefüllte Wein blieb bis 1971, als es von Nicole Tari und ihrem amerikanischen Ehemann Tom Heeter erworben wurde, relativ unbekannt. Heeter hauchte dem Renommee von Nairac bald neues Leben ein, indem er eine Reihe selbst in ungünstigen Jahren prachtvoller, allerdings stark eichenholzbetonter Weine hervorbrachte. Als die beiden sich scheiden ließen, machte das Gut gegen Ende der 1980er Jahre eine schlimme Zeit durch. 1993 übernahm Heeters Sohn Nicolas die Weinerzeugung und widmete sich der Sache unter Einsatz sorgfältigster selektiver Lese und schärfster Auslese der Weine mit derselben Tatkraft wie sein Vater. Nairac erbringt wie Climens (s.d.) auch in schwierigen Jahren, z. B. 1994, glänzende Ergebnisse, und die Weine vom Ende der 1990er Jahre zeigen höchste Qualität.

Château Piada ★★
Barsac, 33720 Podensac
Das lange unterbewertete große Gut liegt nahe bei Coutet (s.d.). Die Erträge sind ziemlich niedrig, Chaptalisation kommt nur selten zur Anwendung, und der Wein wird schon seit langem in zu etwa 25 % neuen *barriques* vergoren und ausgebaut. Er ist ein klassischer Barsac mit lebendiger Art und erfrischender Zitrusnote.

Château Rabaud-Promis ★★
Bommes, 33210 Langon
Früher handelte es sich um ein einziges Gut namens Château Rabaud, dann aber wurde es 1903 geteilt, von 1929 bis 1952 wieder vereinigt und schließlich erneut geteilt; das andere Stück ist Château Sigalas-Rabaud (s.d.). Philippe Dejean, der Besitzer von Château Rabaud-Promis, hat die Qualität des noch in den 1970er Jahren recht dürftigen Weins radikal verbessert. Seit 1989 wird die gesamte Produktion in zu einem Drittel neuen Eichenfässern vergoren. Nach einem Jahr Ausbau im Fass erfolgt der restliche Reifeprozess in Stahltanks, weil Dejean dadurch die Frische des oft an getrocknete Aprikosen erinnernden Weins bewahren will.

Château Raymond-Lafon ★★★★
Sauternes, 33210 Langon
1972 wurde das in der Nähe von Yquem und Sigalas-Rabaud (s.d.) gelegene Gut von Pierre Meslier, dem langjährigen Kellermeister von Yquem, erworben. Er legte stets Wert darauf, dass der Raymond-Lafon in gleicher Weise produziert wird wie der Yquem, und generell trifft das auch zu: sehr niedrige Erträge und langer Ausbau in zumeist neuen Eichenfässern. Der Stil ist kraftvoll und eichenholzbetont, und es dauert etliche Jahre, bis die solide, volle Frucht sich aus dem Mantel von Eichenholz und Tannin herausschält; doch es lohnt sich, darauf zu warten. Wie so viele andere führende Châteaux in Sauternes hat auch dieses selbst in mittelmäßigen Jahren superbe Weine hervorgebracht. Nur der 1983er hat sich nicht gut gehalten.

Château Rayne-Vigneau ★★★
Bommes, 33210 Langon
Dieses Gut ist eines der größten in Sauternes. 1971 wurde es von dem Handelshaus Mestrezat erworben, das sowohl in den Weinbergen als auch in der Kellerei kräftig investierte. Der Boden und die Lage auf einem Hügel gelten bei vielen als fast ebenso erstklassig wie die von Yquem (s.d.). Wenn der Rayne-Vigneau bisher noch nicht ganz in die Spitzengruppe gelangt ist, dann liegt das wohl daran, dass die Reben noch relativ jung sind. Patrick Eymery, der liebenswürdige Leiter des Guts, sondert die Frucht der jüngsten Reben und die vom Fuß des Hügels aus und verwendet sie für den Zweitwein Clos l'Abeilley. Nur ein Teil des Mosts wird in Fässern vergoren, dagegen erfolgt der Ausbau des gesamten Weins bis zu zwei Jahre lang in zu 50 % neuen Eichenfässern.

Der Stil ist frisch und anmutig, nicht voll und schwer. Der in den 1960er und 70er Jahren noch recht dürftige Wein erlebte 1983 einen schönen Aufschwung. Aber erst 1988 vollzog sich ein echter Qualitätssprung; seither ist der Rayne-Vigneau mit überaus lebendiger Art, schön integrierter Eichenholznote und blendender Frucht geradezu vorbildlich.

Château Rieussec ★★★★
Fargues, 33210 Langon
Seit 1984 ist Rieussec eines von mehreren Gütern im Besitz der Lafite-Rothschild-Gruppe unter der Gesamtleitung von Charles Chevallier. Früher wurde es von Albert Vuillier geleitet, und die Produktion war unterschiedlich, obwohl er 1971 und 1983 prachtvolle Weine zustande brachte. Seit 1988 lässt Chevallier den Wein bis zu zwei Jahre lang in Eichenfässern ausbauen, und die Auslese der Trauben wird strenger gehandhabt.

Unter Vuillier erlangte der Rieussec das Image eines fetten, dunklen, rosinensüßen, üppigen Weins, doch unter dem Lafite-Team ist er nun schlanker und eleganter geworden, was – so wird behauptet – eine Rückkehr zum wahren Rieussec-Stil darstellt. Mit seiner generösen Frucht und unmittelbar ansprechenden Art ist er jedenfalls verdientermaßen beliebt, und die neueren Jahrgänge gehören meist in die Spitzengruppe.

Château Rolland ★
Barsac, 33720 Podensac
Das 13-ha-Gut, das sich seit 1971 im Besitz der Familie Guignard befindet, hat größeres Potential, als die Weine derzeit erkennen lassen. Die Frucht von gut durchlässigem Boden auf dem Barsac-Plateau wird in Tanks vergoren, doch der Ausbau erfolgt in *barriques*. In Spitzenjahrgängen kann der Rolland ein überraschendes Maß an pfirsichsaftiger Fülle und öliger Art an den Tag legen.

Château Romer du Hayot, Château Guiteronde ★
Barsac, 33720 Podensac
Dieses Château wurde vor Jahren abgerissen, daher wird der Wein in einem anderen Gut André du Hayots, nämlich Château Guiteronde, bereitet. Die Weinberge liegen in der Nähe von Suduiraut (s.d.). M. du Hayot praktiziert unumwunden kommerzielle Methoden, daher kommt hier kein Sauternes mit besonderem Charakter zustande. Die Erträge liegen ziemlich hoch, und nur ein Teil der Produktion wird im Eichenfass ausgebaut. Obschon es dem Wein an Konzentration mangelt, ist er doch sauber bereitet und relativ preiswert.

Château St-Amand ★★
Preignac, 33210 Langon
Jahrzehntelang wurde dieses hübsche Gut von Louis Ricard geführt, und nachdem er zu Anfang der 1990er Jahre in den Ruhestand trat, übernahm seine Tochter die Leitung. Ricard wünschte nie einen übermäßig von Edelfäule gekennzeichneten Wein, daher ließ er ziemlich hohe Erträge zu und nahm nur beschränkt Auslese vor. Der Ausbau erfolgte nur 6 Monate in *barriques* und im Übrigen in Tanks, dennoch ist der St-Amand seit eh und je ansprechend, ein leichter, fruchtiger Wein von beträchtlicher Eleganz. Auf manchen Märkten tritt er als Château de la Chartreuse auf.

Château Sigalas-Rabaud ★★★★
Bommes, 33210 Langon
Dieses Gut ist mit 14 ha das kleinste unter den Premiers Crus. Comte Emanuel de Lambert des Granges übernahm 1982 die Leitung, und trotz einer eher lässigen Einstellung produzierte er viele frische und köstliche Weine. Der Ausbau erfolgte teils im Tank, teils im Fass. Selbst in ungünstigeren Jahren, beispielsweise 1991, brachte Comte Emanuel exquisiten Wein zustande. 1995 gab er jedoch auf und verpachtete das Gut an das Haus Cordier, dem damals bereits Lafaurie-Peyraguey (s.d.) gehörte und das unverzüglich die dort schon so erfolgreichen Methoden und Mittel einsetzte. Unter der Leitung von Michel Laporte fielen die letzten 1990er Jahrgänge blendend aus.

Château Simon ★★
Barsac, 33720 Podensac
Das tadellos geführte Gut befindet sich seit fünf Generationen im Besitz der Familie Dufour. Der Ausbau des Weins geschieht in zu einem geringen Teil neuen *barriques*, nur in den fülligsten Jahren, z. B. 1989 und 1990, wurden mehr neue Eichenfässer eingesetzt. In diesen Spitzenjahren ließ sich M. Dufour auch dazu herbei, Spezial-Cuvées zu produzieren und ganz in neuen Eichenfässern auszubauen. Bedenkt man die ziemlich hohen Erträge und den nicht allzu großzügigen Fassausbau, dann darf die Qualität als recht hoch gelten.

Château Suau ★
Illats, 33720 Podensac
Die Weinberge des unbekanntesten Cru-Classé-Guts in Barsac liegen unmittelbar südlich des Orts. Erst in den 1990er Jahren wurde hier der Eichenfassausbau eingeführt, und seither hat sich eine leichte Qualitätsverbesserung des früher nichtssagenden Weins eingestellt. Auch heute noch ist der Suaud relativ schlicht und traubig, aber doch oft erfreulich.

Château Suduiraut ★★★
Preignac, 33210 Langon
Das stattliche Château liegt in Gärten, die von Le Nôtre, dem Schöpfer des Parks von Versailles, entworfen wurden. 1992 verkaufte die hier wohnhaft gewesene Familie Fonquernie das Gut an die Versicherungsgesellschaft AXA, die auch an anderen Stellen in Bordeaux Güter besitzt.

Suduiraut hatte einen sehr hohen Ruf für seine vollen, kräftig schmeckenden Weine. In den 1980er Jahren wurde die Lese früher als erforderlich durchgeführt, so dass etliche enttäuschende Weine entstanden. Darüber hinaus wurde viel Chaptalisation und wenig Fassgärung praktiziert. Alles das hat sich nun geändert, und die Weinbereitung steht auf hohem Niveau.

In Bestform, beispielsweise 1989 und 1990, ist der Suduiraut funkelnd golden und stark von Edelfäule gekennzeichnet. In besonderen Jahren, so 1989, krönt Suduiraut sein Programm mit einer Crème de Tête, einer in neuen Eichenfässern ausgebauten Auslese

– dieser Wein kann sich mit dem Yquem messen. Die späten 1990er Jahrgänge waren allerdings eher sauber als ausnehmend gut zu nennen. Seit 1993 wird auch der Zweitwein Castelnau de Suduiraut produziert.

Château La Tour Blanche ★★★★
Bommes, 33210 Langon
Bei der berühmten Klassifizierung von 1855 wurde La Tour Blanche hinter Yquem auf den zweiten Platz gesetzt. Doch lange Zeit war der Wein eher mittelmäßig, bis 1983 der dynamische Jean-Pierre Jausserand die Leitung des Guts übernahm. Er machte mit der Chaptalisation ein Ende; es werden nur noch vollreife und edelfaule Trauben verwendet. Außerdem ist er ein Verfechter neuer Eichenfässer, und 1989 wurde der gesamte Ertrag in neuen Fässern ausgebaut. In neuerer Zeit hat sich die Begeisterung für frisches Holz allerdings etwas gelegt. Jausserand hat die Qualität des Weins auf einen sehr hohen Stand gebracht. In Bestform ist der La Tour Blanche kraftvoll und reichhaltig im Geschmack, eindeutig eichenholzwürzig und zeigt auffallende Nuancen von Ananas und Aprikosen.

Château d'Yquem ★★★★
Sauternes, 33210 Langon
Die schon lange vor der Klassifizierung von 1855 anerkannte Vorrangstellung von Yquem beruht nicht auf reiner Übertreibung. Dieser Wein ist Sauternes in höchster Vollendung. Das Schloss überragt die Landschaft und symbolisiert damit unmittelbar die Qualität seines Weins. Es kam 1593 in den Besitz der Familie Sauvage d'Eyquem, und 1785 vermählte sich die letzte Erbin mit dem Comte de Lur-Saluces, dem Besitzer von Château de Fargues (s.d.). 1807 brachte dann der junge Marquis de Lur-Saluces durch Heirat noch weitere Güter, u. a. Filhot und Coutet (s.d.), in den Familienbesitz ein. 1968 ergriff Alexandre de Lur-Saluces die Zügel und sorgte für höchsten Qualitätsstand. 1996 übernahm der auf Luxusartikel spezialisierte Konzern LVMH das Château d'Yquem in sein Portefeuille. Es gab viel Hin und Her, bis LVMH sich diesen Besitz sichern konnte, und zwar mit dem Zugeständnis, dass Comte Alexandre die Leitung von Yquem behielt. Es ist also unwahrscheinlich, dass die Anhänger des Yquem auch nur die geringste Qualitätseinbuße unter dem neuen Regime zu befürchten haben.

Yquem ist zu Recht berühmt für die strenge Handhabung der Lese – es beschäftigt bis zu 130 Lesekräfte. Das allein aber erklärt die überlegene Qualität des Yquem noch nicht, die unmittelbar aus den 111 ha großen Weinbergen stammt. Sie liegen auf allen Seiten des Hügels, der vom Schloss gekrönt wird, und bieten mit ihren unterschiedlichen Böden und Lagen den Kellermeistern von Yquem eine reiche Palette für die Zusammenstellung des endgültigen Weins.

Nach dem Vergären wird aller Wein dreieinhalb Jahre lang in *barriques* ausgebaut. Da Yquem keinen Zweitwein produziert, werden alle Posten, die nicht den Anforderungen genügen, an den Großhandel verkauft. In schwierigen Jahren, z. B. 1973 und 1978, hat

Yquem schon bis zu 85 % des Ertrags auf diese Weise losgeschlagen; vom Jahrgang 1992 wurde sogar überhaupt kein Wein abgefüllt.

Seit den 1970er Jahren ist alles, was unter dem Etikett Yquem in die Flasche kam, exzellent gewesen, sogar in weniger guten Jahren wie 1984. Immer und immer wieder geht der Yquem aus Blindverkostungen als der feinste aller Sauternes hervor, wenn auch inzwischen die Weine einiger anderer Güter an seine sublime Qualität heranreichen. Manchmal schmeckt der Yquem im Jungzustand sehr stark nach Eiche, doch ist der Holzton stets sauber in den Wein eingebunden, und mit zunehmendem Alter verlieren sich alle übertriebenen Eichenholznoten. Trotz großer Fülle ist der Yquem dank seiner feinen Säure nie schwerfällig; nichtsdestoweniger sind es Üppigkeit und Öligkeit, die den ersten Eindruck auf der Zunge machen, doch schließlich heben ihn seine Eleganz und die Nachhaltigkeit seines Geschmacks über alle anderen hinaus.

Wenn ab und zu auch andere Châteaux ebenso Gutes leisten, dann deshalb, weil sich ihr Qualitätsstand gebessert und nicht etwa der von Yquem verringert hat.

Sonstige natursüße Weine aus Bordeaux

Außer Sauternes und Barsac gibt es in Bordeaux noch weitere auf die Produktion von natursüßen Weinen spezialisierte Appellationen: nördlich an Barsac anschließend Cérons und jenseits der Garonne Ste-Croix-du-Mont und Loupiac sowie Cadillac und die Premières Côtes de Bordeaux. In Spitzenjahren sind die dortigen Weine dem Sauternes sehr ähnlich.

Cérons

Cérons ist eigentlich ein nördlicher Ausläufer von Barsac. Die Erträge sind mit 40 hl/ha für den Cérons jedoch höher angesetzt. Ein weiterer Unterschied ist der, dass trocken bereiteter Sauternes nur Anspruch auf die einfache AC Bordeaux hat, während trockener Cérons zur AC Graves zählt. Da nun der Graves heutzutage einen guten Preis erzielt und die Ertragsgrenze für trockenen Weißwein recht großzügig bemessen ist, wirkt diese Bestimmung ausgesprochen dämpfend auf die Produktion von Cérons.

Das Potenzial für diesen natursüßen Wein in hoher Qualität steht jedoch außer Zweifel. Noch vor einem Jahrhundert galt ein guter Cérons einem 2e Cru aus Sauternes als ebenbürtig. Heute ist die Erzeugung mit rund 300 000 Flaschen jedoch gering.

Neuerdings sind zwischen zwei führenden Erzeugern Unstimmigkeiten aufgekommen. Jean Perromat, der Besitzer von Château de Cérons, befürwortet eine Absenkung der Ertragsgrenze auf 25 hl/ha. Olivier Lataste vom Grand Enclos au Château de Cérons stimmt dem zwar zu, er aber bezeichnet seinen trockenen Weißwein ebenfalls als Cérons und behauptet, damit lediglich eine alte Tradition neu aufleben zu lassen. Perromat dagegen hält dies für eine Herabsetzung des berühmten Namens, der ausschließlich dem natursüßen Wein vorbehalten bleiben solle, während Lataste darin die einzige Möglichkeit sieht, das Renommee eines Weins zu retten, der bald aussterben werde, wenn sich die derzeitigen Trends fortsetzen. Wer hat Recht? Allein die Zeit wird es erweisen.

Bedeutende Erzeuger

Château de Cérons ★★★
33720 Cérons
Der imposante weißhaarige Jean Perromat produziert hier schon seit über 50 Jahren Wein und führt einen leidenschaftlichen Kreuzzug zugunsten des Cérons. Als bedeutender Erzeuger von Graves füllt Perromat allerdings nur einen kleinen Teil seines Ertrags als Cérons ab, und zwar 16 000 Flaschen eines vollen, goldgelben, üppigen und sahnigen Weins, der in *barriques* verschiedenen Alters ausgebaut wird. Der Hektarertrag liegt nie höher als 25 hl, deshalb zeigt dieser Wein stets gute Konzentration und eine reiche Palette an Geschmacksnuancen.

Château Chantegrive ★★
33720 Podensac
Das für die Erzeugung von trockenem Graves bekannte Gut bringt in besonderen Jahren auch einen eleganten, ausgeprägt eichenholzwürzigen Cérons hervor.

Clos Bourgelat ★
33720 Cérons
Der joviale Dominique Lafosse hat im Hinblick auf den Cérons seinen eigenen Kopf. Stellt sich in einem Jahr die Edelfäule früh ein, dann produziert er natursüßen Wein. Lässt sie auf sich warten, dann verarbeitet er den ganzen Ertrag zu trockenem Wein. 1997 kam kein Cérons heraus, doch 1996 und 1998 entstand er in guter Qualität. Die Vinifikation erfolgt größtenteils in Tanks, die Weine sind schlicht, frisch und stilvoll und schmecken jung am besten.

Château des Deux Moulins ★★
33720 Illats
Der bescheidene M. Pastol verwendet nur Frucht seiner ältesten Reben für den Cérons, und er produziert ihn auch nicht jedes Jahr. Wenn er sich aber einmal dazu entschließt, dann entsteht ein süßer, saftiger Wein ohne Eichenholznote, aber mit einem Anflug von feinen Süßspeisen.

Château de l'Emigré ★
33720 Cérons
Die Familie Despujols produziert eine breite Palette an Weinen, führte aber erst 1997 einen Cérons ein. Er wird zum größten Teil unter dem Etikett Château de Valdor an Supermärkte geliefert, doch die kleine als l'Emigré abgegebene Menge ist in *barriques* gereift und hat bessere Qualität mit schöner Üppigkeit und Frucht, wenn auch nicht gerade enormer Konzentration.

Grand Enclos au Château de Cérons ★★★
33720 Cérons
Olivier Lataste ist durch elegante trockene Weine am bekanntesten geworden, aber auch sein Cérons kann exzellent sein. Seit 1988 vergärt er diesen Wein in zum Teil neuen Eichenfässern. So entstehen die raffiniertesten Weine von Cérons, würzig, elegant, mit diskreter Eichenholznote. 1997 und 1998 wartete Lataste zu lange, so dass ihm der Ertrag verloren ging, aber der 1995er und der 1996er sind schön ausgefallen, ebenso das Quartett 1988 bis 1991.

Château Haura ★
33720 Illats
Ein Generationenwechsel ist schuld daran, dass hier zwischen 1990 und 1996 so gut wie kein Wein zustande kam. 1997 nahm Bernard Leppert dann die Produktion wieder auf. Derzeit ist der Wein kaum bemerkenswert und hat keine Eichenholznote, erst ab 1999 soll wieder Fassausbau erfolgen. In besonderen Jahren bringt das Gut eine Cuvée Madame von der am stärksten von Edelfäule befallenen Frucht heraus.

Château Huradin ★★
33720 Cérons
Hier entstehen rund 6000 Flaschen Cérons. Der Wein kommt nicht mit Eichenholz in Berührung, und es fehlt ihm etwas an Konzentration, aber die Fruchtqualität ist gut, und in manchen Jahren, z. B. 1996, erkennt man eindeutig Edelfäule.

Ste-Croix du Mont

Die nach Sauternes und Barsac wohl bedeutendste Appellation für Süßwein in der Region Bordeaux liegt mit 450 ha auf einem Plateau über Felsenklippen, die vom Ufer der Garonne aufsteigen. Aus der Nähe betrachtet, sieht man, dass der Unterboden sich aus fossilen Ablagerungen zusammensetzt, die an den Wänden von Höhlen und Kellern in den Klippen sichtbar sind. Es ist auch keine Überraschung, dass sich unter dem meist lehmigen Mutterboden viel Kalkstein befindet, doch die Bodenstruktur ist sehr unterschiedlich, denn Teile des Plateaus sind steinig, andere dagegen weisen mehr Lehm auf. Edelfäule kommt hier nicht so oft vor wie in Sauternes, aber doch mit ausreichender Häufigkeit. Starker Frost ist selten, und im Herbst trocknet frischer Wind die Tauben nach unwillkommenen Regenschauern.

Die Lese muss stets von Hand erfolgen, aber bis noch vor zehn Jahren waren die meisten Winzer durch schlechte Preise entmutigt und konnten kaum davon überzeugt werden, dass sie hohen Aufwand treiben sollten, um edelfaule Trauben zu gewinnen. Solange diese aber fehlten, lohnte es sich kaum, sich teure Eichenfässer anzuschaffen. Zum Glück gab es einige entschlossene Erzeuger, die sich im Bewusstsein dessen, dass Ste-Croix früher großartige Weine hervorgebracht hatte, für Qualität einsetzten, und insbesondere seit 1990 ist es ihnen gelungen, wieder ausgesprochen guten Wein zu produzieren.

Die Ertragsobergrenze ist hier großzügig auf 40 hl/ha festgesetzt, doch gewissenhaftere Erzeuger erlegen sich selbst fast so strenge Disziplin auf, wie sie in Sauternes herrscht. Dabei zahlt der Großhandel für den Wein nur etwas mehr als halb soviel wie für Sauternes, also kann solches Qualitätsbewusstsein teuer zu stehen kommen.

Den Spitzenweingütern aber ist klar, dass ihr Wein erstklassig sein muss, sonst wird die Appellation zugrunde gehen. Es gibt international kaum einen Markt für die schwächlichen, stark geschwefelten Weine, wie sie hier früher gang und gäbe waren. Es genügt nicht mehr, leicht überreife Trauben ohne viel ernsthafte Auslese zu verarbeiten, das erlaubte Maximum an Zuckeranreicherung zuzusetzen und dann auf das Beste zu hoffen. Immerhin haben die Spitzenweingüter hier mit verschiedenen Erzeugungsmethoden bereits vorgeführt, wie gut die Weine von Ste-Croix sein können, und auf diesem Weg müssen ihnen die anderen nun folgen.

Bedeutende Erzeuger

Château des Coulinats ★
33410 Cadillac
Der Hauptbesitz von Camille Brun liegt in den Premières Côtes. In Ste-Croix verfügt er über 4 ha, von denen er einen vollen, fruchtigen Wein ohne Eichenholzeinfluss produziert. Er bevorzugt einen ungebremsten Stil mit kräftigem Alkoholgehalt und Marmeladenuancen, die sich zu überwältigender Vollmundigkeit aufschwingen können.

Château Crabitan-Bellevue ★★
33410 Cadillac
Die Familie Solane kultiviert 33 ha Reben, davon 20 in Ste-Croix. Der reguläre Ste-Croix zeigt keinen Eichenholzeinfluss und ist nicht weiter bemerkenswert, in guten Jahren aber wird eine Cuvée Spéciale produziert, die in zu einem beträchtlichen Teil neuen *barriques* ausgebaut wird. Diese Sonderabfüllung kann sich als exzellent, voll und rauchig erweisen.

Château Grand Peyrot
Siehe Château La Grave.

Château La Grave ★★★
33410 Cadillac
Der Familie Tinon gehört La Grave, und sie hat Château Grand Peyrot gepachtet. Die beiden Güter und die beiden Weine sind deutlich verschieden. La Grave liegt auf Lehm und Kies, Grand Peyrot dagegen auf Kalksteinuntergrund, und es hat auch ältere Reben. Beide Weine werden im Tank ausgebaut, es gibt aber in besonderen Jahren auch eine in *barriques* gereifte Version von La Grave. Monsieur Tinon hält viel von *cryo-extraction* als der besseren Alternative zur *chaptalisation*. Er hat einige Jahre gebraucht, um den *barrique*-Ausbau zu meistern, seit 1988 aber ist der entsprechende Wein sehr fein.

Château Loubens ★★★
33410 Cadillac
Das schöne Gut mit hervorragenden Weinbergen liegt auf der Felsklippe über der Garonne. In Stollen darunter lagerte früher ein Vorrat an Fässern, doch Arnaud de Sèze hat schon vor Jahren den Fassausbau aufgegeben. In Anbetracht der Tatsache, dass sein fülliger, langlebiger Wein mit seiner schönen Orangennote ganz exzellent ist, kann man es nur bedauern, dass er ihm keine längere Reifezeit im Eichenfass angedeihen lässt. Der Zweitwein heißt Château des Tours.

Château des Mailles ★
33410 Cadillac
Die Familie Larrieu kultiviert 12,5 ha Reben, darunter einige über 100 Jahre alte Parzellen. Doch die Erträge liegen hoch, und der Wein reift abwechselnd in Tanks und Fässern. In sehr guten Jahren wird eine Réserve Personnelle produziert, die zu erkennen gibt, wieviel Wucht und Fülle diese Weinberge hervorbringen können.

Château Les Marcottes ★
33410 Cadillac
Zu Gérard Ciganas großem Gut gehören auch 20 ha in Ste-Croix. Die Erträge liegen hoch, und der Wein fällt nicht übermäßig charaktervoll aus, nur die in besonderen Jahren erzeugte Version Prestige wird in älteren Fässern von Yquem ausgebaut und zeigt mehr Finesse.

Château du Pavillon ★★
33410 Cadillac
Das schön gelegene Gut mit einem reichlichen Bestand an sehr alten Reben wurde 1994 von dem Physiker Alain Fertal erworben. Große Aufmerksamkeit wird auf die Lese verwendet; das Team kämmt die Weinberge bis zu sechsmal durch. Der Gärprozess verläuft weitgehend ohne menschliches Zutun, der Ausbau in Tanks dauert 22 Monate. Auf diese Weise entsteht ein voller, wuchtiger Stil mit beträchtlicher Finesse.

Château La Rame ★★★
33410 Cadillac
Seit Jahren ist dieses Gut der seriöseste Erzeuger in der Appellation. Yves Armand ist ein Befürworter der *cryo-extraction*, obwohl damit eine Einbuße an Volumen einhergeht. Die besten Posten werden in zu einem Drittel neuen *barriques* ausgebaut. Diese nur in besonderen Jahren erzeugte Cuvée namens Réserve du Château ist oft der feinste Wein in der Appellation, eichenholzwürzig, stilvoll und geschmeidig.

Loupiac

Loupiac liegt an der Garonne, nordwestlich von Ste-Croix-du-Mont. Wie dort ist die Ertragsobergrenze auf 40 hl/ha festgesetzt, und die Lese muss von Hand geschehen. Der Boden ist ebenso unterschiedlich: im Osten Lehm und Kalkstein, auf dem Plateau Kies über einem Kalksteinuntergrund. Näher am Fluss handelt es sich natürlich um Schwemmlandboden. Rund 410 ha sind der Erzeugung von natursüßem Wein gewidmet, und etwa 50 Winzer füllen ihren eigenen Wein ab.

Loupiac leidet unter demselben Problem wie Ste-Croix, einem *Circulus vitiosus* aus mangelnder Nachfrage, die zu schlechten Preisen führt, wobei diese sich wiederum in sinkendem Qualitätsstand der Weinbereitung niederschlagen. Zum Glück gibt es einige Erzeuger, die sich diesem Trend entgegenstemmen. Allerdings scheint Ste-Croix im Hinblick auf Qualitätsbewusstsein einen Vorsprung zu haben, obwohl die Großhandelspreise in Loupiac etwas höher sind.

Es besteht keine einmütige Auffassung über den wahren Stil des Loupiac. Patrick Dejean von der Domaine du Noble (s.d.) beschreibt ihn als etwas schlanker und lebendiger in der Struktur, als es der Ste-Croix ist. Andere Erzeuger vertreten dagegen die Ansicht, der Loupiac müsse ein leichter Wein sein – doch das ist oft nur ein Vorwand dafür, Frucht ohne Edelfäule zu ernten. In Loupiac wird zwar wenig schlechter, aber viel mittelmäßiger Wein produziert.

Die führenden Erzeuger, an ihrer Spitze Patrick Dejean, möchten hier Wandel schaffen und schlagen hauptsächlich das Absenken der Ertragsobergrenze auf etwa 32 hl/ha vor.

Bedeutende Erzeuger

Château du Cros ★★
33410 Cadillac
Michel Boyer produziert auf dem großen Gut mit Enthusiasmus Loupiac. Der Gärprozess findet im Tank statt, und ein Teil des Weins wird in *barriques* ausgebaut, wobei der Anteil neuer Fässer sich nach dem Jahrgang richtet. Es ist nicht verwunderlich, dass die Spitzenjahrgänge wie 1989, 1990 und 1996 mit rauchiger Fülle und reichlicher Eleganz am besten sind. Mindere Jahrgänge können dagegen etwas eindimensional wirken. Der Zweitwein heißt Fleur du Cros.

Château La Gravette ★
33410 Cadillac
Didier Lejeune produziert von 5 ha ziemlich alten Reben rund 2000 Kisten Loupiac. Die Weine kommen nicht mit Eichenholz in Berührung, wirken aber frisch, schlank und stilvoll.

Clos Jean ★
33410 Cadillac
Lionel Bord leitet den schönen Besitz mit 11 ha Weißweinreben. Ferner produziert er Loupiac aus dem kleineren Château Rondillon, das auf Lehmboden liegt (Clos Jean hat mehr Kies). Die Erträge liegen hoch, und Bord hat kein Verständnis für die Befürworter höherer Mostgewichte und größerer Fülle, was seiner Meinung nach dem leichten Loupiac-Stil widerspricht, den er bevorzugt. Seine Weine halten sich gut, entwickeln aber kaum viel Komplexität.

Château Loupiac-Gaudiet ★★
33410 Cadillac
Der liebenswürdige Marc Ducau bewirtschaftet schon seit Jahrzehnten dieses Gut zusammen mit dem Nachbar-Château Pontac, neuerdings mit Hilfe seines Neffen Daniel Sanfourche. Die beiden Güter unterscheiden sich insofern, als Pontac stärker kieshaltigen Boden hat, doch die beiden Weine werden auf gleiche Weise verarbeitet. Eichenfässer finden keine Verwendung, denn M. Ducau strebt Frische und Eleganz an. Bei der Qualität der Frucht vermute ich aber, dass die Weine mit einer Eichenholznote noch besser wären, und 1998 wurden denn auch versuchsweise Schritte in diese Richtung unternommen.

Domaine du Noble ★★★
33410 Cadillac
Patrick Dejean, der Vorsitzende des Syndicat Viticole, steht an der Spitze der Bemühungen um höhere Qualität. Er befürwortet niedrigere Erträge und selektive Lese. Seit 1988 wird ein Teil des Ertrags

im Fass vergoren, und seit 1990 entstehen zwei getrennte Abfüllungen, die eine mit, die andere ohne Eichenholzeinfluss. Die Weine sind gleichmäßig und schön ausgewogen und zeigen üppige Aprikosenfruchtigkeit.

Château de Ricaud ★★
33410 Cadillac
Der neugotische Bau und die dazugehörigen Weinberge befinden sich im Besitz des Champagnerhauses Alain Thiénot. Der hier entstehende Loupiac stammt vorwiegend von Sémillon-Trauben, wird im Tank vergoren und in *barriques* ausgebaut, wobei sich der Anteil der neuen Fässer nach dem Jahrgang richtet. In den letzten zehn Jahren hat sich die Qualität stark gebessert. Der Ricaud ist kein Muskelprotz, bei ihm liegt die Betonung auf Eleganz und einer sanften Eichenholznote.

Cadillac und die Premières Côtes

Die Premières Côtes de Bordeaux erstrecken sich 60 km entlang der Garonne gegenüber Graves und in die dahinter liegenden Berge hinein. 37 Gemeinden haben Anspruch auf die Appellation Premières Côtes, und darüber hinaus dürfen die 22 am besten für die Süßweinerzeugung geeigneten Gemeinden dieses Gebiets die Appellation Cadillac führen. Theoretisch sind etwa 1200 ha für Cadillac zugelassen, aber nur eine weit kleinere (allerdings wachsende) Fläche wird für diesen Wein genutzt.

Noch vor 100 Jahren hatte der Cadillac einen guten Ruf, aber in den 1950er und 60er Jahren wurde der Markt von Großhändlern beherrscht, die in erster Linie an hohen Süßegraden interessiert waren. Deshalb gaben die Erzeuger nach und nach die selektive Lese auf und arbeiteten mit starker Chaptalisation. Die Qualität sank und mit ihr Image und Preis. Heute besteht wachsender Druck auf Qualitätssteigerung, aber dennoch dürfte es voreilig sein, den aus dem Elsass bekannten Begriff «Grains Nobles» auf das Etikett zu drucken. Die Vorschriften sind ähnlich wie in Loupiac und Ste-Croix-du-Mont. Eine zusätzliche Bestimmung besagt, dass der Cadillac nur in der Flasche abgegeben werden darf; damit wird der Verkauf im Fass an den Großhandel unterbunden. 1998 belief sich die Produktion an Cadillac auf 800 000 Flaschen.

Premières Côtes ist eine nicht so hoch angesehene Appellation, denn ihre Bestimmungen erlauben maschinelle Ernte – die ja weit entfernt ist von selektiver Lese –, und die Ertragsobergrenze ist mit 50 hl/ha großzügig bemessen. Da ist es nicht verwunderlich, dass einem typischen Wein von den Premières Côtes der Edelfäulecharakter und manchmal jeglicher Charakter außer einer leichten, flauen Süße fehlt. Die wenigen guten Weine dieser Appellation werden stets von handgelesenen Trauben erzeugt; eigentlich entsprechen sie den Regeln für Cadillac, entstehen aber außerhalb der eher nach Zufallskriterien definierten Grenzen der Appellation Cadillac. Gegen Ende der 1990er Jahre hat von den Süßwein-Appellationen auf dem rechten Garonne-Ufer allein Cadillac stärkere Bemühungen um die Förderung seines Weins unternommen und eine Maison du Vin eröffnet, wo man ihn degustieren und kaufen kann. Während noch vor 10 Jahren die Qualität generell dürftig war, trifft man hier inzwischen eine wachsende Auswahl an gut bereiteten, immer üppigeren Weinen an.

Bedeutende Erzeuger

Château Berbec ★
(produziert im Château des Coulinats)
33410 Cadillac
Camille Brun gewinnt einen sanften, fruchtigen Premières Côtes von handgelesenen Trauben. Der Wein ist sauber und preiswert.

Château Carsin ★★
33410 Rions
Dieses durch seine exzellenten trockenen Weißweine bekannte Gut produziert auch eine kleine Menge (rund 9000 Flaschen) an in *barriques* vergorenem Cadillac. Der Stil ist frisch und lebendig, aber fest gefügt.

Château Cayla ★★★
33410 Rions
Die von 50-jährigen Reben gewonnene Spitzen-Cuvée des Weinguts wird in neuen Eichenfässern vergoren und zeigt exzellente Frucht und frische, rassige Säure.

Château Chasse-Pierre ★
33410 Cadillac
Eine zuverlässige Quelle für Premières Côtes von handgelesenen Trauben. Dieser ohne Berührung mit Eichenholz bereitete Wein ist schlicht, aber frisch und fruchtig.

Château Fayau ★
33410 Cadillac
Jahrelang das dieses Gut das bekannteste in Cadillac, sein Wein aber war kaum etwas Besonderes, obwohl alte Weine aus den 1920er und 30er Jahren sich noch immer gut halten, was den Schluss zulässt, dass der Qualitätsstand früher sehr hoch war. In letzter Zeit bemüht sich die Familie Médeville um Qualitätsverbesserung und hat eine *barrique*-gereifte Version eingeführt, die zwar große Fülle hat, aber auch etwas schwer wirkt.

Château Manos ★★★
33550 Haux
Der beste Wein des Hauses ist die Réserve, die bisher nur 1990, 1995 und 1997 von stark edelfauler Frucht sehr alter Reben gewonnen wurde. Die Erträge liegen sehr niedrig; der Most wird in neuen Eichenfässern vergoren. Der Wein ist intensiv, kraftvoll, eichenholzbetont und erzielt einen sehr hohen Preis.

Château Mémoires ★★
33490 St-Maixant
Die ambitionierte Familie Menard hat Weinberge in verschiedenen Appellationen der Gegend erworben und produzierte 1990 feinen Loupiac. Inzwischen aber konzentrieren sich die Bemühungen auf Cadillac, wo einige hundertjährige Weinstöcke zum Besitz gehören. Der Wein ist blumig, zitrusfruchtig und stets gut bereitet.

Château Poncet ★
33410 Omet
Die mit sehr alten Reben besetzten Weinberge werden von Edelfäule befallen, obwohl sie weitab vom Fluss liegen. Der Wein wird je nach der Qualität des Jahrgangs im Tank oder in *barriques* ausgebaut.

Château Renon ★★
33550 Tabanac
Jacques Boucherie produziert aus 3 ha Weinbergen rund 9000 Flaschen Cadillac ohne Holzeinfluss. In guten Jahren fällt der Wein geschmeidig und stilvoll aus.

Château Reynon ★★★
Béguey, 33410 Cadillac
Das Gut befindet sich im Besitz des bekannten Önologen Denis Dubourdieu und ist am bekanntesten durch seinen trockenen Wein, aber auch der Cadillac erweist sich als exzellent: voll, straff, eichenholzbetont, mit reichlicher Konzentration und Wucht.

Domaine du Roc ★
33410 Rions
Ein schlichter, aber gut bereiteter Wein ohne Eichenholznote, mit sahnigem Gefüge, lebendig, zitrusfruchtig – und durchaus erschwinglich.

Château La Tour Faugas ★★
33410 Gabarnac
André Massieu ist ein enthusiastischer Förderer des Cadillac und produziert selbst eine schön vollmundige Version ohne Eichenholzeinfluss.

Elsass

Die Elsässer gehen nach eher deutschen Vorbildern an die Erzeugung von natursüßen Weinen heran, wobei nicht nur bestimmte Traubensorten, sondern auch Mindestanforderungen an den potenziellen Alkoholgehalt vorausgesetzt werden. Obwohl das Elsass so weit im Osten liegt, genießt es im Rheintal ein trockenes, sonniges Klima. Die auf günstigen Hängen, meist in Grand-Cru-Lagen stehenden Reben können in guten Jahren ihre Frucht mühelos zur Reife bringen, und die spät gelesenen Trauben können insbesondere dann, wenn die Erträge stark beschränkt werden, hohe Mostgewichte erreichen.

Die Trauben und ihre Süßegrade

Es dürfen nur vier Rebsorten für die beiden Kategorien natursüßer Weine im Elsass, Vendange Tardive (VT), also Spätlese, oder Sélection de Grains Nobles (SGN), also Beerenauslese, herangezogen werden, und zwar Riesling, Gewurztraminer, Pinot gris (manchmal noch als Tokay d'Alsace bezeichnet) und Muscat. Chaptalisation ist unzulässig. Der VT-Süßegrad für Riesling wurde auf 13 % potenziellen Alkohol, der für Gewurztraminer und Pinot gris auf 14,3 % festgesetzt; es ist daher durchaus möglich, diese Weine voll durchgären zu lassen. Deshalb sollen VT-Weine hier nicht aufgenommen werden, denn zwar zeigen manche eine spürbare Restsüße, andere aber sind trocken oder doch fast trocken. In manchen Jahren, z. B. 1997, wurde Riesling vielfach in Grand-Cru-Lagen mit einem potenziellen Alkoholgehalt geerntet, der weit über VT-Niveau lag, so dass nicht nur die Verbraucher, sondern auch die Kellertechniker Schwierigkeiten mit der Einordnung hatten.

Für SGN wurden die potenziellen Alkoholgehalte bei Riesling und Muscat mit 15,2 % und für die beiden anderen Rebsorten mit 16,5 % festgesetzt. Riesling und Muscat erreichen diesen Wert kaum. In der Praxis benützen die gewissenhafteren Weingüter diese Vorschriften deshalb als Richtwerte und legen höhere Mostgewichte zugrunde, ehe sie einen Wein als SGN anbieten. Wie in Deutschland wird auch hier Wein oft abgestuft, denn viele Weingüter bieten lieber einen überdurchschnittlichen VT als einen allzu leichten SGN einer bestimmten Traubensorte an. Nichts aber kann verhindern, dass weniger Seriöse auch unzulänglichen SGN verkaufen.

Meist wird das Traubengut für SGN-Weine wie in Sauternes durch *tris successifs* gelesen, es kommt jedoch auch vor, dass gute Erzeuger einfach abwarten, bis eine ganze Parzelle von Edelfäule befallen ist, und dann alles auf einmal ernten. Gewissenhafte Erzeuger legen Wert darauf, zwischen VT und SGN dadurch zu unterscheiden, dass sie für die letztere Kategorie nur Frucht verwenden, die entweder edelfaul oder rosiniert ist.

Mengen

Weine dieser Art, vor allem SGN, waren früher Raritäten, sind es heute aber nicht mehr. In einem Jahrgang wie 1983, der gute, aber für Natursüße nicht ideale Qualität brachte, belief sich die Gesamterzeugung auf 791 hl. 1988, in einem ausnehmend guten Jahr also, stieg die Ziffer auf 3443 hl. In dem durch verbreiteten Edelfäulebefall gekennzeichneten Jahr 1989 kam die erstaunliche Menge von 12 276 hl SGN zustande. Dieser Rekord wurde inzwischen nicht mehr erreicht, doch 1994 wurden 6732 hl und 1997 fast 11 000 hl produziert. Solche Weine sind also durchaus nicht mehr dünn gesät. Es versteht sich, dass in günstigen Jahren große Mengen an nicht gerade charaktervollen, jedoch (nach den AC-Regeln) durchaus legalen SGN-Weinen zustande kommen. Andererseits sind die in der Erzeugung kostspieligen guten Weine dieser Art nur schwer abzusetzen, denn auf dem beschränkten Markt herrscht scharfe Konkurrenz. Daraus erklärt sich vielleicht auch, weshalb einige Spitzenerzeuger im Elsass, z. B. André Kientzler, seit 1989 keinen SGN mehr hervorgebracht haben.

Muscat wird meistens als Aperitif getrunken, und deshalb ist Muscat SGN ausgesprochen selten. Demgegenüber können Pinot gris und Gewurztraminer in dieser Kategorie große Opulenz, Wucht und aromatische Fülle bieten, wobei Nuancen von Tropenfrüchten, Honig, Ananas und Pfirsichen im Vordergrund stehen. Weithin ist anerkannt, dass Riesling dank seiner stahligen Säure und seiner Fähigkeit, sich über Jahre oder Jahrzehnte hinweg zu immer größerer Komplexität zu entfalten, die größten SGN-Weine hervorbringen kann.

Ferner werden im Elsass winzige Mengen an «Strohwein» (Vin de Paille) produziert, seit André Ostertag 1987 diese Tradition wieder aufleben ließ. Gelegentlich produzieren auch andere Weingüter Vin de Paille, u. a. Hugel, Zind-Humbrecht und Deiss, doch soweit ich weiß, ist er nicht im Handel.

Die besten Jahrgänge

Die besten neueren SGN-Jahrgänge waren 1976, 1983, 1988 bis 1990, 1994, 1995, 1997, 1998.

Bedeutende Erzeuger

Léon Beyer **★★★**
68420 Eguisheim
Seit 1983 hat Eric Schueller als Kellermeister sensationelle Weine produziert, u. a. den exotischen, öligen 1989er Gewurztraminer SGN sowie intensiv süße, sahnige 1998er SGN-Weine von Gewurztraminer und Pinot gris.

***Paul Blanck* ★★★**
68240 Kientzheim
Philippe Blanck befasst sich eingehend mit den verschiedenen *terroirs* innerhalb seines 25-ha-Guts. Gewurztraminer aus der Grand-Cru-Lage Furstentum bildet oft, z. B. 1994, die Quelle für köstlichen und intensiven SGN-Wein.

***Bott-Geyl* ★★**
68980 Beblenheim
Jean-Christophe Bott mag keine große Alkoholstärke in seinen Weinen, deshalb können in reifen Jahren, z. B. 1997, selbst einfachere Versionen bei ihm recht süß ausfallen. Dabei zeichnet sich seine SGN, z. B. der 1997er Pinot gris Sonnenglanz, durch frische, nachhaltige Säure aus.

***Ernest Burn* ★★**
68420 Gueberschwihr
Burns feinste Weine kommen aus dem Clos St-Imer, einer Parzelle im oberen Teil der Grand-Cru-Lage Goldert. Die Gewurztraminer SGN aus dieser Lage kann wie 1994 rauchig und kraftvoll ausfallen.

***Marcel Deiss* ★★★★**
68750 Bergheim
Jean-Michel Deiss, unbestreitbar einer der besten und besessensten Weinerzeuger im Elsass, praktiziert biologisch-dynamischen Weinbau. Er produziert sowohl eine «reguläre» SGN als auch in besonderen Jahren eine «Super»-SGN namens Quintessence. Sie entspricht einem potenziellen Alkoholgehalt von über 19 % bei Riesling und etwa 24 % bei Gewurztraminer. Es ist schon schwierig genug, überhaupt eine Riesling-SGN hervorzubringen, doch 1989 entstand sogar eine inzwischen legendäre Quintessence von dieser Traube. Der 1989er Gewurztraminer Altenberg war prachtvoll, doch der 1995er mit seiner fabelhaft rassigen Säure übertraf ihn noch weit. Aus der Lage Altenberg kommen auch einige Riesling-SGN-Weine, wobei der 1989er untypisch opulent und exotisch ausfiel.

***Hugel* ★★★★**
68340 Riquewihr
Die Familie Hugel gehörte schon gegen Ende des 19. Jahrhunderts zu den Pionieren des VT- und SGN-Stils. Aber erst der Jahrgang 1976 öffnete der Welt draußen die Augen darüber, was für herrliche Weine das sein können. Die Trauben stammen meist aus der Grand-Cru-Lage Schoenenbourg. Das Haus Hugel setzt sich selbst hohe Maßstäbe und fordert einen potenziellen Alkoholgehalt von 18 % anstatt der vorgeschriebenen 16,6 %, bevor es überhaupt nur daran denkt, einen Wein als SGN zu deklarieren. Die 1976er waren zwar zu Recht berühmt, wurden aber von den überwältigenden 1989ern noch in den Schatten gestellt.

1989 entstanden zwei Gewurztraminer-SGN-Weine, wobei die Cuvée «S» ganz aus Honigsüße, Pfirsichnoten und Samt bestand, während die Crème de Tête mehr an Litschifrucht und Ananas erinnerte. Der 1989er Pinot gris wirkte leicht exotisch mit üppigen Orangenoten, aber die Pinot gris «Super-SGN» aus diesem Jahr übertraf bei der Lese alle Mostgewichtsrekorde.

***Marc Kreydenweiss* ★★★★**
Andlau, 67140 Barr
Andlau liegt im nördlichen Elsass, und eine gewisse Kargheit der Kreydenweiss-Weine erklärt sich wohl aus dem hier strengeren Klima – vielleicht aber auch aus der Persönlichkeit von Marc Kreydenweiss. Er ist ein Fanatiker im Hinblick auf *terroirs* und Erträge und zugleich der führende biologisch-dynamische Weinerzeuger im Elsass. Gelegenheiten zur Bereitung von SGN-Weinen ergreift er gern. Selbst in einem so wenig aussichtsreichen Jahr wie 1987 brachte er eine saubere Gewurztraminer-SGN zuwege, der es vielleicht nur ein wenig an Saft und Kraft mangelte. Im nächsten Jahr folgte eine Riesling-SGN, doch sein erstaunlichster Wein dieser Art ist gewiss der sublime 1989er Pinot gris Moenchberg (26 % bei der Lese) mit Nuancen von Orangen und Gerstenzucker und mit überraschend hoher Geschmackskonzentration. Auch der 1990er Pinot gris ist ein schöner Wein mit zartem Mandarinenton und großer Eleganz, er kann aber mit der Wucht des 1989ers nicht mithalten. Kreydenweiss vergärt seine natursüßen Weine oft in älteren *barriques*, eine überzogene Eichenholznote zeigen sie nicht.

***Kuentz-Bas* ★★★**
68420 Husseren-le-Château
Das hochzuverlässige Erzeuger- und Handelshaus setzt auf Lese der VT- und SGN-Trauben in einem Aufwaschen. 1983 wurde der Gewurztraminer am 18. November geerntet. Kuentz-Bas ist noch ein relativer Neuling in diesem Stil, die ersten natursüßen Weine produzierte das Haus Anfang der 1980er Jahre. Die VT heißt Cuvée Caroline, die SGN Cuvée Jeremy, doch diese Weine entstehen nur unregelmäßig – 1985, 1986 und 1988 gab es keine –, denn bei Kuentz-Bas herrscht die Auffassung, das Lesegut müsse von alten Reben in besten Lagen stammen, sonst sei das Resultat einfach nur Süße ohne Komplexität. 1989 wurde SGN-Wein von Pinot gris (ein elegantes, ananasduftiges Gewächs) und Gewurztraminer, 1997 und 1998 zusätzlich auch von Riesling gewonnen.

***Seppi Landmann* ★★**
68570 Soultzmatt
Dieser Erzeuger probiert alles. Er hat Freude an mysteriösen Weinen wie Sylvaner VT, obwohl Sylvaner nicht zu den für natursüße Weine anerkannten Rebsorten gehört – und dieser Wein ist auch noch sehr gut. Landmanns Weinberge befinden sich größtenteils in der Grand-Cru-Lage Zinnkoepflé und sind ausnehmend warm und sonnig – Reife ist also kein Problem. Vielmehr hat er in allen Jahrgängen seit 1988 SGN-Weine produziert. Er hält seine 1994er für die feinsten; mir sind aber auch wundervolle Gewurztraminer SGN von 1988 und 1997 und köstlicher Pinot gris von 1997 und 1998 auf die Zunge gekommen.

***Albert Mann* ★★★**
68920 Wettolsheim
Maurice Barthelmé, der hier für den Wein zuständig ist, führt das Gut so ziemlich nach organischen Grundsätzen. Da er bestimmte Rebenparzellen nicht gegen Pilzbefall spritzt, kann er einigermaßen sicher mit Edelfäule schon relativ früh im Herbst rechnen. 1995 brachte Barthelmé eine intensive, rosinensüße Riesling-Beerenauslese so früh im Herbst zustande, dass ihr das Recht auf die Bezeichnung Sélection de Grains Nobles verweigert wurde; sie erschien deshalb lediglich unter dem Namen Cuvée Antoine. 1994 war für das Weingut ein großartiger Jahrgang mit einem saftigen Gewurztraminer Furstentum, den ein Pinot gris aus derselben Lage noch übertraf.

***Muré* ★★★★**
68250 Rouffach
Das Herzstück dieses Weinguts ist der Clos St-Landelin in der Grand-Cru-Lage Vorbourg. René Muré glaubt, dass die zwischen der Mitte und dem Ende der 1990er Jahre entstandenen SGN-Weine besser sind als die von 1989 und 1990, die ihm als zu wuchtig und zu wenig elegant erscheinen. Das Weingut brachte 1994, 1996 und 1997 großartige Weine hervor, von denen aber kaum einer besser war als der 1996er Pinot gris, der bei großer Üppigkeit und Wucht zugleich mit frischer Säure begabt war. Ab und zu kann Muré eine Rarität bieten: köstliche, süße Muscat VT.

***Domaines Schlumberger* ★★★**
68500 Guebwiller
Das Haus verfügt über einen ausgedehnten Besitz, zum großen Teil in Grand-Cru-Lagen im südlichen Elsass, und produziert Wein in einem behäbigen, abgerundeten Stil, der sich überraschend gut hält. Die natursüßen Weine tragen eigene Namen: Cuvée Christine ist eine Gewurztraminer-VT, Cuvée Anne eine Gewurztraminer-SGN. Pinot gris der SGN-Stufe kommt selten vor: Nach 1964 wurde er 25 Jahre lang nicht mehr produziert, erst 1989 erschien er wieder einmal als Cuvée Clarice. Bei allen natursüßen Weinen werden höhere Süßegrade zugrunde gelegt, als die Vorschrift es verlangt. Als weiterer Grundsatz gilt bei Schlumberger, dass in ein und demselben Jahrgang keine VG und SGN von derselben Rebsorte herausgebracht werden darf.

Die Qualität kann ausnehmend hoch sein. 1976 und 1989 fiel die Cuvée Anne prächtig aus, sehr süß, jedoch schön ausgewogen und mit einem hinreißenden, seidigen Gefüge begabt. Die 1989er Cuvée Clarice kam an sie nicht ganz heran; sie war zwar rauchig und komplex, aber es mangelte ihr etwas an Eleganz.

***Domaine Schoffit* ★★★★**
68000 Colmar
Das Herz dieses eindrucksvollen Guts schlägt im Clos St-Théobald in der Grand-Cru-Lage Rangen, einer der spektakulärsten im Elsass. 1998 kam aus diesem Weinberg ein glorreicher süßer Muscat, allerdings in winziger Menge. 1990 entstanden köstliche, kraftvolle

SGN-Weine von Pinot gris und Gewurztraminer, beide aus dem Rangen. 1995 und 1996 kamen SGN-Weine von Pinot gris zustande, der erstere ein großer, von Edelfäule durchdrungener, intensiv konzentrierter und nachhaltiger Wein.

Bruno Sorg ★★★
68420 Eguisheim
Bei niedrigen Erträgen, alten Reben und hervorragenden Lagen ist es kaum verwunderlich, dass Sorg exzellente Weine hervorbringt. Oft werden sogar Beerenauslesen zu Spätlesen heruntergestuft, damit nur die allervollsten, konzentriertesten Weine als SGN erscheinen. Von vielen superben Beispielen sind der 1988er Pinot gris und der 1994er Gewurztraminer besonders erwähnenswert.

Trimbach ★★★
68150 Ribeauvillé
Das berühmte, vor allem für seine klassischen trockenen Weine bekannte Handelshaus bringt auch herrliche natursüße Weine hervor, und zwar stets aus eigenem Weinbergbesitz. Besonders denkwürdig war die 1989er Gewurztraminer-SGN mit ihrem Tropenfruchtaroma. Eine 1986er SGN von Pinot gris wurde von dem pfirsichsaftigen und zugleich rassigen 1989er derselben Sorte überstrahlt. Der 1990er fiel weit karger aus und zeigte schwächeren Edelfäuleeinfluss, war aber sehr elegant. In besonderen Jahren wird auch eine Art Super-Beerenauslese namens Hors Choix produziert.

Domaine Weinbach ★★★★
68240 Kaysersberg
Colette Faller und ihre beiden Töchter, von denen die eine, Laurence, als Kellermeisterin fungiert, führen das eindrucksvolle Gut gemeinsam. Riesling herrscht hier vor, es sind aber auch schon wundervolle SGN-Weine von Gewurztraminer und Pinot gris entstanden. Edelfäule kann den Sortencharakter oft übertäuben – das gibt es hier aber nicht: Die Gewurztraminer von 1983 und 1988 zeigten bemerkenswerte sortentypische Art. Die SGN von Pinot gris fiel zwar 1989 besser aus als 1990, aber beide Weine sind exzellent. Der 1989er mit seiner ausgeprägten Note von kandierten Orangen wirkt rassiger. 1983 und 1989 kreierte Colette Faller eine Art Super-SGN namens Quintessence, die in neuen Eichenfässern ausgebaut wurde.

Zind-Humbrecht ★★★★
68230 Turckheim
Léonard Humbrecht und nun auch sein Sohn Olivier haben dafür gesorgt, dass ihre Domaine wohlverdienten Ruhm erlangte. Allerdings steckt kein Geheimnis hinter ihrem Erfolg: niedrige Erträge, späte Lese, sorgfältige Vinifikation und Ausbau auf dem feinen Geläger. Der Nachteil, der übrigens nicht von allen als nachteilig empfunden wird, ist der, dass selbst in schwächeren Jahrgängen wie 1991 fast der gesamte Pinot-gris-Ertrag offiziell auf Spätlese-Niveau liegen kann (hinzu kamen zwei SGN-Weine). In großen Jahren fällt das Lesegut so reif aus, dass selbst Weine der bescheide-

neren Qualitätsstufen reichliche Restsüße aufweisen. Die Spitzenstufe bietet süße, volle, konzentrierte Weine, die jedoch stets genug Säure und Extrakt besitzen, um nicht klebrig zuckersüß zu wirken.

Da bei Zind-Humbrecht im Lauf der Jahre so viele hervorragende VT- und SGN-Weine entstanden sind, ist es unmöglich, einzelne besonders hervorzuheben. Als beste Weinberglagen sind Clos Jebsal und Clos St-Urbain im Grand Cru Rangen sowie Clos Windsbuhl zu nennen.

Im Elsass bringen sehr viele Erzeuger SGN-Weine hervor, wenn die Voraussetzungen dafür gegeben sind, deshalb war es nicht möglich, mehr als nur eine Handvoll näher zu besprechen. Weitere empfehlenswerte Namen sind u. a. Albert Boxler (Niedermorschwihr), Théo Cattin (Voegtlinshoffen), Lorentz (Bergheim), Meyer-Fonné (Katzenthal), Rieflé (Pfaffenheim), Rolly Gassmann (Rohrschwihr), Pierre Sparr (Sigolsheim), Stentz Buecher (Wettolsheim) und Willm (Barr).

Das Loire-Tal

Mit wenigen Ausnahmen wird natursüßer Wein an der Loire allein von der Traubensorte Chenin blanc gewonnen. Weine dieser Art entstehen hier vor allem an zwei Stellen: zum einen um Vouvray und Montlouis in der Touraine und zum anderen in den Coteaux du Layon in Anjou. An die Coteaux du Layon schließen sich noch weitere Appellationen mit etwas anderen Traditionen und Bestimmungen an.

Anjou

Kurz gesagt sind die Coteaux du Layon ein Gebiet mit 1700 ha Rebfläche, in die sich 27 Gemeinden teilen. Der Boden ist steinig, in der oberen Schicht herrschen Schiefer, Kreide und Ton vor. Der höchstzulässige Ertrag ist auf 35 hl/ha festgesetzt. Sechs Gemeinden, nämlich Beaulieu, Faye, Rablay, Rochefort, St-Aubin und St-Lambert, dürfen ihren Ortsnamen an die AC-Bezeichnung Coteaux du Layon anfügen, müssen dafür aber einen Höchstertrag von nur 30 hl/ha einhalten. Für einen weiteren in gleicher Weise privilegierten Ort, Chaume, gilt sogar eine Obergrenze von nur 25 hl/ha.

Östlich der Coteaux du Layon liegen die Coteaux de l'Aubance mit Wein ähnlichen Stils, der jedoch meist nicht so große Fülle aufweist. Hier sind rund 100 ha der Produktion von natursüßem Wein bei einem Höchstertrag von 30 hl/ha gewidmet – die übrige Rebfläche liefert trockenen Wein, der unter dem Namen Anjou läuft.

Daneben gibt es noch zwei ganz besonders hochgepriesene Appellationen: Bonnezeaux und Quarts de Chaume. Bonnezeaux, AC seit 1951, umfasst 110 ha in Süd- und Südwestlagen mit unterschiedlichen Böden, vorwiegend jedoch Schiefer, in der Nähe von Thouarcé. Die Erträge sind auf 25 hl/ha festgesetzt. Die AC Quarts de Chaume besteht aus nur 45 ha; der Ertrag darf 23 hl/ha nicht überschreiten, daher ist die Produktionsmenge sehr beschränkt. Die Reben bedecken vier Hügel am Flüsschen Layon; die Bodenauflage ist sehr dünn, und an manchen Stellen tritt das Schiefergestein zutage. Die Nähe zum Fluss und die geschützte Lage verleihen Quarts de Chaume ein ganz besonderes Kleinklima, und die Edelfäule tritt hier stärker auf als anderswo in den Coteaux du Layon. Der Bonnezeaux ist in Bestform voll und üppig, der Quarts de Chaume dagegen zeichnet sich durch Eleganz, Rasse und mineralische Qualitäten aus. Die natursüßen Weine entstehen von hochreifen *(passerillé)* Trauben oder von Frucht, die unter der Mitwirkung der aus dem Layon aufsteigenden Nebel von Edelfäule befallen wurde. So war der große Jahrgang 1989 von *passerillage*, der 1990er dagegen von Edelfäule geprägt.

Bis noch vor kurzem wurde der Wein in Tanks vergoren, inzwischen aber finden bei vielen Erzeugern Vinifikation und Ausbau in *barriques* statt. Diejenigen Winzer, die jetzt mit Fässern arbeiten, betonen gern, dass sie Holz als das beste Medium bevorzugen, das es dem Wein ermöglicht, sanft mit Luft in Berührung zu treten und größte Harmonie und schönstes Gleichgewicht zu erlangen. Allerdings können sehr feine Weine nach beiden Methoden entstehen.

Bis um die Mitte der 1980er Jahre lag der Markt für natursüßen Anjou mit einigen bemerkenswerten Ausnahmen darnieder, und es fand nur selten selektive Lese statt. Maschinelle Ernte und Chaptalisation waren zur Routine geworden und die Resultate entsprechend dürftig: schwach süße Weine mit einer deftigen Dosis Alkohol und Kopfweh verursachendem Schwefel. Zum Glück ist Derartiges inzwischen rar geworden, und seit 1989 hat es alles in allem eine gewaltige Qualitätsverbesserung gegeben. In besseren Weingütern ist die Lese in *tris successifs* wieder allgemeine Praxis.

Eine Folge guter Jahre hat manche Erzeuger dazu veranlasst, ultrakonzentrierte Cuvées zu produzieren, die oft als Grains Nobles oder Sélection de Grains Nobles (SGN) bezeichnet werden. Die für Edelfäule empfänglichsten Rebenparzellen liefern optimal ausgereifte Frucht mit Mostgewichten, wie sie bei deutschen Trockenbeerenauslesen üblich sind. Das Resultat ist meist ein Wein mit bescheidener Alkoholstärke (etwa 10 %) und sehr hoher Restsüße (zwischen 200 und 300 g/l gegenüber den 80 g/l eines normalen Coteaux du Layon). Traditionalisten lehnen solche Weine als untypisch ab, während die Befürworter die Erzeugung natursüßer Weine auf den Gipfel treiben möchten. Allerdings sind solche nicht leicht zu produzieren, denn sie brauchen hohen Säuregehalt, um frisch und lebendig zu bleiben und einen Ausgleich für die sehr große Süße zu schaffen. Zum Glück ist der Chenin blanc mit kräftiger Säure begabt, daher gibt es hier kaum je Probleme.

Allerdings haben sich rechtliche Schwierigkeiten ergeben. Um der Tendenz vieler Winzer entgegenzuwirken, unzulänglich ausgereifte Trauben zu ernten, wurde 1998 der Mindestalkoholgehalt für Coteaux du Layon von 11,5 auf 12 % erhöht. Das ist eine gute Maßnahme zur Gewährleistung höherer Qualität. Da aber für SGN-Weine bestimmte Trauben bei Mostgewichten von 25 bis 30° Baumé gelesen werden, erlangen sie nur selten den geforderten Alkoholgehalt, denn das Übermaß an Süße hindert die Hefen daran, bei der Gärung mehr als 10 % hervorzubringen. Aus diesem Grund fehlt es vielen SGN-Weinen am formal geforderten Alkoholgehalt. Philippe Delesvaux aus St-Aubin, ein Spezialist in diesem Stil, muss seine Weine schlicht als Coteaux du Layon auszeichnen, denn sie erreichen kaum je den für einen Coteaux du Layon-Villages geforderten Alkoholgehalt. Diese eigentlich technische Angelegenheit sollte aber den Verbraucher nicht davon abhalten, solche außergewöhnlichen Weine einmal zu probieren. (Die vom INAO für SGN-Weine festgesetzten Regeln verlangen übrigens einen potenziellen Mindestalkoholgehalt von 17,5 %, und sowohl die Lese als auch die Vinifikation unterliegen der Inspektion durch INAO-Beamte.)

Bedeutende Erzeuger

Domaine Mark Angeli (Domaine de la Sansonnière) ★★★

49380 Touarcé

Mark Angeli, der einzige biologisch-dynamische Erzeuger in Bonnezeaux, bringt kleine Mengen an sehr feinem und sehr teurem

Wein hervor. Der Schwerpunkt liegt auf dem Grains-Nobles-Stil mit bescheidenem Alkoholgehalt und sehr hoher Restsüße.

Domaine de Bablut ★★★
49320 Brissac
Das große Gut in den Coteaux de l'Aubance wird geführt von Christophe Daviau, der seine Ausbildung in Bordeaux und Australien absolvierte. Seine besten Cuvées, Grandpierre und Vin Noble, werden in *barriques* vergoren und ausgebaut. Vin Noble ist ein sehr voller Wein; die für ihn bestimmte Frucht weist einen potenziellen Alkoholgehalt von mindestens 20 % auf. Die einfacheren Abfüllungen entsprechen eher dem Üblichen.

Domaine des Baumard ★★★
49190 Rochefort
Jean Baumard hat die Leitung des berühmten Guts an seinen Sohn Florent übergeben, der die hohen Maßstäbe seines Vaters weiter pflegt. Der normale Coteaux du Layon namens Le Paon ist nicht besonders konzentriert, doch der Bannerträger Clos Ste-Catherine erweist sich als sehr stilvoll. Der Quarts de Chaume ist kein Muskelprotz, vielmehr liegt bei ihm die Betonung auf Finesse und Gleichgewicht.

Château de Bellerive ★★★
49190 Rochefort
1993 verkaufte Jacques Lalanne, der größte Erzeuger von Quarts de Chaume, sein Gut Bellerive an die Gebrüder Malinge aus der Normandie, behielt aber seine Tätigkeit als Kellermeister bei. Die nur in außergewöhnlichen Jahren produzierte vollmundigste Cuvée heißt Quintessence. Im Allgemeinen aber ist der Stil mehr auf Gleichgewicht als auf Superkonzentration gerichtet.

Château de Breuil ★★
49750 Beaulieu
Marc Morgat produziert auf seinem Gut drei verschiedene Versionen von Coteaux du Layon Beaulieu: Die Cuvée Vieilles Vignes stammt von Reben mit einem Mindestalter von 85 Jahren; noch ältere Weinstöcke liefern die Frucht für die Vendange Tardive de Vignes Centenaires; die Cuvée Orantium erhält mindestens 18 Monate Ausbau in Eichenfässern und ist etwas vollmundiger als Vieilles Vignes. Alles in allem sind die Weine sauber und zuverlässig, es mangelt ihnen lediglich etwas an Eleganz und Frische.

Domaine Philippe Cady ★★★
49190 St-Aubin
Zwar produziert Cady auch etwas Chaume, am bekanntesten aber ist er durch seine St-Aubins geworden. Les Varennes stammt aus einer einzigen Parzelle, eindrucksvoller sind aber oft die Cuvée Eléonore und die Cuvée Volupté im SGN-Stil mit hoher Restsüße. Der 1997er ist ausnehmend gut geraten.

***Domaine Philippe Delesvaux* ★★★★**

49190 St-Aubin

Delesvaux kam in den 1980er Jahren aus Paris nach St-Aubin; er nimmt für sich in Anspruch, hier der Pionier des fassvergorenen Grains-Nobles-Stils gewesen zu sein. Seine Erträge hält er niedrig, um sicherzustellen, dass die Trauben voll ausgereift sind, wenn der Edelfäulebefall einsetzt. Der reguläre St-Aubin entsteht meist von *passerillé*-Frucht, ebenso der von alten Reben gewonnene Clos de la Guiberderie. Am höchsten gepriesen aber werden seine SGN-Weine.

Im Keller arbeitet Delesvaux möglichst ohne einzugreifen; er hält nichts von Chaptalisation und Kulturhefen. Seine Weine sind zwar stets sehr süß, immer aber durch pikante Säure im Gleichgewicht gehalten. Außerdem bietet er zwei superkonzentrierte Weine an, die noch extremer sind als seine SGN-Versionen. Die Cuvée Carbonifera von einem besonderen *terroir* hatte bei der Lese 27 % potenziellen Alkoholgehalt, und die von Parker mit großem Beifall bedachte Anthologie wies 1997 sogar 31,5 % auf.

Viele Kritiker und Weinpublizisten lehnen die Delesvaux-Weine als untypisch ab. Er aber setzt dem entgegen, er bringe nur das volle Potenzial eines lang vernachlässigten *terroir* zum Vorschein. Hätten diese Weine nicht solche sensationelle Säure und Konzentration, sie wären nur klebrig-süß, so aber sind sie prachtvoll.

***Château de Fesles* ★★★**

49380 Thouarcé

Die einst durch ihre süßen Weine berühmteste Domaine in Anjou hat unruhige Zeiten durchgemacht. Jahrelang wohnte hier die Familie Boivin, 1990 aber wurde das Gut von dem *pâtissier* Gaston Lenôtre erworben. Er investierte viel Geld, kannte sich aber mit süßem Gebäck besser aus als mit süßem Wein und hatte noch dazu Pech mit einer Reihe schlechter Jahrgänge. 1996 verkaufte er das Gut zusammen mit seinen anderen Domänen La Roulerie und La Guimonière (s.d.) an Bernard Germain aus Bordeaux, der schnell die Wende schaffte; der Jahrgang 1997 fiel bereits sehr üppig aus. Mit 14 ha Reben in Bonnezeaux ist Fesles inzwischen wieder das führende Weingut der Appellation. Gärprozess und Ausbau erfolgen im Fass, und man darf mit großer Sicherheit voraussagen, dass die Weine bald wieder den guten Ruf haben werden, den sie unter Jacques Boivin besaßen. Der 1997er ist exzellent.

***Domaine des Forges* ★★★★**

49190 St-Aubin

Das ziemlich große Gut verfügt über 20 ha in den Coteaux du Layon, davon 4,5 ha in Chaume, und 1 ha in Quarts de Chaume (1997 hinzu erworben). Am konzentriertesten sind die köstlichen, in *barriques* gereiften SGN-Weine aus beiden Appellationen, daneben stehen aber auch schöne, fruchtige, lebhafte Abfüllungen wie der Chaume Les Onnis.

***Château de la Genaiserie* ★★★**
49190 St-Aubin
Yves Soulez produziert drei Weine: zwei aus St-Aubin (La Roche und Les Simonnelles) und einen aus Chaume (Tetuères). Der La Roche ist meist der festere und vollere der St-Aubins, während Les Simonnelles größere Finesse aufweist.

***Château de la Guimonière* ★★**
49190 Chaume
Das alte Gut wurde 1996 von Bernard Germain erworben, der hier den Ausbau in 400-l-Fässern einführte. Der Wein ist gut, wenn es ihm auch etwas an Pfiff mangelt, aber der neue Besitzer ist ja noch nicht lange am Ruder.

***Domaine de Montgilet* ★★★**
49610 Juigné-sur-Loire
In Spitzenjahren produziert das im Besitz von Vincent und Victor Lebreton befindliche Gut in den Coteaux de l'Aubance drei natursüße Weine, von denen Le Tertereaux und Les Trois Schistes die besten sind. Le Tertereaux ist ausnehmend voll, honigwürzig und pfirsichsaftig. Die Weine werden zum Teil in *barriques* vergoren und ausgebaut.

***Domaine Ogereau* ★★★**
49750 St-Lambert
Vincent Ogereau produziert drei Weine aus St-Lambert. Die Cuvée Prestige wird zum Teil in neuen Eichenfässern vergoren und ausgebaut und zeigt mehr Edelfäule-Charakter und Konzentration als die reguläre Abfüllung. Die Spitze bildet der Clos des Bonnes Blanches mit seidigem Gefüge, köstlicher Frucht und sauberem Abgang.

***Domaine du Petit Val* ★★**
49380 Chavagnes
Der zurückhaltende Denis Goizil besitzt 2,5 ha in Bonnezeaux; hier wächst sein gefeiertster Wein, der ganz im Tank entsteht. In besonders guten Jahren produziert Goizil einen Einzellagenwein aus La Montagne und einen vollen, vom Duft und Geschmack von Trockenfrüchten bestimmten «Grains Nobles». Allerdings sind manche dieser Cuvées durch zu viel Alkohol und einen Mangel an Eleganz beeinträchtigt.

***Domaine des Petits Quarts* ★★★★**
49380 Faye
Mit 12 ha in Bonnezeaux ist Jean-Pascal Godineau neben Château de Fesles (s.d.) der führende Erzeuger in der Appellation. In den 1970er Jahren waren diese beiden Güter die einzigen in Bonnezeaux, die noch die selektive Lese pflegten.

Heute bringt Petits Quarts drei Einzellagenweine hervor – aus Malabé, Melleresses, Beauregard –, und in besonders feinen Jahren entsteht eine «Premier-Tri-Version» dieser drei. Auch einen eichenholzbetonten Bonnezeaux gibt es hier, für den aber selbst Godineau sich nicht begeistert. Liebhaber extremer Weine wird der 1997er Quintessence mit seiner wundervoll durch exquisite Säure ausgewogenen Restsüße von 300 g/l jedoch sehr erfreuen.

***Château Pierre Bise* ★★★★**
49750 Beaulieu
Claude Papin produziert eine reiche Palette an Weinen aus den Coteaux du Layon, u. a. Beaulieu, Rochefort, Chaume und Quarts de Chaume. Sie entstehen ohne Eichenholzeinfluss, jedoch oft im SGN-Stil mit großer Fruchtintensität und rassiger Säure. Die 1997er sind einfach brillant.

***Domaine Jo Pithon* ★★★**
49750 St-Lambert
Da bei Jo Pithon nur die reifsten und konzentriertesten Trauben gelesen werden, sind seine Weine intensiv, funkelnd und mit hoher Restsüße versehen. Unter seinen Abfüllungen finden sich Einzellagenweine aus St-Aubin, St-Lambert und Beaulieu.

***Domaine René Renou* ★★**
49380 Thouarcé
René Renou produziert von seinen 10 ha ausschließlich Bonnezeaux. Die reguläre Abfüllung heißt Tri de Vendanges, daneben stehen Einzellagenweine aus Beauregard, Melleresses und La Montagne. Die Cuvée Anne entsteht aus Lesegut mit 18–20 % potenziellem Alkoholgehalt, die sehr teure Cuvée Zénith von Frucht mit über 20 %. Der Gärprozess verläuft im Tank, und der Ausbau erfolgt in älteren Fässern; erst ab 1999 will Renou einen Teil des Ertrags in *barriques* vergären. Sein Stil zielt eher auf Eleganz als Fülle ab, doch trotz aller Spezialisierung auf Bonnezeaux mangelt es seinen Weinen – außer dem Zénith – an Kraft und Konzentration.

***Domaine Richou* ★★**
49190 Mozé-sur-Louet
Die Gebrüder Richou produzieren drei Cuvées aus den Coteaux de l'Aubance. Die einfachste Version namens Sélection wird meist im Tank, Les 3 Demoiselles in alten Fässern und der aus einer einzelnen Parzelle mit altem Rebenbestand gewonnene Pavillon ebenfalls im Fass vergoren und ausgebaut. Nur 1995 entstanden alle drei Versionen zugleich. Angestrebt wird schön ausgewogener, saftiger Wein ohne überzogene Restsüße.

***Domaine de Sauveroy* ★★**
49750 St-Lambert
Die besten Weine Pascal Cailleaus sind die *barrique*-gereifte Cuvée Nectar und die noch vollere Cuvée des Anges, die 1997 von Lesegut mit fast 26 % potenziellem Alkoholgehalt entstand.

***Château Soucherie* ★★★**
49750 Beaulieu
Die Familie Tijou führt ein 35 ha großes Gut und produziert einen frischen, recht schlichten Coteaux du Layon, einen eleganten, sah-

nigen Chaume, die Cuvée S aus Beaulieu (zur Hälfte Ausbau in älteren *barriques*) und die vielgepriesene Cuvée de la Tour aus Beaulieu, die meist in neuen Eichenfässern vinifiziert wird – ein köstlicher Wein mit nicht übertrieben betonter Holznote.

***Château de Suronde* ★★★★**
49190 Rochefort
François Poirel ist ein Neuling; das Gut kaufte er 1995 von Pascal Laffourcade, erwarb sich aber schnell den Ruf des besten Erzeugers von Quarts de Chaume. Als Qualitätsfanatiker hat Poirel die Erträge auf 12 bis 16 hl/ha herabgedrückt, und den Gärprozess lässt er ohne jegliche Chaptalisation oder Hefezugabe in *barriques* ablaufen. Der reguläre Quarts de Chaume entsteht von Lesegut mit 20–21 % potenziellem Alkoholgehalt, nur in besonderen Jahren wie 1996 und 1997 produziert Poirel auch die Beerenauslese Tri Victor et Joseph. Dieser Wein im SGN-Stil wies 1997 die erstaunliche Restsüße von 330 g/l auf. Aber schon die reguläre Abfüllung ist sensationell.

Weitere empfehlenswerte Weingüter in den Coteaux du Layon: Domaine de la Poterie (Quarts de Chaume), Domaine des Sablonettes (Rablay), Château La Varière und Domaine Rochais (Rochefort).

Touraine

Während in den Coteaux du Layon und ihren Randgebieten vor allem süße Weine angestrebt werden, bringen die Winzer von Vouvray und Montlouis vorwiegend trockenen oder halbtrockenen Wein hervor. Auf Süßwein *(moelleux)* entfallen im Durchschnitt höchstens 4 % der Produktion. Wie in Deutschland wird auch hier die Erzeugung natursüßer Weine als Bonus in besonders guten Jahren gesehen. Die Folge schöner Jahre von 1989 bis 1990 und von 1995 bis 1997 bildete eher die Ausnahme als die Regel. Foreau (s.d.) beispielsweise produzierte zwischen 1976 und 1983 keinen Süßwein.

Vouvray umfasst eine auf acht Gemeinden verteilte Rebfläche von 2000 ha. Die Ertragshöchstgrenze beträgt 55 hl/ha, in der Praxis aber liegt sie bei Süßwein beträchtlich niedriger. In Montlouis sind die Erträge etwas knapper angesetzt (45 hl/ha), und die Appellation ist auch kleiner – 350 ha, verteilt auf drei Gemeinden.

Meistens sind es die früheren Lesedurchgänge, die das für *moelleux* geeignetere Traubengut liefern. Auf den Etiketten wird das manchmal durch «Premier Tri» angegeben. Die Trauben, die sich aus den frühesten Blüten entwickeln, dürften wohl auch beim Eintreten von Edelfäule oder *passerillage* am reifsten sein.

Die Böden sind sehr unterschiedlich, in manchen Teilen von Vouvray herrscht Kreide im Untergrund vor, und in einiger Entfernung vom Fluss findet sich ausgeprägter Feuersteingehalt. Die bedeutsamen Unterschiede im *terroir* treten allerdings bei den trockenen und halbtrockenen Weinen deutlicher hervor als beim Süßwein. Eine Ausnahme hiervon besteht lediglich darin, dass die Weine aus der Gemeinde Rochecorbon eher zur Säurearmut neigen.

Seit Jahren schon stellen die Winzer der Touraine beim INAO Antrag auf Einrichtung einer Kategorie Sélection de Grains Nobles, wie es sie in Anjou gibt. Sollte sie einmal zustande kommen, dann dürften die Regelungen einen potenziellen Mindestalkoholgehalt von 17 %, keinerlei Anreicherung mit Zucker (Chaptalisation) oder Säure sowie eine amtliche Geschmacksprüfung vorschreiben.

Es hat zwar in Vouvray schon legendäre Jahrgänge gegeben, z. B. 1947 und 1976, es war aber der 1989er, der die Wiederbelebung des *moelleux*-Stils in Gang brachte. In jenem Jahr gab es reichlich *passerillage*, aber viele Winzer halten den stark von Edelfäule geprägten 1990er für einen noch größeren Jahrgang. Als weiterer Faktor dürfte auch Erfahrung mitspielen. Während berühmte Weingüter wie Huet und Foreau (s.d.) stets *moelleux*-Weine produzierten, wenn die Witterungsbedingungen es zuließen, hatten andere diesen Stil fast ganz aufgegeben. Der Jahrgang 1989 bot ihnen nun Gelegenheit, volle, süße Weine zu gewinnen, und der Jahrgang 1990 ermöglichte sogar die Entstehung wahrhaft großer Weine.

Die Winzer von Montlouis behaupten, dass ihre Weine zwar nicht so wuchtig sind wie die aus Vouvray, dafür aber eine Subtilität und Finesse aufweisen, die sich erst nach mehreren Jahren Flaschenreife entfaltet. Bei Vergleichsverkostungen von Montlouis und Vouvray habe ich allerdings gefunden, dass die Weine nicht zu unterscheiden waren.

Süßweine aus Vouvray und Montlouis sind meist durch eine schärfere, frischere Säure gekennzeichnet als ihre Pendants aus Anjou. Nur selten sind sie so üppig und sahnig wie die Spitzenweine aus den Coteaux du Layon, dafür oft aber rassiger und eleganter, und ihr Säurerückgrat verleiht ihnen jahrzehntelange Haltbarkeit. Das Geschmacksprofil ist komplex. Die relativ kräftige Säure lässt Nuancen von Äpfeln, Zitronen und Quitten, bei manchen Erzeugern in bestimmten Jahrgängen auch von Mango, Bananen, Aprikosen, Pfirsichen und Ananas zum Vorschein kommen.

Bedeutende Erzeuger

***Domaine des Aubuisières* ★★★**
37210 Vouvray
Bernard Fouquet brachte 1989 und 1990 große Weine hervor und sein Weingut damit in die vorderste Linie. Seine Cuvées vom Ende der 1990er Jahre sind nicht weniger eindrucksvoll. Der Stil ist fruchtig und offen, aber es gibt keinen Grund für die Annahme, die Weine würden sich nicht superb entfalten.

***Clos Baudoin* ★★**
37210 Vouvray
Das 22-ha-Gut wurde kurz vor dem 1. Weltkrieg vom Großvater des heutigen Besitzers, Fürst Philippe Poniatowski, erworben. Der Rebenbestand ist größtenteils alt, die Erträge sind bescheiden, und der Gärprozess findet in 600-l-Fässern ohne Zugabe von Kulturhefen statt. Die Weine sind oft recht karg; Clos Baudoin scheint in Qualität und Dynamik gegenüber einigen jüngeren Erzeugern ins Hintertreffen geraten zu sein.

Domaine Bourillon d'Orléans ★★
37210 Rochecorbon
Der eigenwillige Frédéric Bourillon führt sein 19-ha-Gut nach nahezu organisch zu nennenden Prinzipien. Seinen *moelleux*-Weinen kann es an Konzentration mangeln, sie sind aber frisch und lebendig.

Domaine Brisebarre ★★
37210 Vouvray
Der dynamische Philippe Brisebarre bietet *moelleux* in zwei Versionen: die quittenduftige Grande Réserve und die vollere, süßere Réserve Personnelle.

Domaine Le Capitaine ★★
37210 Rochecorbon
Die Gebrüder Alain und Christophe Le Capitaine gehören zu den aufgehenden Sternen von Vouvray. Die normale Version ist frisch und apfelsaftig, aber nicht besonders konzentriert. Weit besser ist die rassigere und elegantere Réserve, die oft mineralische Untertöne aufweist. In besonders guten Jahren wie 1997 entsteht auch ein Wein im SGN-Stil namens Cuvée Marie Geoffrey – intensiv, süß und honigwürzig ohne die geringste Schwerfälligkeit.

Domaine Champalou ★★★
37210 Vouvray
Didier Champalou ist ein Zugereister in Vouvray, aber seine Außenseiterrolle wird ihm dadurch gemildert, dass er sich mit Catherine eine Frau aus dem Ort genommen hat. In 15 Jahren haben sie einen eindrucksvollen Besitz aufgebaut. Ihr *moelleux* in Grundversion heißt Cuvée Moelleuse. Fülliger ist der Tri de Vendange, der mit einer Restsüße von 160–180 g/l dem SGN-Stil nahe kommt. Der 1990er war brillant, und der 1997er kann sich in Intensität und Üppigkeit mit ihm messen.

Domaine François Chidaine ★★★
Husseau, 37270 Montlouis
François Chidaine arbeitet mit großen, zwei Jahre alten Fässern für den Ausbau seiner süßen Weine, von denen der feinste Les Lys heißt; er wird Traube für Traube aus einer Parzelle mit alten Weinstöcken zusammengetragen und zeigt schlanke, markante Art mit köstlicher, pfirsichduftiger Frucht. Aber auch die einfache *moelleux*-Version ist schon sehr gut.

Cave Coopérative: Producteurs de la Vallée Coquette ★★
37210 Vouvray
Die Genossenschaftskellerei verarbeitet jährlich bis zu 15 % der Gesamterzeugung von Vouvray, doch die Qualität ihrer süßen Weine ist überraschend hoch. Zu der einfachen *moelleux*-Version tritt die Réserve des Producteurs mit straffem Gefüge und Nuancen von Pfirsichen und Quitten.

***Domaine de la Fontainerie* ★**
37210 Vouvray
Catherine Dhoye-Deruet übernahm 1990 das 5-ha-Gut der Familie und ist eine von wenigen, die mit neuen Eichenfässern arbeiten. Ihre Weine werden – wie sie sagt – von den einen bewundert, von anderen dagegen abgelehnt. Ich selbst gehöre zur letzteren Kategorie: Mir ist der weiche, sanft säuerliche Les Brûlées viel lieber als der ungeheuer eichenholzbetonte Coteaux La Fontainerie.

***Domaine Foreau (Clos Naudin)* ★★★★**
37210 Vouvray
Es gibt niemanden, der passionierter oder kenntnisreicher zum Vouvray steht als Philippe Foreau, der hier seit 1983 Wein produziert. Seine 12 ha Weinberge kultiviert er ohne Herbizide, auch gibt es bei ihm keine Chaptalisation und keine Zugabe von Kulturhefen – seine Vinifikationsmethode ist so naturnah wie möglich. Der *moelleux* wird in älteren 300-l-Eichenfässern vergoren.

In den meisten Jahren produziert Foreau einen *moelleux* und einen *moelleux réserve*, letzteren nur von edelfaulen Trauben. In den besten Jahren, z. B. 1990, kommen noch weitere Cuvées hinzu, die aus einzelnen *tris* stammen. Sie sind nicht nur durch feine Konzentration der Frucht, sondern auch durch pikante, den Gaumen befreiende Säure und ungewöhnliche Nachhaltigkeit geprägt und zählen zu den komplexesten und auch intellektuell fesselndsten Weinen von der Loire.

***Château Gaudrelle* ★★★★**
37210 Vouvray
Alexandre Monmousseau kultiviert 14 ha Reben, darunter viele sehr alte. Seine Réserve Spéciale hat eher Charme als Wucht und Konzentration, aber die beste Frucht geht in die Réserve Personnelle ein, die sich rassig, zitrusfruchtig und wundervoll fest gefügt präsentiert, so dass ihr ein sehr langes Leben sicher ist. Nur der Jahrgang 1996 fiel enttäuschend aus.

***Domaine Huet* ★★★★**
37210 Vouvray
Es war ein denkwürdiges, ja bewegendes Erlebnis, die Vouvrays von 1937 und 1947 zusammen mit ihrem Schöpfer Gaston Huet zu degustieren. Er ist schon hoch in den achtzig und hat inzwischen die Zügel seinem Schwiegersohn Noël Pinguet übergeben, der das Gut auf biologisch-dynamische Anbaumethoden umgestellt hat. Ansonsten sind die Weine unverändert. Sie stammen aus drei Lagen – Le Mont, Haut-Lieu und Clos de Bourg – und machen den Gärprozess in großen Fässern möglichst ohne Eingreifen von außen durch.

Diese Weine gehören stets zu den elegantesten aller Vouvrays. In der Jugend scheint es ihnen zunächst an Kraft zu mangeln, doch mit zunehmendem Alter erlangen sie echte Majestät. Neben dem regulären *moelleux* entsteht gelegentlich eine «Premier-Tri»-Abfüllung und in Spitzenjahren (1989, 1995, 1997) zudem noch die hochgepriesene Cuvée Constance, eine Mischung der besten Weine aus den verschiedenen Lagen.

Domaine Laisement ⋆
37210 Vouvray
Der liebenswürdige, entgegenkommende Jean-Pierre Laisement pflegt seine alten, mit 600-l-Kastanien- und -Eichenfässern angefüllten Stollen, in denen er seine Weine ausbaut. Diese erscheinen in der Jugend zwar leicht und etwas ausdruckslos, können sich aber mit der Zeit schön entfalten.

Domaine Levasseur ⋆⋆
37270 Montlouis
Claude Levasseur produziert zwei feine *moelleux*. Der eindrucksvollere ist der Tri de Vieilles Vignes, der 1997 vollmundige Art und köstliche, apfelfrische Frucht zeigte.

Château Moncontour ⋆⋆
37210 Vouvray
Das große Gut bei Rochecorbon war jahrelang nicht in Form, seit es aber 1994 von M. Feray übernommen wurde, hat sich die Qualität gebessert. Der in älteren *barriques* gereifte *moelleux* ist seit 1995 stets gut, wenn auch nicht exzeptionell. 1997 entstand eine intensive und köstlich fruchtige Cuvée namens Nectar de Moncontour.

Domaine Moyer ⋆
37270 Montlouis
Jahrelang kam nichts Eindrucksvolles aus diesem Gut, aber gegen Ende der 1990er Jahre wurden eindeutige Zeichen einer Besserung erkennbar, und der 1997er *moelleux* ist ein lebendiger, pikanter und markanter Wein mit großem Charakter.

Domaine François Pinon ⋆⋆⋆
37210 Vernou
Der bescheidene M. Pinon wohnt in einem schönen Tal namens Vallée de Cousse und produziert eine verwirrende Vielfalt an Weinen. Je nach dem Jahrgang gibt es verschiedene Abfüllungen, die davon abhängen, ob das Lesegut *passerillé* oder von Edelfäule befallen war. Hinzu kommen noch Weine aus einzelnen *tris*. Dennoch gab es bei einer Degustation von Jahrgängen zwischen 1964 und 1997 keine echten Enttäuschungen.

Domaine de la Taille aux Loups ⋆⋆⋆
Husseau, 37270 Montlouis
Jacky Blot bewirtschaftet sein erst 1988 gegründetes 8-ha-Gut nach nahezu organischen Prinzipien. Er arbeitet gern mit neuen Eichenfässern, aber seine süßen Weine erscheinen nicht von Holznoten dominiert. Sein in älteren *barriques* gereifter normaler *moelleux* ist gut, und die vollere, stärker honigsüße Cuvée Romulus erweist sich als köstlich und zeichnet sich durch einen langen, würzigen Nachgeschmack aus.

Domaine Vigneau-Chevreau ⋆⋆⋆
37210 Chancay
Das Gut wird nach biologisch-dynamischen Grundsätzen geführt. In besonders guten Jahren, z. B. 1997, produziert Jean-Michel Vi-

gneau drei Cuvées, von denen die feinsten Clos Baglin und Château Gaillard heißen. Es handelt sich dabei um stilvolle, markante Weine mit wunderbar rassiger Säure, die schon jung köstlich schmecken, sicher aber auch ein langes Leben in der Flasche vor sich haben.

Weitere Erzeuger von exzellentem Vouvray *moelleux* sind Champion, Pichot, Benoit Gauthier (Cuvée Théo) und Gauthier-L'homme; feinen Montlouis produziert auch Deletang. Neben nur gelegentlich in Pouilly-Fumé und Sancerre produzierten Süßweinen von Sauvignon blanc gibt es solche von der Chenin-Traube auch an anderen Stellen, u. a. in Azay-le-Rideau (dort ist Pavy der wichtigste Erzeuger) und Savennières, wo inzwischen eine Rückkehr zu den Stilen *demi-sec* und seltener auch *moelleux* stattgefunden hat. Die Domaine Pierre Soulez ist führend in der Erzeugung von süßem Savennières.

Monbazillac

Geschichte

Heute befindet sich Monbazillac – östlich von Bordeaux und südlich von Bergerac gelegen – nach längerer Zeit der Krise wieder im Aufschwung. Die wirtschaftlichen Schwierigkeiten, mit denen der Süßwein von Bordeaux zu kämpfen hatte, herrschten auch in Monbazillac, und die Qualitätsmaßstäbe lagen darnieder. Ich habe Monbazillacs aus dem Jahr 1929 gekostet, die den Vergleich mit den feinsten Sauternes aushielten und damit das Potenzial dieser Region belegten. Bruno Bilancini, ein führender Erzeuger, behauptet sogar, vor dem 1. Weltkrieg habe der Monbazillac höhere Preise erzielt als der Sauternes.

In den 1960er und 70er Jahren war der Monbazillac ganz aus der Mode. Der Comte de Bosredon erinnert sich, dass zu Anfang der 1980er Jahre, als er sein Gut übernahm, nicht ein einziger Weinbergarbeiter sich mit *tris successifs* auskannte. Vielmehr wurden die Trauben mit Maschinen geerntet, alle Mängel durch Chaptalisation «korrigiert», und übermäßige Schwefelung entstellte geradezu die Weine. Es ging sogar das Gerücht, dass einige Winzer ihrem Wein mit Honig und Karamell aufhalfen. Arbeitsaufwendige Praktiken wie selektive Lese und Fassgärung blieben ungenutzt. Es mag Schnäppchenjägern gefallen haben, dass der Monbazillac so billig war, aber für den guten Ruf des Weins der Region war es ein Verhängnis.

Zu Beginn der 1990er Jahre herrschten in Monbazillac geradezu bürgerkriegsähnliche Zustände, weil zwei Verbände einander widerstrebende Interessen vertraten. Die besseren Erzeuger befürworteten Vorschriften, die den schlimmsten Missbrauch abstellen sollen; andere wollten den Status quo erhalten wissen. Zum Glück gewannen die Modernisierer. So wurde der potenzielle Mindestalkoholgehalt zur Lesezeit auf 15 % angehoben, die maschinelle Ernte untersagt und der Höchstertrag von 40 auf 27 hl/ha gesenkt. (In der weniger streng gefassten Appellation Bergerac Moelleux, deren Weine allerdings von vornherein nicht besonders empfehlenswert sind, ist maschinelle Ernte weiterhin erlaubt.)

Doch der Monbazillac ist noch immer nicht aus dem Schneider. Es gibt noch allzu viele mittelmäßige Weine; über die Hälfte der Produktion wird an den Großhandel abgesetzt und geht in charakterlose Verschnitte für Supermärkte und den Export ein. Inzwischen gibt es aber auch eine wachsende Schar gewissenhafter Erzeuger, die erstklassigen Wein in kleinen Mengen anzubieten haben. Es wird eine heftige Debatte geführt zwischen denen, die meinen, der Monbazillac müsse möglichst im fülligsten denkbaren Stil bereitet werden, und denen, die schlankere Weine mit mehr Finesse bevorzugen.

Die Trauben für Monbazillac

In Monbazillac begegnet man denselben Traubensorten wie in Sauternes, nämlich Sémillon, Sauvignon blanc und Muscadelle, und die Methoden der Lese und Vinifikation sind ganz ähnlich. Die aus der Dordogne aufsteigenden Morgennebel verursachen in den meisten Jahren Edelfäule.

Freilich gibt es ein paar Unterschiede zwischen Monbazillac als Region und Bordeaux. Es wird mehr Muscadelle angebaut, allerdings verliert diese Sorte neuerdings dem zuverlässigeren Sémillon gegenüber an Boden. Indessen haben Château Belingard und die Domaine de l'Ancienne Cure (s.u.) den Muscadelle-Bestand vergrößert. Während in Sauternes die Weingärten überwiegend auf ebenem Boden liegen, stehen die Reben hier an Hängen. Das Klima ist stärker kontinental, und die Lese findet meist später statt. Traubengut, das sich nicht für natursüßen Wein eignet, darf trocken vergoren und zu Bergerac Sec ausgebaut werden.

Saussignac und Haut-Montravel

Eine Wiedergeburt gleicher Art erleben zwei Nachbar-Appellationen, Saussignac und Haut-Montravel, die um die Mitte der 1980er Jahre fast ausgestorben waren. Die besten Weingüter aus diesen Gebieten werden hier zusammen mit denen aus Monbazillac aufgeführt. Saussignac bildet praktisch die westliche Verlängerung von Monbazillac und erstreckt sich wie dieses auf fünf Gemeinden. Montravel liegt (anders als Saussignac und Monbazillac) auf dem Nordufer der Dordogne auf halbem Weg zwischen Bergerac und Libourne.

In Saussignac sind nur noch etwa 50 ha der Erzeugung von natursüßem Wein gewidmet. Nach den INAO-Bestimmungen bezieht sich die Appellation Saussignac mehr auf *moelleux* als auf *liquoreux*, aber fast alle seriöseren Erzeuger sind ausschließlich an der letzteren Art interessiert. Als Lösung liegt auf der Hand, die Regeln so zu ändern, dass die Appellation Saussignac für *liquoreux* gilt und der *moelleux* unter Bergerac Moelleux eingereiht wird; damit aber sind nun wieder die Erzeuger dieser Art nicht zufrieden. Als Alternative könnte für die *liquoreux*-Version eine neue AC, nämlich Saussignac Noble, geschaffen werden.

Die AC Montravel gilt für trockenen Weißwein von 240 ha Rebfläche in 14 Gemeinden. Haut-Montravel ist die Bezeichnung für einen *moelleux* aus höheren Lagen mit etwa 50 ha in fünf Gemeinden. Auch der aus neun Gemeinden mit über 60 ha stammende Côtes de Montravel ist oft *moelleux*, aber meist leichter als der Haut-Montravel. (Rotweine laufen unter der Bezeichnung Bergerac.) Wie in Saussignac sind die besseren Erzeuger darauf aus, eine Trennung zwischen *moelleux* und *liquoreux* zu erreichen.

Die besten Jahrgänge

Der 1990er ist der größte jüngere Jahrgang (besonders gut waren davor die Jahrgänge 1989, 1976, 1967, 1947, 1929 und 1928). Das nächste anständige Jahr war 1994, gefolgt von dem exzellenten Trio 1995 bis 1997. Der 1995er ist voller als der 1996er, oft aber nicht so elegant; der 1997er gilt als etwas leichter. Der 1998er dürfte gut sein, doch die Ertragsmenge war klein.

Bedeutende Erzeuger

***Domaine de l'Ancienne Cure* ★★**
24560 Colombier, Monbazillac
Christian Roche begann 1989 seine Weine selbst abzufüllen und hat inzwischen große Fortschritte gemacht. Die reguläre Version wird im Tank vinifiziert und zeigt bescheidene Qualität. Die bessere Version heißt Cuvée Abbaye; sie wird in neuen Eichenfässern vergoren, aber nur in guten Jahren erzeugt. Der 1990er war übermäßig alkoholstark, die Weine der späteren Jahre aber besitzen schönes Gleichgewicht und mehr Eleganz.

***Château Belingard* ★★**
24240 Pomport, Monbazillac
Es dauerte einige Jahre, bis die Familie Bosredon sich auf bessere Qualität einstellen konnte, inzwischen aber ist der Standard hoch. Die normale Cuvée wird im Tank vinifiziert und in älteren Fässern ausgebaut – ein relativ schlichter Wein mit ansprechender Frische. Blanche de Bosredon entsteht durch selektivere Lese und reift zwei Jahre im Fass – ein üppiger, sahniger Wein mit schöner Säure. Der 1995er ist ausnehmend gut.

***Château La Borderie* ★★**
24240 Sigoules, Monbazillac
Armand Vidal darf für sich in Anspruch nehmen, viel zur Rettung der Reputation des Monbazillac beigetragen zu haben; er ist einer der wenigen Erzeuger, die auch in der dunklen Zeit der Region guten Wein hervorbrachten. Seine beste Version, die Cuvée Prestige, wird seit 1989 in *barriques* vergoren. Die Weine sind sehr gut, insbesondere der 1995er, doch die Mengen sind kleiner geworden. Vidals Sohn hat ein eigenes Weingut aufgemacht, und der charmante, aber allmählich älter werdende Armand vertreibt seinen Wein nicht mehr weltweit. Auch aus dem im Besitz von Mme. Vidal befindlichen Château Treuil de Nailhac kommt sehr guter Monbazillac.

***Château Caillavel* ★**
24240 Pomport, Monbazillac
M. Lacoste leitet ein großes, leistungsfähiges Gut, auf dem er in den 1990er Jahren die selektive Lese eingeführt hat. Außerdem kauft er von Yquem gebrauchte Fässer, verwendet für seine Cuvée Prestige jedoch auch neue. Die Weine sind sauber, aber eindimensional, und es fehlt ihnen an Konzentration. Dafür sind die Preise günstig.

***Cave Coopérative de Monbazillac* ★**
24240 Sigoules, Monbazillac
Die große Genossenschaft ist auf Weine aus den vielen Châteaux, die sie besitzt oder gepachtet hat, spezialisiert. Am bekanntesten ist das Prunkstück Renaissance Château de Monbazillac, aber auch Septy, La Brie, Le Touron und La Croix Poulvère gehören dazu. Die Weine sind mittelmäßig, doch der neue Leiter scheint entschlossen, die Qualität zu verbessern – es besteht viel Spielraum dafür.

Château Dauzan La Vergne ★
Ponchapt, 33220 Porte-Ste-Foy
Diese Montravels entstehen verwirrenderweise im Château Pique-Segue. Der Côtes de Montravel erhält einen Schuss Muscadelle, aber keinen Fassausbau. Der Haut-Montravel, ein schön ausgewogener, würziger Wein mit feiner Honigsüße, stammt vom ältesten Rebenbestand und wird im Fass vergoren.

Clos Fontindoule ★★
24240 Monbazillac
Es gibt keinen traditionsbewussteren Winzer als den achtzigjährigen Gilles Cros, der behauptet, bei ihm sei seit den Tagen seines Großvaters alles unverändert geblieben. Die Lese sei stets von Hand und immer so spät wie möglich erfolgt und der Ertrag niedrig gehalten worden. Die Vinifikation geschieht im Tank, und dann reift der Wein manchmal ein Jahrzehnt und länger in alten Fässern. Meist werden zwei Jahrgänge gleichzeitig angeboten, wobei der ältere gut 15 Jahre alt sein kann. Der Stil ist etwas rustikal und alkoholbetont, doch die Weine sind golden, vollmundig, wohlschmeckend und preiswert.

Château Haut-Bernasse ★
24240 Monbazillac
Jacques Blais ist Cellist sowie Winzer aus Liebhaberei. Seine Erträge liegen sehr niedrig, und die Weine reifen in älteren *barriques*. Der Haut-Bernasse hat eine Mandarinennote und viel Charme.

Château La Maurigne ★★
24240 Razac-de-Saussignac
Patrick und Chantal Gérardin erwarben das kleine Gut erst 1996. Der Saussignac *liquoreux* entsteht von 70-jährigen Reben, die einen Ertrag von etwa 12 hl/ha bringen. Der sehr volle Wein wird in neuen Eichenfässern ausgebaut und zeigt attraktive Noten von Aprikosen und Ananas sowie markante, erfrischende Säure.

Château Le Payral ★★★
24240 Razac-de-Saussignac
Thierry Daulhiac produziert hier in Saussignac die ausnehmend üppige, pfirsichduftige Cuvée Marie Jeanne. Diesem fraglos vollen und sahnigen Wein mangelt es lediglich etwas an Säure.

Château Puy Servain ★
33220 Porte-Ste-Foy
Daniel Hecquet hat eine Passion für Montravel und setzt sich seit 1989 für die Wiederbelebung des *liquoreux*-Stils ein. Trotz allem Enthusiasmus fehlt es seinen Weinen etwas an Fülle und Edelfäulecharakter. Der beste Jahrgang ist der 1995er.

Château Richard ★★
24240 Monestier
Richard Doughty treibt organischen Weinbau und produziert einen vollen, sahnigen Saussignac mit kraftvoller Pfirsichfrucht.

Château Theulet ★
24240 Monbazillac
Das große Weingut produziert zwei Cuvées. Die einfachere entsteht von *passerillé*-Trauben. Es ist ein guter, frischer Wein, aber die viel vollmundigere Cuvée Prestige übertrifft ihn bei weitem.

Château Tirecul La Gravière ★★★★
24240 Monbazillac
Der Önologe Bruno Bilancini pachtete das Gut 1992 und kaufte es schließlich 1997. Von Anfang an war er entschlossen, nicht bloß so feinen Wein zu produzieren, wie er nur konnte, sondern sich auch ganz auf süßen Wein zu konzentrieren. Der Durchschnittsertrag liegt bei armseligen 11 hl/ha, und es werden 4 bis 10 Lesedurchgänge vorgenommen, wobei nur die am stärksten von Edelfäule befallene Frucht geerntet wird. Ungewöhnlich ist, dass Muscadelle im Rebenbestand vorherrscht. Heute werden die Weine zu Recht als die feinsten der Region gepriesen.

Es entstehen zwei Cuvées, von denen die ultrakonzentrierte, sehr teure Cuvée Madame in besonders guten Jahren, z. B. 1995, den größten Teil des Ertrags ausmacht; es ist also nicht daran gedacht, sie in allen Jahren als Crème de la Crème anzubieten. Der Ausbau erfolgt etwa zwei Jahre in zu 50 % neuen Eichenfässern, wobei die Cuvée Madame sogar in den Genuss eines höheren Anteils neuer Fässer kommen kann. 1997 hatte das für die Cuvée Madame bestimmte Lesegut einen potenziellen Alkoholgehalt von 24,5 %, also einen Süßegrad, wie er früher in Monbazillac nur selten vorkam.

Clos d'Yvigne ★★★
24240 Gageac et Rouillac
Die Engländerin Patricia Atkinson leitet das 15-ha-Gut in Saussignac. Das in 5 bis 7 Durchgängen gelesene Erntegut wird in neuen Eichenfässern vergoren und 2 Jahre lang ausgebaut. Der Stil ist üppig und kraftvoll mit schönen Noten von Aprikosen und Quitten.

Sonstige natursüße Weine aus Frankreich

Gaillac

1988 begannen Robert und Bernard Plageoles in Cahuzac einen Kreuzzug zur Rettung der traditionellen Rebsorten und Weinstile dieser ländlichen Region Südwestfrankreichs. Die Haupttraube für natursüßen Wein ist Ondenc; sie war praktisch schon verschwunden, konnte aber durch selektive Züchtung in den Weinbergen der Plageoles wiederbelebt werden. Ihre Auswahl an süßen Weinen umfasst einen Muscadelle mit Eichenholzeinfluss sowie Vin d'Autan von Ondenc-Trauben aus sehr geringen Erträgen und zusätzlicher Konzentration durch *passerillage*; hinzu kommt gelegentlich der Grain d'Autan von Lesegut mit Edelfäule – ein wundervoll intensiver, honigduftiger Wein mit Pfirsicharoma und einem Hauch Bittermandel. Der 1997er Vin d'Autan besitzt spektakuläre Fülle.

Einige weitere Winzer in Gaillac folgen inzwischen dem Beispiel der Plageoles: Domaine Cosse Marine, Domaine de Ginestre und Domaine Rotier.

Jurançon

Es gibt in Frankreich kaum ein schöneres Landschaftsbild zu sehen als die schneebedeckten Pyrenäen, betrachtet aus den Weinbergen von Jurançon. Das Weinbaugebiet südlich von Pau besteht aus zwei Hauptbereichen: Der eine erstreckt sich um Monein, der andere liegt unmittelbar südlich der Stadt Jurançon an den Hügelketten in der Nähe des Dorfs La Chapelle-de-Rousse. Als Wein kommt der Jurançon niemals mit Edelfäule vor, vielmehr stammt seine Süße von spätgelesenen *passerillé*-Trauben. In den langen, trockenen, sonnigen Herbsten der Region fallen fast jedes Jahr süße Weine an.

Hier gedeihen drei Lokalrebsorten: Gros Manseng, Petit Manseng und Petit Courbu. Letztere ist im Schwinden, während Petit Manseng wieder im Kommen ist. Wie der Name schon sagt, hat der Gros Manseng größere Beeren, die des Petit Manseng sind aber nicht nur keiner, sie stehen auch weiter auseinander. Infolgedessen ist der Gros Manseng stärker fäuleanfällig, während die locker aufgebauten Trauben des Petit Manseng bessere Durchlüftung und damit bessere Widerstandsfähigkeit gegen Fäule bieten. Von Gros Manseng entstehen zwar einige preiswerte Süßweine, doch meistens wird diese Sorte zu Jurançon Sec verarbeitet. Die besten süßen Jurançons werden sämtlich von Petit Manseng produziert. Auch die Erträge sind unterschiedlich: Für Gros Manseng liegt die Höchstgrenze bei 60 hl/ha, für Petit Manseng bei nur 40.

Jurançon hat schon seit 1936 AC-Status, doch in den 1960er und 70er Jahren war der Wein in Gefahr auszusterben. Ein großer Teil der Weinberge war mit mittelmäßigen Rebsorten besetzt, die nichtssagenden Wein für raschen Verbrauch in den Wirtshäusern der Umgebung lieferten. Es bedurfte der entschlossenen Bemühungen einiger echter Enthusiasten – insbesondere von Robert Latrille und Henri Ramonteu –, um in den 1980er Jahren den Anbau von Petit Manseng zu fördern. In den letzten 15 Jahren ist die Rebfläche wieder auf etwas über 800 ha angewachsen. Inzwischen entfallen 65 % der Produktion auf Süßwein, und die Qualität liegt weit höher als vor 20 Jahren.

Petit Manseng hat von Natur aus kräftige Säure, und das schlägt sich im Wein nieder. Da Edelfäule hier nicht vorkommt, sind volle Noten von Honig und Pfirsich nur selten anzutreffen. Stattdessen findet man blumige Aromen sowie Nuancen von Zitronen und getrockneten Aprikosen vor. Ein guter Jurançon ist fruchtig, lebendig und erfrischend säuerlich. In manchen Jahren wachsen in den Weinbergen um La Chapelle-de-Rousse sogar Trauben mit ausgesprochen kräftiger Säure, und in reifen Jahren verdankt ihr der dortige Wein mehr Lebhaftigkeit, als sie um Monein zustande kommt.

Über den Ausbau in *barriques* sind die Ansichten geteilt. Weist der Wein genügend Konzentration auf, dann kann er eine gewisse Eichenholznote vertragen, ohne allzu holzig zu erscheinen. Es werden aber auch hervorragende Jurançons ohne Eichenholzeinfluss produziert. Manche Prestige-Cuvées erhalten Ausbau in *barriques*, andere dagegen verdanken alles der späten Lese und damit der Fülle und Intensität des Traubenguts. Einige Winzer gebrauchen die Bezeichnung Vendange Tardive, die einen bestimmten potenziellen Alkoholgehalt voraussetzt; außerdem dürfen die Trauben frühestens sechs Wochen nach dem offiziellen Lesebeginn geerntet werden und unterliegen der Kontrolle durch das Institut National des Appellations d'Origine (INAO).

1995 war ein gutes, 1988 ein großes Jahr. Auch der 1989er und 1990er waren exzellent, doch der 1991er und 1992er dürftig und der 1993er auch nur wenig besser. 1994 war ein Durchschnittsjahr, 1995 dagegen sehr heiß und brachte volle, kräftige Weine. Der 1996er war wieder ausgezeichnet und besser als der 1997er. 1998 gab es Ende September etwas Fäule, wer aber die faulen Trauben ausschied und im Übrigen auf besseres Wetter wartete, das dann auch kam, konnte exzellente Weine hervorbringen.

Bedeutende Erzeuger

Domaine Bellegarde ★★★

64360 Monein

Pascal Labasses einfacher *moelleux* enthält 70 % Gros Manseng und 30 % Petit Manseng. Die Cuvée Thibault ist reiner, in *barriques* vergorener und ausgebauter Petit Manseng. Sein feinster Wein, Sélection DB, stammt aus zwei Parzellen mit alten, erst Ende November abgeernteten Petit-Manseng-Reben und wird in neuen Eichenfässern ausgebaut. Er entsteht nur in Jahren mit günstiger Witterung, z. B. 1989, 1993, 1995 und 1998.

Domaine Bordenave ★★

64360 Monein

Erst nachdem Gisèle Bordenave vom Studium in Bordeaux zurückkehrte, begann das alte Weingut seinen Wein selbst abzufüllen. Neben dem regulären *moelleux* entstehen die Cuvée des Dames (Petit Manseng) und die exzellente Cuvée Savin von Frucht aus den letzten Lesedurchgängen; der Ausbau erfolgt in zu einem Drittel neuen Eichenfässern. Die Cuvée Savin zeichnet sich durch rauchiges Aroma und reife Aprikosennuancen aus.

***Domaine Bru-Baché* ★★★★**
64360 Monein
Claude Loustalot leitet das bekannte Gut seit 1991. Er produziert vier verschiedene Cuvées. Die einfache Version ist nicht weiter aufregend, aber die Cuvée des Casterrasses (75 % Petit Manseng, Ausbau in älteren *barriques*) hat mehr Saft und Kraft. Die Quintessence besteht rein aus Petit Manseng und kommt ausgiebig mit neuen Eichenfässern in Berührung; sie ist von kräftigen Zitronen- und Quittennoten geprägt. Der Spitzenwein ist der wuchtige L'Eminence von Petit Manseng, der Mitte Dezember gelesen und ganz in neuen Eichenfässern vinifiziert wird.

***Domaine Castéra* ★★**
64360 Monein
Christian Lihour nimmt für sich in Anspruch, als einer der ersten Winzer 1985 reinen Petit-Manseng-Wein gekeltert zu haben, der übrigens heute noch jugendlich frisch ist. Er bringt zwei Cuvées hervor, beide ohne Fassausbau. Die einfachere besteht vorwiegend aus Gros Manseng und ist etwas charakterlos, dagegen ist die Cuvée Privilège (Petit Manseng) voller und eleganter, es fehlt ihr aber an Komplexität.

***Domaine Cauhapé* ★★★★**
64360 Monein
Zu Beginn der 1980er Jahre packte Henri Ramonteu den Jurançon am Kragen und rüttelte ihn wieder wach. Er arbeitete mit selektiver Lese und sang das Lob des Petit Manseng. Als einer der Ersten verwendete er *barriques* und machte mit seiner erfolgreichen Werbung die Vorzüge des Jurançon einem breiten Publikum bekannt.

Die Namen seiner Cuvées richten sich zum Teil nach dem Lesetermin, der auch für Intensität (und Preis) maßgeblich ist. Ballet d'Octobre besteht aus im Oktober gelesenem Gros Manseng und ist für relativ baldigen Verbrauch bestimmt. Symphonie de Novembre heißt der Petit Manseng aus dem ersten Lesedurchgang; er wird in neuen Eichenfässern vergoren. Noblesse du Temps ist der Name eines Ende November gelesenen Petit Manseng, der 18 Monate in neuen Eichenfässern reift.

An der Spitze steht die sagenhafte Quintessence, die aus zwei Ende Dezember oder Anfang Januar abgeernteten Parzellen stammt; die Frucht war dann oft schon dem Frost ausgesetzt, was die Komplexität ihres Geschmacks noch erhöht. So entsteht ein erstaunlich vielschichtiger Wein: In meinen Notizen über den 1994er ist von getrockneten Pfirsichen, Mango, Kaffee und Holzrauch im Duft und von ebenso vielfältigen Geschmacksnuancen die Rede. Die Quintessence ist extrem kostspielig zu produzieren, aber dennoch erscheint der Preis von 200 bis 250 DM ein bisschen happig.

Clos Thou ★★★
La Chapelle-de-Rousse, 64110 Jurançon
Ein aufgehender Stern! Der beste Wein aus diesem Gut trägt den anspruchsvollen Namen Suprême de Thou – ein rassiger, ananasfruchtiger Petit Manseng mit ausgeprägter Säure.

Clos Oroulat ★★★
64360 Monein
Charles Hours leistete 1985 in Jurançon Pionierdienste für die Fassgärung, und noch immer produziert er nur eine einzige reine Petit-Manseng-Version dieses Weins in einem eleganten, ausgewogenen Stil unter Verwendung von zu einem Drittel neuen Eichenfässern.

Domaine Gaillot ★★★
64360 Monein
François Gaillot leitet das alte Familiengut seit 1990. Es ist zwar nicht so hochrenommiert wie andere in der Region, produziert aber einen superben Petit Manseng namens Sélection, einen Wein von großer Intensität mit kräftiger Säure, der seine Fülle und seinen Aprikosenduft erst nach längerer Flaschenreife zur Geltung bringt.

Château Jolys ★★
94290 Gan
Robert Latrille ist der stärkste Förderer des Jurançon und besitzt hier einen der größten und bestausgerüsteten Weinbaubetriebe. Seinem regulären *moelleux* mangelt es an Pfiff, doch die Cuvée Jean von spät gelesenem Petit Manseng ist nach einiger Fassreife füllig und körperreich. Jolys produziert auch eine im Dezember gelesene und 28 Monate im Eichenfass ausgebaute Vendange Tardive – einen straffen, zitrusfruchtigen Wein mit großer Finesse.

Domaine Larredya ★★★
La Chapelle-de-Rousse, 64110 Jurançon
Der redegewandte, entgegenkommende Jean-Marc Grussaute hat sich mit Enthusiasmus auf den *barrique*-Ausbau gestürzt. Sein regulärer, von Gros Manseng beherrschte *moelleux* ist sauber und schön ausgewogen, doch die in zu 50 % neuen Eichenfässern ausgebaute Sélection von Petit Manseng zeigt weit größere zitronenduftige Intensität. In Spitzenjahren wie 1995 und 1998 produziert Grussaute zum Teil von Frucht aus dem letzten Lesedurchgang die Cuvée François mit superber Struktur, die zwei Jahre lang in *barriques* ausgebaut wird.

Domaine de Souch ★★★
Laroin, 64110 Jurançon
Das überwältigend schöne Gut ist das einzige in der Region, das biologisch-dynamisch bewirtschaftet wird. Yvonne Hégoboru, seit 1985 verwitwet, beschloss 1987, im Alter von 60 Jahren, hier einen Weinberg anzulegen. Unter der Anleitung ihres langjährigen Kellermeisters Abel Pires hat sie ihr Gut in die Spitzengruppe geführt. Ihr bester Wein, Marie-Kattalin, besitzt in Hülle und Fülle Pfirsich- und Aprikosenfrucht sowie beträchtliche Eleganz.

Weitere empfehlenswerte Weingüter sind u.a.: Domaine de Cabbarouy (Cuvée Ste-Catherine), Domaine Cancaillaü (Cuvée Gourmandise), Clos Guirouilh, Cru Lamouroux, Clos Lapeyre, Domaine de Malarrode (Cuvée Prestige) und Domaine Nigri.

Pacherenc du Vic-Bilh

Pacherenc du Vic-Bilh Madiran liegt nördlich von Jurançon und teilt sich mit dieser AC in einige Weißweinrebsorten, insbesondere Gros und Petit Manseng. Zusammen mit Arrufiac und Petit Courbu bilden diese beiden die Grundlage für den Weißwein von Madiran, der auf den umständlichen Namen Pacherenc du Vic-Bilh hört. Es gibt ihn in trockener und süßer Ausführung, wobei die letztere vorwiegend von Petit Manseng entsteht und eine gewisse Familienähnlichkeit mit dem Jurançon hat. Der Höchstertrag ist auf 40 hl/ha festgesetzt. Viele der seriöseren Beispiele reifen in *barriques*. Meist ist dieser Wein nicht so intensiv wie ein feiner Jurançon, doch gute Exemplare zeichnen sich durch Lebendigkeit und Frische sowie süße Frucht mit einem Anflug von Aprikosen aus. Empfehlenswerte Weine dieser Art produzieren die Châteaux d'Aydie, Barréjat, Crampilh und Montus sowie die Genossenschaftskellerei Les Producteurs Plaimont.

Jura

Der Jura ist in Frankreich die Hauptquelle für Vin de Paille («Strohwein»). Dieser Stil war vor etwa 20 Jahren fast ausgestorben, denn er ist kostspielig zu produzieren, und die Nachfrage war schwach.

Im Jura gibt es Rebsorten, die anderswo unbekannt sind, z. B. Poulsard und Trousseau für Rotwein und Savagnin für Weißwein; daneben aber auch Chardonnay. Für Vin de Paille dürfen sie alle verwendet werden. Oft gilt Poulsard als am besten geeignet, denn diese Traube liefert die höchsten Süßegrade, sie hat aber den Nachteil, dass sie nur langsam trocknet. Heute arbeiten die meisten Erzeuger mit Chardonnay, ihm aber fehlen oft die Rosinennuancen des Poulsard. Savagnin bringt Körper, Wucht und Säure ein, nur Trousseau gilt als nicht wirklich für Vin de Paille geeignet.

Die Trauben werden relativ früh gelesen und etwa zwei Monate lang getrocknet. 100 kg Trauben ergeben dann etwa 15 bis 25 l Most, der nach dem Pressen bis zu zwei Jahre lang gärt. Früher wurde der Wein anschließend zehn Jahre lang in dicht verschlossenen Fässern gelagert. Heute wird das nicht mehr so gehandhabt, dennoch muss eine Mindestreifezeit von drei Jahren eingehalten werden.

Nachdem der Vin de Paille inzwischen wieder in Mode gekommen ist, schlagen manche Winzer Abkürzungswege ein, um ausreichende Mengen bereitstellen und die Nachfrage befriedigen zu können. Jean-François Bourdy vom Weingut Jean Bourdy (s. u.) argumentiert, dass zwar die Bestimmungen einen Süßegrad von 306 g/l (18 % potentieller Alkoholgehalt) verlangen, in der Praxis aber mindestens 320 oder 350 g/l nötig sind. Der Grund dafür ist, dass ziemlich hohe Alkoholgehalte – 14,5 bis 16 % – zu bevorzugen sind, um das Risiko einer Nachgärung zu vermeiden. Bei so hohem

Alkoholgehalt ist jedoch die Restsüße eher gering, wenn der Süßegrad nach dem Pressen zu niedrig liegt. Bourdy erinnert daran, das die Trauben früher vier Monate lang getrocknet wurden, um die optimale Zuckerkonzentration zu gewährleisten, dabei ergab sich aber nur ein Volumen von 15 l auf 100 kg Lesegut. Dagegen stellten die meisten Erzeuger fest, dass die Produktion von «Strohwein» nur dann wirtschaftlich möglich ist, wenn 20 bis 30 l verbleiben.

Obwohl also die Wiederbelebung dieses Weinstils an sich zu begrüßen ist, kommen doch unterschiedliche Qualitäten vor, und man kann nur empfehlen, das Beste vom Besten zu kaufen. Wie bei allen Süßweinen müssen auch beim Vin de Paille der Üppigkeit als Gegengewicht Extrakt und Säure gegenüberstehen.

Im Jura gibt es vier Appellationen: die große AC Côtes du Jura und die kleineren Arbois, L'Etoile und Château-Chalon. Vin de Paille darf in allen produziert werden, nur die Appellation Château-Chalon ist allein trockenem Vin Jaune vorbehalten, daher trägt dort entstehender Vin de Paille die AC Côtes du Jura.

Bedeutende Erzeuger

Jean Bourdy ★★★
39140 Arlay
Dieses konservative Weingut kann auch ältere Jahrgänge, z. B. 1921er Vin de Paille, anbieten. Jean-François Bourdy hat wenig Verständnis für die Erzeuger eher kommerzieller Versionen. Sein eigener Wein entsteht meist von Poulsard und Savagnin in geringsten Mengen und wird frühestens im Alter von vier Jahren zum Verkauf freigegeben.

Richard Delay ★★★
39570 Gevingey
Delays Vin de Paille besteht vorwiegend aus Chardonnay – ein schöner, honigduftiger Wein, süß, intensiv und markant.

Fruitière Vinicole d'Arbois ★★
39600 Arbois
Die erstklassige Genossenschaftskellerei hat die Produktion von Vin de Paille 1989 wieder aufgenommen, und zwar mit einer Mischung von Poulsard (für Fruchtigkeit), Chardonnay (für Eleganz) und Savagnin (für Struktur). Durch Zugabe von Kulturhefe wird ein Alkoholgehalt von mindestens 15,5 % sichergestellt. Der 1994er zeigt vollen Karamellduft und kräftige Nuancen von Honig und Trockenfrüchten.

Henri Maire ★★
39600 Arbois
Das sehr große Haus produziert Vin de Paille in zwei Versionen. La Vignière aus der AC Côtes du Jura (Poulsard, Chardonnay und Savagnin) weist Untertöne von Karamell und Toffee auf, der Vin de Cour aus der AC Arbois ist eher rassig und delikat. Die Qualität ist bei den neueren Jahrgängen wie 1995 und 1996 stark verbessert.

François Mossu ★★★
39210 Voiteur
Der Erzeuger in der AC Château-Chalon zeigt besonderen Enthusiasmus für Vin de Paille, den er von je einem Drittel Chardonnay, Poulsard und Savagnin produziert. Der Most hat weit mehr als den geforderten Mindestsüßegrad; 1997 erreichte er 420 g/l. Der Reifeprozess läuft in sehr kleinen Fässern ab. Manche Jahrgänge sind etwas alkoholstark, die Weine aber stets komplex, konzentriert und sehr hochwertig.

Domaine de la Pinte ★★★★
39600 Arbois
Das große Weingut produziert einen höchst seriösen Vin de Paille. Savagnin ist die vorherrschende Rebsorte; hinzu kommt etwas Poulsard. Die Trauben werden bis zu fünf Monate lang getrocknet und ergeben dann einen Most mit sehr hohem Zuckergehalt – oft etwa 400 g/l. Der Gärprozess verläuft in *barriques* und kann zwei bis drei Jahre dauern. Der Wein zeigt das Aroma von Fruchtkonserven und ist im Geschmack rosinensüß mit intensiven Karamellnoten.

Xavier Reverchon ★★★
59800 Poligny
Reverchon produziert intensiven, quittenfruchtigen Vin de Paille von Poulsard, Chardonnay und Savagnin.

Rolet ★★★
39600 Arbois
Dieser exzellente, raffinierte Erzeuger arbeitet zur Hälfte mit Chardonnay, den Rest machen Savagnin und Poulsard sowie ein Schuss Trousseau aus. Der 1994er ist voll, extraktreich und wuchtig.

André Tissot ★★★★
39600 Montigny-les-Arsures
Stéphane Tissot verwendet alle vier zugelassenen Sorten; die Trauben werden bis in den Februar getrocknet. Hefezugabe erfolgt nicht, daher kann der Gärprozess sehr lange dauern. Der 1994er hat herrliches Aroma von Aprikosen und Honig und ist ein üppiger, konzentrierter Wein mit feiner Säure.

Burgund

Haupterzeuger

Domaine de la Bongran ★★★★
71260 Clessé
Jean Thevenet produziert fast als Einziger in Burgund süßen, meist von Edelfäule befallenen Wein von Chardonnay. Er behauptet, dass vor 50 Jahren im Mâconnais Weine mit Edelfäule üblich gewesen seien, und seine Cuvée Levrouté von leicht edelfaulen, ultrareifen Trauben lässt den alten Stil wieder aufleben. In besonders geeigneten Jahren wie 1983, 1989, 1994 und 1995 bereitet er außerdem seine

vielgepriesene Cuvée Botrytis – rund 3000 Flaschen eines üppigen, außerordentlich köstlichen Weins.

Seit 1992 versuchen sich auch einige weitere Weingüter im Mâconnais, z. B. Gaillerot und Laferrère in Lugny, an Weinen mit Edelfäule.

Rhône-Tal

Vin de Paille wurde früher auch im Rhône-Tal produziert, doch um die Mitte der 1980er Jahre erwies es sich als unmöglich, auch nur ein einziges Beispiel aufzutreiben. Inzwischen ist mir ein 1944er von Marsanne-Trauben aus dem Haus Chapoutier (1992 war er sanft maderisiert) und ein markanter, mit 15,5 % alkoholstarker 1982er Marsanne Passerillé – auch von Chapoutier – begegnet. 1990 rief Chapoutier den Vin de Paille vom Hermitage wieder ins Leben; er erwies sich als ein gewaltiger Wein, honigsüß, sahnig, hochkonzentriert und von rassiger Säure beseelt. Der Preis war allerdings exorbitant. Gérard Chaves wuchtige 1989er und 1990er Vins de Paille mit 16 % Alkohol zeigen ähnliche Qualität und sind ebenso teuer.

In Condrieu wird ebenfalls in kleinen Mengen teurer Spätlesewein produziert. Les Ayguets Récoltes Tardives von Cuilleron, ein leicht süßer, intensiver, eleganter Wein, ist das bekannteste Beispiel.

Vin Cuit

Der «gekochte Wein», eine provenzalische Tradition, ist in den letzten Jahren wiederbelebt worden. Im biologisch-dynamisch bewirtschafteten Château Romanin bei St-Rémy wird die Frucht junger Reben (Cabernet Sauvignon, Grenache und Syrah) nach dem Pressen bis zu sieben Tage lang auf 40 °C erwärmt. Dadurch wird das Volumen um mindestens 30 % reduziert. Anschließend gärt der Most einige Monate lang. Auf diese Weise entsteht ein sanfter Wein, der nach karamellisierten Orangen schmeckt.

Einen ähnlichen Wein mit ausgeprägten Nuancen von Karamell und Kaffee produziert Château Les Bastides in Le-Puy-Ste-Réparade. In derselben Gemeinde erzeugt Château La Coste einen nach Marmelade schmeckenden Vin Cuit von Muscat d'Alexandrie und Clairette.

Deutschland

Geschichte

Dass Deutschland eine Quelle der großartigsten und unvergänglichsten Süßweine der Welt sein soll, erscheint auf den ersten Blick paradox. Die Riesling-Traube, von der die feinsten Weine dieser Art produziert werden, hat es ja schwer, überhaupt zur Reife zu gelangen, und ein Alkoholgehalt zwischen 7 und 10 % darf schon als ein gutes Ergebnis gelten. Und doch kann der Riesling in bestimmten Lagen und Jahren, insbesondere bei Edelfäulebefall, erstaunliche Süßegrade erreichen. Er braucht aber nicht unbedingt mit extremer Reife gelesen zu werden, um stilvollen natursüßen Wein zu erbringen, schon einfach hochreife Frucht genügt für elegante Auslesen. Extrem Süßes kommt dann mit der Beerenauslese (BA) und insbesondere der Trockenbeerenauslese (TBA) zustande, die von rosinierten und entsprechend streng ausgelesenen Trauben entstehen. Beim Riesling ist alles eine Frage der Ausgewogenheit; die Sorte erleichtert dem Kellermeister die Arbeit durch reichliche Säure, die den Wein frisch hält und ihm zu schönem Alter verhilft. So ist es durchaus nicht ungewöhnlich, das sich eine TBA ein Jahrhundert lang und länger entfaltet.

Das deutsche Weingesetz von 1971 definiert die Qualitätsstufen allein nach dem in Oechsle-Graden gemessenen Mostgewicht (d. h. nach dem Traubenzuckergehalt) bei der Lese. In den meisten deutschen Anbaugebieten sind 85° Oechsle als Mostgewicht für Spätlese erforderlich; sind es nur 83°, dann darf der Wein nur als Kabinett angeboten werden. Das hat zu allerhand trickreichen Praktiken geführt, beispielsweise zum Mischen von Lesegut aus verschiedenen Lagen, wodurch das Mostgewicht auf den erforderlichen Stand gebracht werden soll, damit der Wein einen höheren Preis erzielt.

Schlimmer noch, manche Erzeuger, vor allem in wärmeren Gegenden, pflanzten früh reifende, für Edelfäule empfängliche Rebsorten, die in manchen Jahren ohne weiteres BA- und gar TBA-Niveau erlangten. Es war diesen Leuten gleichgültig, dass dabei nichts als zuckersüßer Wein herauskam – dem Mostgewicht nach durfte er ja als angeblich allererste Qualität verkauft werden.

Natürlich widerstanden bessere Erzeuger dieser Versuchung. Bei ihnen ist eher Abstufung verbreitet, und daher ist so manche feine Auslese in Wahrheit eine bescheidene Beerenauslese. Darüber hinaus haben Spitzenerzeuger eine interne Klassifizierung vereinbart. So kann ein Erzeuger an der Mosel drei Arten von Auslese herausbringen, eine normale, eine mit Goldkapsel und eine mit langer Goldkapsel, wobei die eine jeweils voller und vermutlich auch süßer ist als die andere, so dass die Nuancen, die den feinen Riesling so faszinierend machen, zum Ausdruck kommen.

Je weiter im Norden ein Anbaugebiet liegt, desto säurereicher fällt das Lesegut aus, und umso schwerer haben es die Trauben, zur Reife zu gelangen. So kann an Saar und Ruwer, den Nebenflüssen der Mosel, das allgemein kühle Klima große Probleme bereiten, aber in warmen Jahren, die schließlich noch mit einem Edelfäulebefall enden, können die Winzer dort edelsüße Weine mit großer Intensität zuwege bringen – sie sind rar, kostspielig und unendlich haltbar. Weiter im Süden in den Anbaugebieten am Rhein kommt der erforderliche Reifegrad schon etwas leichter zustande, dafür aber ist auch die Säure schwächer, und die Weine fallen weicher aus als an der Mosel. Das soll allerdings nicht heißen, dass sie weniger köstlich oder langlebig wären; ihre Struktur ist nur einfach anders. Ganz im Süden, in Baden, wo es ebenso warm sein kann wie im Elsass, ist es in bestimmten Jahren überhaupt nicht schwer, volle, opulente Weine hervorzubringen, die denen aus dem Norden geradezu diametral entgegengesetzt sind.

Seit den 1970er Jahren ist der Eiswein populär geworden; bei ihm handelt es sich aber um etwas ganz und gar anderes. Für ihn muss die Außentemperatur auf die Dauer von mindestens 8 Stunden auf mindestens -8 °C verharren. Demzufolge kann die Lese erst im Morgengrauen beginnen. Da die Trauben nicht von Edelfäule befallen sind, können die Weine große Reinheit des Geschmacks aufweisen, doch die Säure kann übermäßig stark ausfallen.

Zwar ist der Riesling die großartigste deutsche Traube, aber auch andere Rebsorten eignen sich für die Erzeugung natursüßer Weine. Die Scheurebe, eine Kreuzung zwischen Riesling und Silvaner, liefert traubig-fruchtiges Lesegut für trockenen Wein, kann aber in süßen Versionen attraktiv pikante Art aufweisen. Der Grauburgunder wird in Deutschland in lieblicher Version gern Ruländer genannt und kann im Süden sehr süße, bei eher weicher Säure üppig vollmundige Weine hervorbringen. Auch Gewürztraminer liefert in Süddeutschland süße Weine, schwingt sich jedoch nur selten zu großen Höhen auf.

Neuzüchtungen wie Kerner und Ehrenfelser waren eine Zeit lang groß in Mode, aber es fehlt ihnen doch an Prägnanz, und sie sind wohl wieder im Schwinden. Die einzig wirklich erfolgreiche Neuzüchtung ist der Rieslaner (ebenfalls eine Kreuzung zwischen Riesling und Silvaner), der mit seiner intensiven Säure superbe Weine hervorbringen kann. Den früh reifenden Neuzüchtungen wie Optima, Bacchus und Ortega geht man am besten aus dem Weg; ihre Weine sind zwar in der Jugend oft oberflächlich attraktiv, sie halten sich aber nicht gut, und es fehlt ihnen stets an Eleganz.

Das Geheimnis großer deutscher Weine liegt allein in der Weinberglage, ob nun die Vinifizierung im Stahltank, im traditionellen ovalen Eichenfass oder in Fässern anderer Art geschieht. Versuche mit Vergären in *barriques* sind zum Glück selten geblieben – Riesling und Eichenholzaroma passen nun einmal nicht zusammen. In Deutschland wird bei der Weinbereitung noch immer gern mit Eingriffen in einem Ausmaß gearbeitet, das zwar in Australien Verständnis findet, in Frankreich aber Kopfschütteln auslöst. Die Begeisterung für Hi-Tech-Anlagen ist inzwischen aber nicht mehr so groß wie früher. Dasselbe gilt für die Verwendung von Süßreserve (unvergorenem Traubensaft) zum Süßen des Weins; bessere Weingüter streben nach einem natürlichen Gleichgewicht zwischen Alkohol und Süße.

Es war nicht leicht, die «bedeutendsten Erzeuger» von natursüßem Wein in Deutschland auszuwählen. Da es sich bei dieser Art von Weinen um das Nonplusultra handelt, das nur unter günstigsten Voraussetzungen entstehen kann, produziert in guten Jahren fast jedes seriöse Weingut edelsüßen Wein, wenn auch nur in ganz kleinen Mengen. Dann also findet man Großartiges in Dutzenden, ja Hunderten von Weingütern.

Baden

Deutschlands südlichstes Anbaugebiet ist sehr umfangreich: 16 000 ha von Mannheim bis Basel. Im Norden wächst guter Riesling, doch im Übrigen ist hier vor allem die Heimat der Burgundersorten. Edelsüße Weine sind nicht häufig, nur hier und dort ausnehmend gute Ruländer, und sogar weniger geeignete Rebsorten wie Müller-Thurgau geben gelegentlich eine TBA her.

Baden ist das Land der Winzergenossenschaften (hier mit WG abgekürzt), von denen viele jedoch erstklassig sind. Die besten neueren Jahrgänge waren u. a. 1988 bis 1990, 1993 und 1996 bis 1998. Allerdings kommt es bei der Süßweinproduktion in diesem großen Gebiet sehr auf das jeweilige Mikroklima an, deshalb sind reine Jahrgangstabellen nicht sehr aussagekräftig.

Bedeutende Erzeuger

WG Bischoffingen ★★
79235 Bischoffingen
Aus guten Lagen in der wärmsten Gegend Badens, am Kaiserstuhl, produziert die Genossenschaft volle, wohlschmeckende Eisweine sowie intensiv süße TBA von den Burgundersorten.

WG Durbach ★★
77770 Durbach
Durbach in der Ortenau ist bekannt für guten Riesling sowie für Weine von den Burgundersorten. Neben diesen bildet auch Gewürztraminer oft die Grundlage für exzellente süße Weine.

Weingut Dr. Heger ★★★★
79241 Ihringen
Joachim Heger produziert hervorragende trockene Weiß- und Rotweine vom Kaiserstuhl, doch seine Süßweine sind ebenso fein: üppig-sanfte BA und TBA von verschiedenen Rebsorten, u. a. Gewürztraminer, Muskateller, Scheurebe und sogar Riesling.

WG Königschaffhausen ★★★
79346 Königschaffhausen
Der jetzt im Ruhestand lebende langjährige Leiter dieser Genossenschaft, Willi Merkle, produzierte sehr hochwertige Süßweine, wenn die Voraussetzungen günstig waren. Am häufigsten erbringen Gewürztraminer und Grauburgunder BA und TBA, aber auch von Spätburgunder sind intensive süße Weine entstanden.

Andreas Laible ★★
77770 Durbach
Süße Weine kommen hier nicht häufig vor, aber wenn Laible sie produziert, dann sind sie erstklassig. Die Grundlage bilden Scheurebe und Riesling.

WG Sasbach ★★★
79361 Sasbach
Die kleine Genossenschaft am Kaiserstuhl bringt köstliche BA und Eisweine von Ruländer, Gewürztraminer und sogar Spätburgunder hervor.

Weitere Erzeuger von feinen natursüßen Weinen sind u. a. Blankenhorn, Johner, Männle, Schloss Ortenberg, WG Achkarren und WG Ehrenstetten.

Franken

Das ziemlich weit im Osten gelegene Anbaugebiet hat ein eher kontinental geprägtes Klima, das trockenen Weinen günstiger ist als süßen. Immerhin können die hier auf 6000 ha angebauten Hauptrebsorten – Riesling, Silvaner und Rieslaner – in besonderen Jahren exzellente edelsüße Weine hervorbringen. Die besten Jahrgänge der letzten Dekade waren 1990, 1992, 1993, 1994 und 1997.

Bedeutende Erzeuger

Bürgerspital zum Heiligen Geist ★★
97070 Würzburg
Die Qualität hat in diesem großen, im Besitz einer karitativen Stiftung befindlichen Weingut etwas nachgelassen, von Zeit zu Zeit, so 1997 und 1990, entstehen hier aber noch ausnehmend gute BA und TBA. Die Auslesen sind oft recht alkoholstark und daher nicht sehr süß.

Fürst ★★
63927 Bürgstadt
Paul Fürst ist Spezialist für trockenen Wein, aber auch seine süßen Rieslinge können exzellent sein.

Fürstlich Castell'sches Domänenamt ★★★
97335 Castell
Hier geht es noch feudal zu, denn den Fürsten gehört wie im 12. Jahrhundert so auch heute das Dorf, die Bank und das Weingut samt organischem Anbau. Riesling wird nur selten süß bereitet, dafür aber gibt es sehr gute Versionen von Rieslaner und Müller-Thurgau sowie exzellente von Silvaner. Der Qualitätsstand ist hoch, die Mostgewichte liegen weit über den vorgeschriebenen Werten.

Juliusspital ★★
97070 Würzburg
Auch diese große karitative Einrichtung produziert saftigen Riesling und Silvaner aus der bekanntesten Lage Frankens, dem Würzburger Stein.

Staatlicher Hofkeller ★★★
97070 Würzburg
Aus den überwältigenden Kellern mitten in der Stadt kommen klassische Rieslinge und Rieslaner der besten Lagen, u. a. vom Würzburger Stein. Die Qualität ist inzwischen ausnehmend gut.

Weitere Weingüter, die zwar auf Süßweine nicht spezialisiert sind, aber dennoch gelegentlich hervorragende Beispiele produzieren, sind u. a. «Am Lump», Horst Sauer, Schmitt's Kinder und Schloss Sommerhausen.

Mittelrhein

Das 600 ha umfassende Weinbaugebiet erstreckt sich nordwestlich vom Rheingau am Rhein entlang. Hier ist Riesling-Land; die besten neueren Jahrgänge waren 1994, 1995 und 1996.

Haupterzeuger

Toni Jost ★★★
55422 Bacharach
In winzigen Mengen bringt Peter Jost in geeigneten Jahren, z. B. 1996, wundervoll rassige süße Rieslinge bis zur TBA hervor.

Auch Lanius-Knab und Ratzenberger produzieren süße Rieslinge in ebenfalls guter Qualität.

Mosel-Saar-Ruwer

Die berühmte stahlige Art der Moselweine ist kein Mythos. Die steilen Hanglagen mit ihrem Schieferboden baden oft lange in schon nördlich geschwächtem Sonnenlicht, das aber vom Fluss reflektiert und dadurch verstärkt wird – hier wachsen Weine mit ausgeprägtem mineralischem Charakter. In den edelsüßen Weinen verbirgt sich die mineralische Komplexität anfangs hinter der Restsüße, aber mit der Zeit tritt sie hervor und vermählt sich herrlich mit der exquisiten Frucht.

Die Mosel hat seit 1988 eine außergewöhnlich dichte Folge von guten Jahrgängen erlebt. Nur der 1991er ist mittelmäßig ausgefallen. Auch könnte sich der 1996er mit seiner kräftigen Säure schließlich bei den hervorragenden halbtrockenen Weinen besser entwickeln als bei intensiv süßen Weinen, aber die Jahrgänge 1989, 1990, 1994, 1995 und 1997 bieten allerhöchste Qualität. Alle nachstehend genannten Weine sind Rieslinge.

Bedeutende Erzeuger

***Bischöfliche Weingüter* ★★**
54290 Trier
Die Weinberge des großen kirchlichen Weinguts sind über das ganze Anbaugebiet verstreut. Die Auslesen und Eisweine von der Ruwer, v. a. Kaseler Nies'chen, können exzellent sein. Ein bedeutender Anteil am großartigen Scharzhofberg gehört zum Besitz.

***Weingut Joh. Jos. Christoffel Erben* ★★★★**
54539 Ürzig
Steile Schieferhänge im Ürziger Würzgarten erbringen herrlich volle und würzige süße Weine mit gleichmäßig großem Charakter.

***Robert Eymael (Mönchhof)* ★★**
54539 Ürzig
Nachdem Familienprobleme eine Zeit lang eine gewisse Richtungslosigkeit verursacht hatten, ist das schöne Weingut nun eindeutig wieder in Form. Die Spitzenweine stammen aus den Lagen Erdener Prälat und Ürziger Würzgarten.

***Weingut Le Gallais* ★★★**
54459 Wiltingen
Die Familie Egon Müller vom Scharzhof (s.d.) hat das kleine Weingut an der Saar gepachtet und produziert hier aus der Lage Braune Kupp schöne Weine, die oft etwas fleischiger sind als die vom Scharzhofberg.

***Grans-Fassian* ★★★**
54340 Leiwen
Das Weingut liegt zwar in Leiwen, seine besten Weine aber kommen aus den Lagen Trittenheimer Apotheke und Piesporter Goldtröpfchen. Früher wurde es oft unterbewertet, heute jedoch produziert es Auslesen, BA und gelegentlich Eiswein in sehr hoher Qualität.

***Fritz Haag* ★★★★**
54472 Brauneberg
Der lebhafte Wilhelm Haag darf wohl als der Spitzenerzeuger an der Mittleren Mosel bezeichnet werden. Ihm gelingt es, Fruchtfülle und Extraktreichtum mit brillanter Säure und unaussprechlicher Eleganz zu vereinen. Seine besten Weine kommen stets aus der Lage Brauneberger Juffer-Sonnenuhr. In einem schönen Jahr wie 1997 produziert er oft drei bis vier Auslesen, die durch verschiedene Kapseln gekennzeichnet sind. Seine Weine sind sehr teuer geworden, sie gehören aber auch zu den feinsten in ganz Deutschland.

***Reinhold Haart* ★★★★**
54498 Piesport
Der gute Name Piesport ist vom deutschen Weingesetz in den Schmutz gezogen worden, denn es hat ihn zum Sammelbegriff für Massenwein gemacht. Theo Haart hat die Reputation von Piesport

durch volle, aber elegante Weine mit ausgeprägten mineralischen Noten aus der großartigen Lage Goldtröpfchen wieder aufgerichtet.

Weingut von Hövel ★★★
54329 Kunz-Oberemmel
Eberhard von Kunow kann bei aller Bescheidenheit nicht leugnen, dass er in den letzten Jahren eine ganze Reihe köstlicher und eleganter Auslesen, Beerenauslesen und Eisweine aus seiner besten Lage, der Oberemmeler Hütte, hervorgebracht hat.

Karthäuserhof ★★★★
54292 Eitelsbach
Wenn Christoph Tyrell nicht gerade auf der Wildschweinjagd ist, produziert er außerordentlich intensive, fein geschliffene und sehr langlebige Weine. Alle stammen aus der Lage Karthäuserhofberg, die sich im Alleinbesitz des Weinguts befindet.

Reichsgraf von Kesselstatt ★★★
54290 Trier
Als die Familie Reh diesen großartigen, aber weit verstreuten Besitz erwarb, legte Annegret Reh-Gartner den Schwerpunkt auf die besten Lagen, u. a. Josephshöfer (Alleinbesitz in Graach), Scharzhofberg an der Saar, Kaseler Nies'chen an der Ruwer und den weltberühmten Bernkasteler Doctor.

Schloss Lieser ★★★
54470 Lieser
Das einst berühmte Schorlemer-Gut war in die Mittelmäßigkeit abgeglitten, doch neue Besitzer haben es seit Anfang der 1990er Jahre wiederbelebt, und Ende der 1990er Jahre erwarb es sein Kellermeister Thomas Haag, der Sohn von Wilhelm Haag vom Weingut Fritz Haag (s.d.). Unter seiner Leitung hat sich die Qualität mächtig gebessert.

Weingut Dr. Loosen ★★★★
54470 Bernkastel
Ernie Loosen ist durch seine Tatkraft, sein Flair und seine unumwundenen Ansichten zu einer der kontroversesten Gestalten an der Mittelmosel geworden. Er besitzt aber wunderbare Lagen – Erdener Prälat, Ürziger Würzgarten und Wehlener Sonnenuhr. Sehr niedrige Erträge im Verein mit sehr später Lese und großer Ambition haben das Weingut in die Spitzenklasse gehoben. Seine süßen Weine sind hinreißend mit ihrer reintönigen Frucht, ihrer Extraktfülle und ihrer rassigen Konzentration. Sie bieten schon in der Jugend schönen Genuss, scheinen aber für die Ewigkeit ausgestaltet zu sein.

Maximin Grünhaus ★★★★
54318 Grünhaus-Mertesdorf
Die Weinberge des Spitzenguts an der Ruwer wurden einst von Mönchen angelegt: Der Abtsberg war für den Abt, der Brudersberg für die Mönche und der Herrenberg für die weltlichen Vornehmen bestimmt. Noch heute kommen vom Abtsberg die feinsten Weine,

aber auch die anderen stehen ihnen nicht viel nach. Alle sind in der Jugend recht karg und verschlossen und vereinen Delikatesse mit Nuancenreichtum und exquisiter Frucht; sie gehören mit großer Beständigkeit zur obersten Klasse der Region.

Egon Müller (Scharzhof) ★★★★
54459 Wiltingen
Das Gutshaus Scharzhof steht am Fuß des mächtigen Scharzhofbergs. Obwohl das Klima an der Saar eher streng ist, gewinnt die Familie Müller aus dieser prachtvollen Lage immer wieder Eisweine, Beeren- und Trockenbeerenauslesen, die mit ihrem dichten Extrakt und ihrer straffen Säure oft zehn Jahre in der Flasche brauchen, um ihre großartige Finesse zur Geltung zu bringen. Die Preise sind zwar erschreckend hoch, dennoch gibt es beim Absatz der Weine keine Probleme.

Dr. Pauly-Bergweiler ★★★
54470 Bernkastel
Trotz Familienverbindungen im ganzen Tal ist Dr. Peter Pauly mit gelegentlichen exzentrischen Ambitionen, z. B. der Erzeugung von Rotwein, so etwas wie ein Einzelgänger. Auf jeden Fall aber produziert er Eiswein und TBA in höchster Qualität. Ihm und seiner Frau (Besitzerin des angegliederten Weinguts Peter Nicolay) gehören einige hervorragende Weinberglagen: Ürziger Würzgarten, Bernkasteler Alte Badstube, Erdener Prälat und Graacher Himmelreich.

Weingut Joh. Jos. Prüm ★★★★
54470 Wehlen
Dr. Manfred Prüm, wohl das angesehenste Mitglied der berühmten, ganz Wehlen beherrschenden Familie Prüm, hat besondere Freude daran, Besuchern Flaschen ohne Etikett aus seinen geräumigen Kellern vorzusetzen. Noch größer ist seine Freude, wenn selbst ein erfahrener Gaumen das Alter solcher Weine gröblich unterschätzt, denn sie gehören zu den langlebigsten deutschen Gewächsen – zart, voller Finesse, in der Jugend eigentümlich ausdrucksschwach, doch allmählich sich zu großem Reichtum an Komplexität und Eleganz entfaltend.

Weingut Max. Ferd. Richter ★★★
54486 Mülheim
Dr. Dirk Richter produziert exzellente Weine aus der Lage Brauneberger Juffer Sonnenuhr und ist schon seit Jahrzehnten auf Eiswein aus der Lage Mülheimer Helenenkloster spezialisiert. Dieser Eiswein mit seiner Fruchtfülle und seiner rassigen Säure setzt sehr hohe Maßstäbe.

Schloss Saarstein ★★★
54455 Serrig
Christian Ebert leitet dieses untadelige Gut seit 1986. Die Weine sind klassische Saar-Gewächse: schlank, rassig und erst nach Jahren in der Flasche ihre exquisite Frucht preisgebend. Die Auslesen und Beerenauslesen sind schön verhalten und sehr langlebig.

***Willi Schaefer* ★★★★**
54470 Graach
Willi Schaefer ist der Spitzenerzeuger in Graach, doch sein Weingut ist klein und bringt nur begrenzte Mengen hervor. Wenn man seinen Weinen begegnet, kann man ohne Zögern zugreifen: Sie bieten höchste Qualität und die für Graach typische Fruchtigkeit ohne Mangel an Struktur, Nachhaltigkeit oder Konzentration.

***Selbach-Oster* ★★★**
54492 Zeltingen
Zeltingen ist vielleicht nicht so bekannt wie der Nachbarort Wehlen, doch Johannes Selbach ist überzeugt, dass die Weinberglagen hier genauso gut sind. Außerdem gehören Lagen in Graach, Wehlen und Bernkastel zum Besitz des Weinguts, und seine Weine sind alle sehr zuverlässig.

***Weingut Wwe. Dr. H. Thanisch Erben* ★★**
54470 Bernkastel-Kues
Verwirrenderweise gibt es hier zwei Weingüter gleichen Namens. Dieses, das bessere der beiden, ist Mitglied des Verbands Deutscher Prädikatsweingüter (VDP) und führt dessen Logo. Die Spitzenweine des Guts stammen aus der berühmten Lage Bernkasteler Doctor und sind sehr gut, aber teuer.

***Dr. Heinz Wagner* ★★**
54439 Saarburg
Heinz Wagner produziert feine Weine mit mineralischen Noten aus seinen Weinbergen mit Schieferboden an der Saar. Die Auslesen und Eisweine aus der Lage Saarburger Rausch können exzellent sein.

***Zilliken* ★★★★**
54439 Saarburg
Das Gut ist eine untadelige Quelle klassischer Saarweine: stahlig, rassig und konzentriert. Die süßen Weine mit ihrer straffen Struktur brauchen Zeit zur Entfaltung. Die Spitzenlage heißt Saarburger Rausch. Der Eiswein kann extrem kräftige Säure aufweisen.

Weitere empfehlenswerte Erzeuger natursüßer Weine sind u. a. Willi Haag, Heymann-Löwenstein, Immich-Batterieberg, Karlsmühle, Karp-Schreiber, Heribert Kerpen, Milz (Laurentiushof), S.A. Prüm, Studert-Prüm und Weins-Prüm.

Nahe

Das Anbaugebiet mit seiner verstreuten Rebfläche von 4600 ha hat es schwer gehabt, eine eigene Identität aufzubauen, denn es steht sehr im Schatten der Nachbargebiete Mosel und Rheingau. Die Böden und die Lagen sind hier sehr unterschiedlich und dementsprechend auch die Weine. Sie sind zwar körperreicher als die von der Mosel, haben mit diesen aber den mineralischen Charakter in gewissem Umfang gemein, während sie breitere, eher dem Rheingau verwandte Struktur aufweisen. Die besten Jahrgänge der vergangenen Dekade waren 1990 und 1993 bis 1997.

Bedeutende Erzeuger

Crusius ★★
55595 Traisen
Das von Dr. Peter Crusius geleitete, höchst traditionsverhaftete Gut war eine Zeit lang Schwankungen unterworfen, ist jetzt aber wohl wieder auf gutem Kurs. Seine besten Lagen heißen Traiser Bastei und Traiser Rotenfels; aus ihnen kommen kraftvolle, komplexe, mineralische Weine.

Schlossgut Diel ★★★
55452 Burg Layen
Armin Diel führt ein Doppelleben – einerseits ist er einer der führenden deutschen Weinautoren und andererseits Leiter dieses exzellenten Weinguts. Nachdem er sich mit sehr trockenen Weinen und Gärung in *barriques* versucht hat, wendet er sich nunmehr traditionelleren Stilen zu. Seine Auslesen und Eisweine, meist aus besten Lagen in Dorsheim, können ganz hervorragend sein.

Hermann Dönnhoff ★★★★
55585 Oberhausen
Seit Jahren ist dieses das Spitzengut an der Nahe; es produziert überaus konzentrierte, elegante süße Weine, v. a. Eiswein, aus den Lagen Oberhäuser Brücke und Niederhäuser Hermannshöhle.

Gutsverwaltung Niederhausen-Schlossböckelheim ★★
55585 Niederhausen
Die ehemalige Staatsdomäne, einst Bannerträger der Region, befindet sich nun im Besitz der Familie Maurer und bemüht sich, das frühere Renommee wieder zu erlangen. Seine Weinberglagen gehören zu den besten an der Nahe, und die Eisweine können ganz ausnehmend gut sein.

Weitere empfehlenswerte Weingüter an der Nahe sind u. a. Paul Anheuser, Emrich-Schönleber, Krüger-Rumpf, Lötzbeyer, Schloss Wallhausen und Tesch.

Pfalz

Das traditionsreiche Anbaugebiet ist für deutsche Verhältnisse warm, und seine natursüßen Weine besitzen eine Üppigkeit, die den Ausgleich für den oft breiten Geschmack und einen Mangel an Säure schafft. Im Norden der Region, die sich über rund 80 km erstreckt, gedeiht der Riesling, weiter im Süden sind die Burgundersorten erfolgreicher. Viele Erzeuger konzentrieren sich ganz auf trockenen Wein, doch nur wenige Spitzengüter widerstehen der Versuchung, auch großen Eiswein oder eine Trockenbeerenauslese zu produzieren, wenn sich günstige Gelegenheit bietet.

Bedeutende Erzeuger

Bassermann-Jordan ★★
67142 Deidesheim
Unter den Privatweingütern, die den Norden der Pfalz beherrschen, hat Bassermann-Jordan oft für Enttäuschungen gesorgt. Nun aber geht es unter dem neuen Kellermeister Ulrich Mell wieder aufwärts, und man darf auf eine Rückkehr zu den vollen, würzigen Auslesen und Trockenbeerenauslesen hoffen, die einst die Glorie des Weinguts ausmachten.

Reichsrat von Buhl ★★★★
67146 Deidesheim
Nach vielen glanzlosen Jahren wurde ein neuer Kellermeister, Frank John, berufen, und rasch stellte sich Besserung ein. Er senkte die Erträge, schaffte die Süßreserve ab und praktizierte interventionsfreie Weinbereitung. Die besten Lagen für süße Weine sind meist Forster Ungeheuer und Jesuitengarten. In 1994, einem großen Jahr für Edelfäule, wurde eine Scheurebe TBA von Lesegut mit 280° Oechsle erzeugt, die eine für die Zähne geradezu gefährliche Restsüße von 500 g/l und ebenso kraftvolle Säure von 20 g/l aufwies. Die 1996er Eisweine sind die bisher wohl besten aus dem Hause von Buhl.

Dr. Bürklin-Wolf ★★★
67157 Wachenheim
Das große Weingut legt den Schwerpunkt auf seine superben trockenen Rieslinge, erzeugt aber auch köstlichen und intensiven Riesling Eiswein, wenn es die Verhältnisse erlauben. 1994 wurde zudem eine erstaunliche Scheurebe TBA von Lesegut mit 254° Oechsle produziert.

Christmann ★★★
67435 Gimmeldingen
Das kleine Weingut mit großer Reputation erzeugt schöne Rieslinge aus Deidesheim und Ruppertsberg. Die süßen Versionen sind üppig, jedoch nie schwerfällig oder klebrig.

Kurt Darting ★★
67098 Bad Dürkheim
Das Gut verfügt vielleicht nicht über die feinsten Lagen, macht aber das Beste aus dem, was es hat, und kann saftige süße Weine von Riesling, Scheurebe und anderen Rebsorten bieten, die oft recht sanft und schon jung ein Genuss sind.

Weingut Dr. Deinhard ★★★
67146 Deidesheim
Das schöne, jahrzehntelang von der Familie Wegeler gepachtete Gut hat ungleichmäßige Leistung gezeigt, in letzter Zeit aber ganz prachtvolle Beerenauslesen und Eisweine aus Deidesheim und Ruppertsberg hervorgebracht.

Koehler-Ruprecht ★★★
67169 Kallstadt
Bernd Philippi, einer der innovativsten Weinerzeuger Deutschlands, produziert gern Weine mit Edelfäule, und zwar von Spätburgunder wie von Riesling. Er nimmt für sich in Anspruch, 1983 den ersten Spätburgunder-Eiswein herausgebracht zu haben. Alles in allem landet er manchen Treffer, schießt aber gelegentlich auch daneben. Einer seiner gleichmäßigeren Weine ist der Elysium, eine Beerenauslese von mehreren Rebsorten, die drei Jahre in neuen Eichenfässern reift. Sein Riesling BA aus der Lage Kallstadter Saumagen hat kraftvolle, alkoholbetonte Art und ist nicht jedermanns Geschmack.

Lingenfelder ★★★
67229 Grosskarlbach
Der vor allem durch seine Spätburgunder bekannt gewordene Rainer Lingenfelder produziert auch feine Rieslinge und von Zeit zu Zeit sensationelle Scheurebe BA und TBA.

Georg Mosbacher ★★★
67147 Forst
In einer Gegend, in der alle Weine, sogar die Rieslinge, eher breit ausfallen, strebt Mosbacher Eleganz an. Seine Weine sind nicht gerade kraftvoll, haben dafür aber schöne Reintönigkeit und stilvolle Art.

Müller-Catoir ★★★★
67433 Haardt
In Deutschland wirkt der Kellermeister eher im Verborgenen, aber alle Liebhaber deutscher Weine wissen, dass im Weingut von Herrn Catoir die Weinbereitung Hans-Günter Schwarz obliegt. Er hat Generationen von inzwischen prominenten Kellertechnikern ausgebildet, und so hat sich sein Einfluss über die ganze Pfalz ausgebreitet.

Aus Lagen in Haardt und Gimmeldingen produziert Schwarz seit Jahren die funkelndsten, blendendsten, reintönigsten und berückendsten süßen Weine nicht nur von Riesling und der Scheurebe, sondern auch von Rieslaner, der mit seiner atemberaubenden Säure unfehlbar brillant ausfällt.

Pfeffingen (Fuhrmann-Eymael) ★★
67098 Bad Dürkheim
Doris Fuhrmann leitet dieses exzellente Weingut, das breite, volle, süße Weine von Scheurebe und Riesling hervorbringt.

J.L. Wolf ★★
67157 Wachenheim
Ernst Loosen aus dem gleichnamigen Mosel-Weingut hat zusammen mit einigen Investoren diesen etwas heruntergekommenen Besitz übernommen, zu dem immerhin exzellente Weinberglagen gehören. Die ersten Jahrgänge lassen bereits ahnen, dass Prachtvolles bevorsteht.

Rheingau

Das berühmte Anbaugebiet mit seinen fast ausschließlich mit Riesling besetzten 3250 ha Rebfläche zieht sich im Wesentlichen in einer Reihe von Südlagen am Rhein entlang. Der Rheingau hat in der vergangenen Dekade nicht immer gleichmäßige Leistungen erbracht. Über die hier bestgeeigneten Weinstile hat es viel internes Hin und Her und mancherlei Unsicherheit gegeben, aber die edelsüßen Weine, die hier entstehen, können überwältigend sein. Besonders gute Jahrgänge der neueren Zeit sind 1990 und 1993 bis 1996.

Bedeutende Erzeuger

***Georg Breuer* ★★★★**
65385 Rüdesheim
Bernhard Breuer hat sein Programm in den letzten Jahren auf trockene und sehr süße Weine eingeschränkt, die meist aus besten Lagen in Rüdesheim stammen. Die Süßweine sind saftig und honigduftig mit lebhafter Fruchtigkeit und exzellenter Nachhaltigkeit.

***Schloss Johannisberg* ★★★**
65366 Johannisberg
Das berühmte alte Gut, dessen herrliche Weinberge sich auf sanften Hängen zum Rhein hinunter erstrecken, ist seiner Reputation nicht immer gerecht geworden. In den letzten Jahren wurden hier zwar große Beerenauslesen und Eisweine produziert, aber mit ihren kolossalen Preisen sind sie unweigerlich dazu verurteilt, in den Kellern von Sammlern zu verschwinden.

***Johannishof* ★★★**
65366 Johannisberg
Die Familie Eser bringt aus ihren Weinbergen in Johannisberg und Rüdesheim wunderbare Auslesen und noch süßere Weine hervor.

***August Kesseler* ★★**
65385 Assmannshausen
Neben feinen, vollen Rieslingen vom Rüdesheimer Bischofsberg produziert Kesseler aus alter Lokaltradition auch süße Spätburgunder-Rotweine mit intensivem Erdbeerduft, an deren Geschmack man sich allerdings gewöhnen muss.

***Peter Jakob Kühn* ★★★**
65375 Oestrich
Kühn ist zwar Spezialist für trockenen Riesling, erzeugt aber auch überwältigende süße Weine bis zur Trockenbeerenauslese, die meist ohne Lagenbezeichnung angeboten werden.

***Franz Künstler* ★★★**
65239 Hochheim
Gunter Künstler war in den 1980er Jahren ein aufgehender Stern; inzwischen hat er seinen Besitz durch Erwerbung des nahegelege-

nen Weinguts Aschrott erweitert. In seinen Hochheimer Weinbergen erzielt er gute Reifegrade, so dass volle, intensive süße Weine entstehen können.

Josef Leitz ★★
65385 Rüdesheim
Johannes Leitz, ein Verfechter der interventionsfreien Weinbereitung, produziert aus Steillagen in Rüdesheim feine süße Weine.

Schloss Reinhartshausen ★★★
65346 Eltville-Erbach
Das große Gut, einst königlich-preußischer Besitz, hat in den letzten 15 Jahren Höhen und Tiefen erlebt. Größere Investitionen haben nun höheren Qualitätsstand ermöglicht, und in den letzten Jahren sind einige spektakuläre süße Weine entstanden.

Balthasar Reß ★★★
65347 Hattenheim
Stefan Reß zeigt echten Enthusiasmus für süße Weine und produziert solche bis zur Trockenbeerenauslese. Neben Frucht und Intensität bieten sie oft verlockenden Charme und spritzige Art.

Schloss Schönborn ★★
65347 Hattenheim
Das schöne aristokratische Weingut brachte gegen Ende der 1980er Jahre wundervolle süße Weine hervor, hat aber in neuerer Zeit nicht mehr sehr viel Gleichmäßigkeit an den Tag gelegt. Immerhin kann eine TBA aus der großen Erbacher Lage Marcobrunn ein umwerfender Wein sein.

Staatsweingüter Kloster Eberbach ★★
65343 Eltville
Die enorm große Staatsdomäne besitzt mit die feinsten Weinberglagen im Rheingau, und in den 1970er und 80er Jahren erbrachte sie unter ihrem früheren Leiter, Dr. Hans Ambrosi, Pionierdienste für den Eiswein. Seither sind ihre Leistungen etwas ungleichmäßig, aber sie ist nach wie vor eine Quelle exzellenter süßer Weine.

J. Wegeler Erben ★★★
65375 Oestrich-Winkel
Das einst mit der Familie Deinhard assoziierte Weingut hat viele Wechselfälle erlebt. Heute liegt der Schwerpunkt auf trockenem und sehr süßem Wein. Die letztere Art stammt meist aus der Lage Oestricher Lenchen und zeichnet sich durch Fülle, Lebendigkeit und große Langlebigkeit aus.

Robert Weil ★★★★
65399 Kiedrich
Dieses Weingut hat sich in nur einem Jahrzehnt in die Spitzenklasse des Rheingaus hinaufgearbeitet. Es bietet eine Fülle an prachtvollen süßen Weinen aus mehreren Kiedricher Lagen, vor allem vom Gräfenberg. Diese Weine haben alles: Frucht, Konzentration, Kom-

plexität, Haltbarkeit, Frische. Doch weltweiter Beifall bedeutet, dass die Preise überaus hoch sind.

Weitere empfehlenswerte Quellen für natursüßen Wein aus dem Rheingau sind u. a. Graf von Kanitz, Knyphausen, Hans Lang, Langwerth von Simmern und Prinz.

Rheinhessen

Soweit Rheinhessen einen Ruf für süßen Wein hat, ist er leider nicht besonders gut. Hier ist die Heimat der billigsten deutschen Weine aus Massenproduktion vom ertragsstarken Müller-Thurgau und anderen Rebsorten. Aber es gibt auch viel Riesling, und bestimmte Bereiche, vor allem die als Rheinfront oder Rheinterrasse bezeichnete Gegend, können sehr feinen Wein hervorbringen. Er hat allerdings nur selten ebenso feste Säure wie Rheingauer oder Moselwein und hält sich auch nicht so gut. Die besten Jahrgänge der letzten Dekade waren 1990, 1992, 1993 und 1996; mit Ausnahme von 1991 waren alle Jahre seit 1988 überdurchschnittlich gut.

Bedeutende Erzeuger

Balbach ★★
55283 Nierstein
Das Weingut wird hier aufgrund seiner illustren Vergangenheit und seiner guten Zukunftsaussichten erwähnt. Derzeit hat es Fritz Haselbach vom Weingut Gunderloch (s.d.) gepachtet, und er ist dabei, dem vernachlässigten Besitz neues Leben einzuhauchen.

Gunderloch ★★★★
55299 Nackenheim
Die bescheidenen Besitzer, Fritz und Agnes Hasselbach, haben sich gegen Ende der 1980er Jahre in Rheinhessen eine Starrolle erarbeitet und sind seither auch nicht wieder aus ihr herausgefallen. Ihre besten süßen Weine kommen aus der Steillage Rothenberg mit ihrem roten Boden, zeigen eine kräftige mineralische Note und halten sich dank straffer Struktur sehr gut.

Keller ★★★
67592 Flörsheim-Dalsheim
Klaus Keller, ein neuer Stern in Rheinhessen, produziert hervorragende Eisweine und Trockenbeerenauslesen aus der Dalsheimer Lage Hubacker – Rieslinge mit anregender Frucht und bemerkenswerter Geschmackskonzentration.

Kühling-Gillot ★★
55294 Bodenheim
Roland Gillot produziert eine große Auswahl an Weinen, u. a. gelegentlich auch eine TBA aus der Lage Oppenheimer Sackträger. Der Stil ist recht opulent mit dem Schwerpunkt auf fülliger Frucht anstelle rassiger, eleganter Struktur.

Schales ★
67592 Flörsheim-Dalsheim
Mit einer großen Auswahl an Rebsorten im Bestand produzieren die Gebrüder Schales jedes Jahr eine enorme Liste von Weinen. Infolgedessen ist die Qualität ungleichmäßig, und manche Weine sind ziemlich ausgefallen – am meisten der Eissekt!

Wittmann ★★
67593 Westhofen
Wie so viele Weingüter in Rheinhessen verfügt auch dieses über eine reiche Palette an Rebsorten. Daher sind hier schon füllige Trockenbeerenauslesen von so unterschiedlichen Sorten wie Riesling, Albalonga und Chardonnay entstanden.

Württemberg

Hier ist eigentlich Rotweinland, aber gelegentlich kommen auch natursüße Weine vor.

Haupterzeuger

J.F. Feindert ★★
74321 Bietigheim-Bissingen
Joachim Feindert hat den nicht alltäglichen Mut, ausschließlich Eiswein – entweder von Riesling oder von der roten Lokaltraube Trollinger – zu produzieren. Die Weine reifen in neuen Eichenfässern und sind extrem teuer.

Österreich

Geschichte

Mindestens seit dem 17. Jahrhundert ist Österreich eine Quelle süßer Weine. Südöstlich von Wien liegt im Burgenland der große, flache Neusiedlersee. Fast jedes Jahr rufen in den Weinbergen an seinen Ufern Herbstnebel reichlich Edelfäule hervor. Diese Gegend ist eine der wenigen in Europa, wo edelsüßer Wein in Hülle und Fülle produziert werden kann.

Leider entsprang diesen idealen Verhältnissen auch ein Skandal, der dem österreichischen Weinbau schweren Schaden zufügte. In Deutschland ist es schwierig und kostspielig, süße Weine in hoher Qualität zu produzieren, deshalb schwelgten die deutschen Weinimporteure wie die Touristen in den scheinbar unerschöpflichen Quellen preiswerter Edelfäuleweine in Österreich. Die Nachfrage war so groß, dass in den 1980er Jahren einige Erzeuger ihre Weine mit Diäthylenglykol aufmöbelten. Dieser Zusatzstoff war zwar nicht giftig, aber eine derartige Panscherei ist nun einmal Betrug. Sicherlich waren nur einige wenige Erzeuger direkt daran beteiligt, doch ihr übles Tun wurde bald ruchbar.

Als der Skandal im Jahr 1985 platzte, brach der Weinexport in sich zusammen. Die österreichischen Weinbaubehörden schritten nun zur Tat, brachten die Sünder hinter Gitter und führten das strengste Weingesetz ein, das es in Europa gibt. Allmählich erholte sich der Absatz wieder, und um die Mitte der 1990er Jahre waren die natursüßen Weine aus Österreich nicht nur wieder akzeptiert, sondern ausgesprochen in Mode. Das war zum großen Teil dem Marketing-Genie von zwei führenden Erzeugern zu verdanken: Alois Kracher und Willi Opitz.

Burgenland

Um den Neusiedlersee herum werden Süßweine in zwei prägnanten Stilen erzeugt: Im Westen um Rust entstehen alkoholstarke Weine mit dem Schwerpunkt auf Körper, Wucht und Süße. Demgegenüber ist auf dem Ostufer, im Seewinkel, fast jedes Jahr dank der vielen stehenden Gewässer neben dem See die Edelfäule stark verbreitet; was hier wächst, wirkt im Stil eher deutsch, ist aber etwas voller. Allgemein haben die Weine aus Rust kräftigere Säure und sind sehr langlebig, während die vom sandigeren Boden des Seewinkels ärmer an Säure sind und rascher reifen. Das aber ist eher als Tendenz denn als feste Regel zu verstehen.

Süßweine werden hier von vielen verschiedenen Rebsorten erzeugt. Der Welschriesling, der nicht mit dem Riesling vom Rhein verwechselt werden darf, ist mit seiner dünnen Beerenhaut sehr empfänglich für die Edelfäule. Die Lokaltraube Bouvier reift ebenso früh und kann konzentrierte Weine liefern, denen es aber an Säure und Charakter mangelt. Neuburger ist in der Struktur und im Reifeverlauf ähnlich, in der Art aber etwas breiter. Dem echten Riesling vom Rhein begegnet man hier nicht oft, ebenso wenig der ansonsten verbreitetsten österreichischen Traube, dem Grünen

Veltliner. Dagegen kommt die Scheurebe häufiger vor und erbringt exzellente süße Weine mit schöner Säure – größerer Konfusion halber schreiben viele österreichische Erzeuger den dort für die Scheurebe üblichen Namen «Sämling 88» auf ihre Etiketten. In den letzten Jahren hat auch die Furmint-Traube eine Wiederbelebung erfahren; das Burgenland gehörte bis 1921 zu Ungarn, deshalb ist diese ungarische Rebsorte hier noch heimisch. Ausgezeichnete Süßweine liefert auch der Muskat Ottonel; Gewürztraminer (hier meist nur Traminer genannt) ist ebenfalls durchaus verbreitet, aber viele der feinsten Weine entstehen von Weißburgunder und Chardonnay. Alois Kracher (s.u.) schätzt Welschriesling wegen seiner Finesse und Chardonnay wegen seiner Kraft und Konzentration.

Die Klassifizierung der natursüßen Weine lautet ähnlich wie in Deutschland, jedoch mit einigen bedeutsamen Unterschieden. Die Österreicher haben ein eigenes Maß für den Süßegrad der Trauben: die Klosterneuburger Mostwaage (KMW). Das Mindestmostgewicht für Beerenauslese (BA) und Eiswein beträgt 25° KMW (127° Oechsle), für Trockenbeerenauslese (TBA) 30° KMW (156° Oechsle). Außerdem gibt es noch eine Zwischenkategorie namens Ausbruch, für die ein Mindestmostgewicht von 27° KMW (138° Oechsle) festgesetzt ist.

Der Ausbruch mit seinem markanten Stil ist eine Spezialität von Rust. Oft wird vor dem Gärprozess ein gewisser Anteil nicht von Edelfäule befallener Frucht zugesetzt. Der Alkoholgehalt liegt bei 14 %, und dementsprechend ist die Restsüße nicht allzu hoch; 80 bis 120 g/l sind üblich. Der Wein ist oft recht dunkel und hat eine leicht oxidative Note – so war es wenigstens allgemein noch vor 30 Jahren, heute dagegen bemühen sich einige Erzeuger um eine frischere Art. Unter den Winzern von Rust herrscht einiger Unmut darüber, dass andere Gegenden ebenfalls den Begriff Ausbruch auf ihren Etiketten gebrauchen, was zwar legal, aber irreführend ist.

Der Ausbruch geht auf das 17. Jahrhundert zurück; daneben gibt es den erst seit kurzem von Willi Opitz maßgeblich wiederbelebten Schilfwein, der inzwischen auch von anderen Erzeugern aufgenommen worden ist. Seine Bereitungsmethode besteht darin, dass ähnlich wie bei der italienischen *passito*-Tradition gesunde Trauben auf Schilf zum Trocknen ausgebreitet werden. Dabei wird über das Schilfbett ein Plastikfolientunnel gesetzt, der zwar die Luft zum Trocknen der Trauben durchstreichen lässt, zugleich aber den Regen abhält.

1981 war hier ein großes Jahr, und 1990 kam exzellenter Eiswein zustande. 1991 und 1995 gab es einen reichen Ertrag an Edelfäuleweinen in ausgezeichneter Qualität. 1996 war der Herbst kühl; es entstanden zwar gute süße Weine, jedoch mit viel kräftigerer Säure als sonst. 1997 kamen nur sehr kleine Mengen an süßem Wein zustande, aber der 1998er könnte sich als großer Jahrgang erweisen.

Bedeutende Erzeuger

Altenberg ★
7122 Gols
Roman Leitner ist Spezialist für alkoholstarken Eiswein; er arbeitet mit kraftvollen Hefen, die den Alkoholgehalt bis auf 18 % hinauftreiben. Natürlich ist die Restsüße dann entsprechend gering. Mir schmeckt solcher Wein zwar ganz und gar nicht, er scheint aber seine Anhänger zu haben. Die TBA kann dagegen exzellent sein.

Feiler-Artinger ★★★★
7071 Rust
Hans Feiler und sein Sohn Kurt sind Meister des Ausbruchs; sie produzieren ihn meist von Welschriesling und Weißburgunder (Pinot Cuvée), nur in manchen Jahren kommt auch ein Traminer Ausbruch hinzu. Die Pinot Cuvée reift nun in neuen Eichenfässern, ohne dass ein aufdringlicher Holzton entsteht. Eine weitere Spezialität der Feilers ist die Essenz, ihren Worten zufolge eine Ruster Tradition. 1997 hatte der Most für die Essenz einen so hohen Süßegrad, dass die Gärung bei 5 % Alkohol zum Stillstand kam.

Martin Haider ★★
7142 Illmitz
In Illmitz gibt es viele Winzer namens Haider; dieser hier ist einer der besten. 1998 entstand eine köstliche TBA von Muskat Ottonel, 1995 eine ungewöhnliche TBA von der roten Zweigelt-Traube und daneben erstmals eine TBA von Sauvignon blanc.

Juris ★★
7122 Gols
Das Weingut hieß früher Stiegelmar, und Georg Stiegelmar pflegte traditionelle, von den Ungarn ererbte Methoden. Neben Ausbruch produzierte er faszinierende Weine wie Masslach und Eszensia. Nun ist Stiegelmar im Ruhestand, und sein Sohn Axel hat den Namen des Weinguts geändert und das Programm gestutzt. 1982 hatte Georg Stiegelmar den Strohwein wieder zum Leben erweckt, und dieser wird noch immer produziert. Die für ihn bestimmten Trauben werden sechs Monate lang getrocknet und dann gekeltert; der Wein reift zum Teil in *barriques*. Bouvier, Chardonnay und Weißburgunder sind die bevorzugten Traubensorten für Strohwein.

Trockenbeerenauslesen werden in besonders guten Jahren produziert und in neuen Eichenfässern ausgebaut. Der erstklassige Süßwein namens Imperialis zeigt je nach Jahrgang unterschiedlichen Stil: 1995 war er eine Beerenauslese von Chardonnay, Welschriesling, Bouvier und Weißburgunder, 1996 wurde er als Ausbruch deklariert.

Kollwentz ★★★
7051 Markt Großhöflein
Das Gut ist vor allem für trockene Weine bekannt, wenn es aber gelegentlich einen süßen Wein produziert – z. B. den 1996er Weiß-

burgunder BA oder den fabelhaften 1995er Chardonnay TBA –, dann ist er stets ausnehmend gut.

***Alois Kracher* ★★★★**

7142 Illmitz

Der tatkräftige Alois Kracher übernahm 1986 das Familiengut und galt schon nach wenigen Jahren weithin als Produzent der feinsten Süßweine Österreichs. Die Größe seiner Weine liegt in ihrem Gleichgewicht; alle sind voll, konzentriert, extraktreich und zeigen dabei feine, unaufdringliche Säure und große Vielschichtigkeit im Geschmack.

Es entstehen hier Weine in zwei Stilen: «Zwischen den Seen» reift in neutralen Fässern; das Programm «Nouvelle Vague» wird in *barriques* vergoren und mindestens 12 Monate auf dem feinen Geläger ausgebaut. Seit 1991 baut Alois Kracher den Wein, den er als den besten und harmonischsten ansieht, getrennt aus und nennt ihn Grande Cuvée. Er entsteht fast immer von Chardonnay und Welschriesling, allerdings nur in besonders günstigen Jahren.

1991 war für Alois Kracher das erste hervorragende Jahr (doch sein Vater hatte bereits wunderbare 1981er produziert), und der bisher beste Jahrgang ist der spektakuläre 1995er, der ihm nicht weniger als 15 Trockenbeerenauslesen einbrachte. Kracher sammelt rasch Erfahrungen und kann Jahr um Jahr mehr Vielfalt und Finesse bieten.

***Helmut Lang* ★★★★**

7142 Illmitz

Das Weingut, eine immer zuverlässigere Quelle für Edelfäuleweine, produzierte 1995 und 1996 würzige Scheurebe TBA. Obwohl Ausbruch eigentlich in Rust verbreiteter ist, hat Lang diesen Stil ebenfalls zu seiner Spezialität gemacht. Überdies ist sein Eiswein einer der besten in Österreich.

***Münzenrieder* ★★**

7143 Apetlon

Die Familie Münzenrieder betreibt ihr Weingut auf ziemlich kommerzielle Art, daher ist die Qualität unterschiedlich. Es kann hier aber feine BA und TBA entstehen, vor allem Wein von der Bouvier-Traube ist oft ausgeprägt sahnig. Scheurebe TBA fällt ebenfalls oft sehr intensiv, nur vielleicht etwas eindimensional aus.

***Nekowitsch* ★★**

7142 Illmitz

Gerhard Nekowitsch ist Spezialist für Schilfwein, u. a. von der roten Zweigelt-Traube. Ich bevorzuge die feine 1995er Scheurebe TBA und den 1995er Zweigelt Eiswein.

***Willi Opitz* ★★★**

7142 Illmitz

Dieser blendende Meister der Weinbereitung versteht es auch ausgezeichnet, mit den Medien umzugehen. 1988 produzierte er von seinen wenigen Hektar Rebfläche 27 verschiedene Weine, doch am interessantesten sind seine sensationellen süßen Weine. Opitz ist innovationsfreudig und entwickelte 1989 eine Technik für die Erzeugung von Schilfwein. Eiswein und TBA produziert er auch von Rotweintrauben wie Blauburger. Zum beträchtlichen Ärger des kalifornischen Weinbaubetriebs Opus One nannte er einen seiner Weine «Opitz One». Den Kaliforniern kam das nicht komisch vor, aber alle anderen hatten ihren Spaß daran, und der Wein wurde ein Erfolg. Er ist meistens ein Schilfwein von Zweigelt und Blaufränkisch. Auch die traditionellen Weine sind exzellent, z. B. die aufregenden Trockenbeerenauslesen von 1995.

Josef Pöckl ★★★
7123 Mönchhof
Pöckl ist durch prachtvolle Rotweine bekannt geworden, in den letzten Jahren hat er sich aber auch dem Süßwein zugewandt. 1995 produzierte er wundervoll geratene Trockenbeerenauslesen von Scheurebe und leider etwas säurereiche von Blauburgunder.

Peter Schandl ★★★★
7071 Rust
Der humorige, freundliche Peter Schandl hat eine Heurigenschänke in der Nähe der Weinakademie in Rust; dort kann man seine Weine in Ruhe probieren. Seine Spezialität ist Ausbruch, oft von Ruländer oder Furmint. Die Erträge liegen sehr niedrig – 1995 waren es 12 hl/ha –, und Schandl achtet darauf, dass seine Weine nicht allzu alkoholstark ausfallen. Oft zeigen sie eine für echten Ausbruch charakteristische rauchige, leicht oxidative Note, jedoch ohne im Geringsten schal zu wirken.

Heidi Schröck ★★★
7071 Rust
Auch Heidi Schröck ist Spezialistin für Ausbruch, bei dem sie oft Welschriesling mit Weißburgunder und Muskat Ottonel mischt. Die Weine zeigen intensive Fruchtigkeit und die für Ausbruch typische Wucht. Köstlich ist auch der Chardonnay BA.

Ernst Triebaumer ★★★
7071 Rust
Die Rotweine Ernst Triebaumers werden viel gepriesen, in bestimmten Jahren erzeugt er aber auch hervorragenden Ausbruch. Vor allem ist er einer von wenigen, die Ausbruch von Sauvignon blanc produzieren, denn diese Traube eignet sich schön für die Reintönigkeit, die er anstrebt.

Paul Triebaumer ★★
7071 Rust
Wie sein berühmterer Bruder Ernst (s. o.) erzeugt auch der innovationsfreudige, manchmal exzentrische Paul Triebaumer nur in günstigen Jahren Ausbruch, z. B. 1991, 1995, 1996 und 1998. Er mischt unter die von Edelfäule befallenen Trauben eine kleinere Menge nicht befallener hochreifer Trauben, um dem Wein Frische zu verleihen. Im 12 Monate dauernden Ausbau in *barriques* versucht er

oxidative Art zu vermeiden. 1995 fiel sein Ausbruch von Furmint und Muskateller sehr üppig aus.

Velich ★★
7143 Apetlon
Besonders bekannt ist Velich für seinen eichenholzwürzigen Chardonnay; er produziert außerdem eine majestätische Chardonnay-Trockenbeerenauslese, die in neuen Eichenfässern vergoren und ausgebaut wird. Auch seine TBA von Muskat Ottonel und Welschriesling sind exzellent.

Wenzel ★★
7071 Rust
Der höfliche, konservative Robert Wenzel ist Spezialist für Ausbruch. Er hat sich bereits halb zurückgezogen, um den Platz für seinen Sohn Michael frei zu machen. Unter dem Namen Ausbruch Cuvée wird eine Mischung von Furmint, Müller-Thurgau und Gelbem Muskateller angeboten; hinzu kommen sortenreine Ausbruchweine, z. B. der markante Furmint und der brillante 1993er Sauvignon blanc. Im Lauf der Jahre sind auch schon sehr eindrucksvolle und intensive BA und TBA entstanden. Die Qualität ist, von gelegentlichen Enttäuschungen abgesehen, oft ganz ausnehmend gut.

Sehr gute Weine findet man auch bei Paul Achs (Gols), Angerhof (Illmitz), Josef Gangl (Illmitz), Grenzhof (Mörbisch), Hafner (Mönchhof), Vinzenz Haider (Illmitz), Hammer (Rust), Kraft (Rust), Leberl (Großhöflein), Seiler (Rust), Steiner (Podersdorf), Terra Galos (Gols), Tinhof (Eisenstadt), Stefan Tischida (Illmitz) und Ziniel (St. Andrä).

Kamptal-Donauland

Die Täler nördlich der Donau haben viel mit der benachbarten Wachau im Südwesten gemein, wenn auch Löss und vulkanischer Boden vielen Weinen eine andere Struktur verleihen. Die Gegend ist nicht ideal für die Entstehung edelsüßer Weine, aber in bestimmten Jahren erlaubt Edelfäule die Erzeugung außergewöhnlicher Gewächse dieser Art. 1995 war der Edelfäulebefall sehr stark.

Bedeutende Erzeuger

Baron Geymüller ★★★
3506 Krems-Hollenburg
Hochfeine Trockenbeerenauslesen – Riesling in 1995 und Chardonnay in 1996 – beweisen, was geleistet werden kann, wenn in der Gegend von Krems günstige Verhältnisse eintreten.

Jurtschitsch ★★
3550 Langenlois
Das besonders für feinen Grünen Veltliner bekannte Weingut hat auch schon guten Eiswein von dieser Traube hervorgebracht, z. B.

1988, und in neuerer Zeit prachtvolle TBA von Chardonnay und Grünem Veltliner produziert.

Malat ★★★
3511 Furth bei Göttweig
Gerald Malat, einer der Spitzenerzeuger Österreichs, bringt von Zeit zu Zeit einen hervorragenden edelsüßen Wein hervor, z. B. den intensiven 1995er Sauvignon blanc TBA und den exquisit ausgewogenen 1998er Riesling TBA.

Auch von Hiedler (Langenlois), Mantlerhof (Brunn), Franz Maurer (Schiltern), Toni Mayr (Dross), Metternich-Sándor (Strass) und Nigl (Senftenberg) sind mir gute edelsüße Weine begegenet.

Steiermark

Das herrliche grüne Land an der Grenze zu Slowenien ist besonders für exquisite trockene Weißweine bekannt; edelsüße Weine bilden eher die Ausnahme. Hier wird viel Gewürztraminer angebaut, und der Ort Klöch erhebt den (allerdings kaum aufrecht zu erhaltenden) Anspruch, den besten Traminer der Welt hervorzubringen. Gelegentlich entstehen von dieser Traubensorte Beeren- und Trockenbeerenauslesen. Einige Winzer produzieren zum großen Ärger ihrer Ruster Konkurrenten auch Ausbruch. Winkler-Hermaden in Kapfenstein bringt manchmal feine BA und TBA nicht nur von Traminer, sondern auch von Weißburgunder heraus. 1995 wurden beide Sorten gemischt, und es entstand ein ziemlich rosinensüßer Wein. Ein 1979er Weißburgunder TBA von Sattler war durch allzu viel Alkoholstärke beeinträchtigt.

Thermenregion

Südlich von Wien liegt der für volle, manchmal süße Weißweine berühmte Weinort Gumpoldskirchen. In den 1980er Jahren kam sein guter Ruf in Gefahr, als bekannt wurde, dass viel Wein, der unter diesem Namen lief, nicht dort gewachsen war. Bemerkenswert an Gumpoldskirchen sind seine Lokalrebsorten Rotgipfler und Zierfandler, letzterer verwirrenderweise auch Spätrot genannt. Sie erbringen Most mit hohem Süßegrad und demzufolge alkoholstarken Wein. Die beiden Sorten werden meist miteinander gemischt. In anderen Teilen der Thermenregion entstehen trockene Weißweine, nur manchmal kommen auch feine edelsüße Weine vor.

Bedeutende Erzeuger

Alphart ★★★
2514 Traiskirchen
Karl Alphart ist zwar nicht in Gumpoldskirchen ansässig, hat aber viel Spätrot und Rotgipfler in seinem Rebenbestand und brachte in guten Jahren wie 1990, 1994 und 1995 schon manche exzellente BA und TBA hervor.

Biegler ★★★
2352 Gumpoldskirchen
Der in der Region führende Erzeuger bringt gelegentlich, z. B. 1995, hervorragenden Zierfandler TBA zuwege.

Franz Kurz ★★
2352 Gumpoldskirchen
Kurz ist durch hervorragende Trockenbeerenauslesen mit Karamellnote z. B. der Jahrgänge 1981, 1989, 1990 und 1995 aufgefallen.

Schellmann ★★★
2352 Gumpoldskirchen
Schellmann ist am bekanntesten für trockene Weine, doch seine gelegentlich entstehenden edelsüßen Weine, z. B. der 1995er Chardonnay TBA, können erstklassig sein.

Wachau

Edelfäule stellt sich in der Wachau überraschend häufig ein, so 1995 und 1998. Der Befall ist meist nur partiell, aber durchaus nicht unwillkommen, denn er kann in einen trockenen Wein füllige Nuancen einbringen; 1998 wurde allerdings ein größerer Teil des Ertrags befallen, so dass die Winzer über beträchtliche Vorräte an untypischen Weinen im Auslese- und BA-Stil verfügen.

Bedeutende Erzeuger

Freie Weingärtner Wachau ★
3601 Dürnstein
In der Zeit, bevor die exzellente Genossenschaftskellerei ihren neuen Namen annahm, brachte sie schon gelegentlich edelsüße Weine hervor, z. B. 1979 einen pfirsichduftigen, aber nicht sehr dauerhaften Müller-Thurgau BA. 1996 entstand ein ganz ähnlicher Wein mit rauchigem Edelfäuleduft und seidigem Gefüge.

Leo Alzinger ★★★
3601 Unterloiben
Alzinger brachte 1983 eine BA von Grünem Veltliner hervor sowie 1995 einen feinen Riesling BA, leider aber nur in winzigen Mengen.

Nikolaihof ★★
3512 Mautern
Nikolaus Saahs hat ziemlich regelmäßig Trockenbeerenauslesen, oft von Riesling, Neuburger und Grünem Veltliner in Mischung erzeugt, und zwar in den Jahren 1971, 1975, 1983 und 1989. Der 1983er war überaus vollmundig und apfelfrisch.

F.X. Pichler ★★★
3601 Oberloiben
Der größte Weinerzeuger Österreichs? Vielleicht. Der zurückhaltende Pichler ist sicherlich der am höchsten verehrte, und seine

trockenen Weine sind ganz prachtvoll. Nur gelegentlich, beispielsweise 1994, produziert er auch edelsüße Weine, so einen Grünen Veltliner Eiswein und eine Trockenbeerenauslese von Sauvignon blanc.

Weinviertel

Dieses Weinbaugebiet östlich, nördlich und nordwestlich von Wien hat einen enormen Umfang und weist daher eine Vielfalt an Weinstilen auf. Edelfäule kommt hier selten vor, doch feiner Eiswein entsteht öfters. Manche Beispiele zeigen bei Eiswein, der eigentlich reintönig und sauber sein soll, eine nicht gerade ansprechend wirkende rosinenhafte, überhitzte Art.

Der führende Eisweinerzeuger ist Friedrich Rieder in Kleinhadersdorf, der schon Beispiele dieses Stils von ganz unterschiedlichen Rebsorten wie St. Laurent (eine Rotweintraube), Weißburgunder (hervorragend in 1991), Müller-Thurgau und Riesling produziert hat. Auch Strell in Radlbrunn ist empfehlenswert.

Ungarn: Tokajer (Tokaji)

Geschichte

Der große Ruf des Tokajers geht weit zurück bis ins 17. Jahrhundert. Dieser von (eingeschrumpften und von Edelfäule befallenen) *aszú*-Trauben bereitete Wein war bei den russischen Zaren überaus beliebt, und Ludwig XIV. von Frankreich tat den berühmten Ausspruch, der Tokajer sei der König der Weine und der Wein der Könige – die Verfechter des Tokajer sind nach wie vor darauf bedacht, dass diese Worte nicht in Vergessenheit geraten.

Die Weinbergfläche auf Lehmboden über vulkanischem Untergrund erstreckt sich an den Hängen hinter der Stadt Tokaj und ihren Nachbarorten auf etwa 5500 ha. Die Hauptrebsorte ist Furmint; sie erbringt einen wuchtigen, säurereichen Wein. Hárslevelü, die zweite Rebsorte, hält heute etwa ein Drittel der Rebfläche besetzt, hinzu kommen kleinere Bestände an Muskateller. Hárslevelü bringt in den Wein Blumigkeit ein und bildet so das Gegengewicht zur stahligen Art der Furmint-Traube, die früher von Edelfäule befallen wird als Hárslevelü, während diese wiederum in verregneten Herbsten nicht so anfällig gegenüber schädlicher Fäule ist.

Auf jeden Fall kriecht im Herbst Nebel aus dem Flüsschen Bodrog die Hänge hinauf und setzt die Edelfäule in Gang. Trauben, die von ihr nicht befallen sind, werden nun herausgelesen und auf die übliche Weise zu einem Grundwein verarbeitet und aufbewahrt. Im Oktober oder Anfang November werden dann die edelfaulen Trauben von Hand gelesen, zerquetscht und dem Grundwein beigemischt. Durch das Beimischen des süßen Traubenbreis wird eine erneute Gärung ausgelöst, die schließlich den *aszú*-Wein ergibt.

In der vorindustriellen Zeit wurden die *aszú*-Trauben vor dem Zerquetschen zunächst in einer so genannten Butte *(putton)* mit einem Fassungsvermögen von 25 kg gesammelt. Es können bis zu 6 Butten oder *puttonyos* einem *gönci* (Göncer Fass) mit 136 l Grundwein zugesetzt werden. Der so entstehende Wein wird nach der Zahl der beigemischten *puttonyos* unterschieden; je höher die Zahl, desto süßer und extraktreicher ist der Wein.

So jedenfalls sieht die Theorie aus. Heute gibt sich niemand mehr mit Göncer Fässern und *puttonyos* ab, aber das grundsätzliche Verhältnis der Bestandteile zueinander ist dasselbe geblieben. Deshalb kommt der Tokajer nach wie vor als drei-, vier-, fünf- oder gelegentlich sechsbuttiger Wein auf den Markt, und daneben gibt es die Sonderform Aszú Eszencia. Hinzu kommt noch die Rarität Eszencia (nicht mit Aszú Eszencia zu verwechseln), die von dem dicken, klebrigen, überaus süßen frei abgetropften Most stammt. Er wird für sich vergoren, aber sein natürlicher Zuckergehalt ist so hoch, dass der Gärprozess zum Erliegen kommt, ehe der Alkoholgehalt über 6 % hinausgelangt – vielmehr werden oft sogar nur 3 % erreicht. Diese Eszencia war wohl der bei gekrönten Häuptern so begehrte, äußerst intensive Wein, doch von ihm kann man eigentlich nicht mehr als einen Fingerhut voll auf einmal trinken. Heutzutage dient er allerdings nur noch als besonders wirksamer Verschnittbestandteil.

Am anderen Ende der Skala steht der Szamorodni, ein ursprünglich polnisches Wort, das «wie gewachsen» bedeutet. Wenn edelfaule Trauben nur vereinzelt vorkommen, dann werden sie oft zusammen mit nicht befallenen Trauben gelesen und verarbeitet. Auf diese Weise entsteht ein trockener bis lieblicher Wein. In der Zeit der Kollektivwirtschaft wurde für den lieblichen Szamorodni die Restsüße mit 10 bis 50 g/l, für dreibuttigen Tokajer dagegen mit 60 bis 90 g/l festgesetzt.

Das hohe Renommee des Weins zog bereits zu Beginn des 18. Jahrhunderts eine Klassifizierung der Weinberglagen nach sich, also lange vor anderen Klassifizierungen, z. B. der von Bordeaux aus dem Jahr 1855. Diese Unterscheidungen gingen jedoch verloren, als 1948 der Weinbau kollektiv organisiert wurde. Nun bereiteten nicht mehr einzelne Erzeuger die Weine und bauten sie in dem Gewirr feuchter Keller unter den Hügeln von Tokaj aus, stattdessen wurde die Weinproduktion in immensen Vinifikationsanlagen zentralisiert. Freilich erfolgte noch immer ein langwieriger Ausbau in tiefen Kellern, aber die Weine wurden auch geschönt, scharf gefiltert und pasteurisiert, was ihrer Qualität insgesamt nur abträglich gewesen sein kann. Für verschiedene Märkte wurden Tokajer in unterschiedlicher Qualität produziert; die besseren gingen in den Westen, die schlechtesten wurden mit Wasser aufgefüllt und nach Russland exportiert.

Die staatlichen Regulierer legten genaue Kriterien für die Erzeugung der einzelnen Buttenstufen fest, die sich auf Mindestwerte für Restsüße, Säure und Trockenextrakt und die Ausbauzeit in kleinen Fässern bezogen. Diese Fässer wurden allerdings, wenn überhaupt, nur selten aufgefüllt – die Luftfeuchtigkeit in den Kellern war so groß, dass keine Verdunstung eintrat –, und so war es unvermeidlich, dass sich oxidative Töne in die Weine einschlichen und ihnen Karamellnoten verliehen.

Trotzdem war der «industrielle» Tokajer durchaus nicht schlecht, was vermutlich dem Wert des *terroir* an sich zu verdanken ist. Als dann 1990 die kommunistische Ära zu Ende ging und neue Investitionen in die Region strömten, begannen Erzeuger und Verbraucher wieder den Stil und die Art des echten Tokajers näher zu betrachten. Zu diesen «Revisionisten» gehören u. a. István Szepsy, ein Winzer in Mád, und Peter Vinding-Diers von der Royal Tokaji Wine Company.

Sie waren überzeugt, dass der Tokajer, entgegen der allgemeinen, im kollektivistischen System noch bestärkten Auffassung, kein oxidativer Wein sein sollte. Vinding-Diers setzte sich dafür ein, die Fassausbauzeit zu verkürzen und dadurch ein Mindestmaß an Oxidationserscheinungen anzustreben. So entstand Wein, der sowohl süßer als auch frischer und sauberer war. Zunächst missbilligte die Behörde diesen «neuen» Weinstil, ließ ihn aber dann doch zu. Es gab heftige Kontroversen um die «Revisionisten». Manche Anhänger des oxidativen Stils, vor allem die Überbleibsel des nach und nach privatisierten ehemaligen Staatsweinguts (die jetzt unter dem Namen Tokaji Trading Company agieren), äußerten die Vermutung, dass die Royal Tokaji Wine Company nur versuche, ihre Investitionen rascher wieder herauszuholen, indem sie den Wein schon nach drei und nicht erst nach den traditionellen fünf bis zehn Jahren Ausbau in die Flasche bringe. Überdies, so argumentieren sie weiter, sei der Tokajer niemals ein fruchtiger, edelsüßer Wein nach Art des Sauternes gewesen, vielmehr gehöre der oxidative Charakter untrennbar zu seiner Echtheit. Die Revisionisten hielten dem entgegen, sie seien lediglich zum echten Tokajerstil der Vorkriegszeit zurückgekehrt. Damit haben sie sich inzwischen weitgehend durchgesetzt, und der heute auf dem Markt befindliche Tokajer zeigt größtenteils eine frischere, lebendigere Art als die Weine der 1970er und 80er Jahre mit ihren Toffee-Nuancen.

István Szepsy erklärt, dass man nur bereit sein müsse, lange genug zu warten und im Weinberg selektiv zu arbeiten, um jedes Jahr *aszú*-Wein erzeugen zu können. Die großen (mindestens aber reichlichen) Jahre für *aszú*-Weine waren 1957, 1959, 1964, 1968, 1972, 1973, 1975, 1979, 1983, 1985, 1988, 1989, 1993, 1995 und 1997.

Ein kleiner Teil der Rebfläche von Tokaj liegt jenseits der Grenze in der Slowakei; dort entsteht Wein, der an die früheren Abfüllungen des ungarischen Staatsweinguts erinnert. Die Ungarn sind ungehalten über diese «Entweihung» des berühmten Namens. Freilich stimmt es, dass die Slowaken einen zweibuttigen *aszú*-Wein anbieten, der mit dem ungarischen nichts gemein hat. Die Proben, die ich davon degustiert habe, waren nicht beeindruckend.

Bedeutende Erzeuger

***Chateau Megyer* ★★**
3950 Sárospatak
Der größte Anteil an diesem Weingut befindet sich im Besitz der französischen Versicherungsgesellschaft GAN. Als erster Jahrgang entstand der 1992er. Die Weinbereitung obliegt einem Management-Team unter der Leitung von Jean-Michel Arcaute von Château Clinet in Pomerol; als Berater fungiert Michel Rolland. Der Ausbau erfolgt in ungarischen Eichenfässern. Zur Differenzierung der Megyer-Weine von denen aus dem Château Pajzos (s.d.), zu dem formale Bindungen bestehen, wird hier ein leichterer Stil gepflegt, der aber selbst in dem guten Jahr 1993 etwas enttäuschte.

***Chateau Pajzos* ★★★**
3950 Sárospatak
Das 1991 geschaffene 60 ha große Weingut Pajzos verfügt über Weinberglagen südlich von Sárospatak. Es befindet sich im Besitz des französischen Konsortiums Compagnie Financière des Grands Vins de Tokaj und arbeitet auf kommerziellem Gebiet eng mit Chateau Megyer (s.d.) zusammen. Michel Rolland fungiert in beiden Weingütern als Berater. Pajzos konzentriert sich auf Weine einer höheren Qualitätsstufe als Megyer und produzierte sehr gute 1993er, darunter eine superbe Eszencia mit 500 g/l Restsüße. 1997 entstand hier eine Kuriosität: ein sehr süßer Muskateller mit kräftigem, traubig-fruchtigem Geschmack.

***Disznókö* ★★★★**
3910 Tokaj
Dieses erstklassige Weingut wurde 1992 von der Versicherungsgesellschaft AXA erworben, der auch Château Suduiraut in Sauternes gehört. Nach weitgehender Neubestockung beläuft sich die Rebfläche auf 100 ha, von denen 60 % mit Furmint besetzt sind. Nach Experimenten zur Ermittlung der besten Art und Weise, Tokajer zu vinifizieren, werden die *aszú*-Trauben vorzugsweise in frischen Most und nicht in einen fertig vergorenen Grundwein gegeben. Es ist Disznókö zwar vorgeworfen worden, es verwende französische *barriques* und führe damit fremde Geschmacksnoten in den Tokajer ein, es arbeitet jedoch mit in Frankreich gebauten Fässern aus ungarischer Eiche, und übrigens nicht mit neuen.

Der 1993er war der erste wirklich gute Jahrgang, vor allem der 5- und 6-*puttonyos*. Es wurde auch eine Aszú Eszencia mit fünf Jahren Fassausbau und 200 g/l Restsüße produziert. Die reine Eszencia von 1993 beanspruchte fünf Jahre Gärzeit und erreichte dabei 3 % Alkohol bei 700 g/l Restsüße und 24 g/l Säure! Auch der Jahrgang 1997 sieht hier vielversprechend aus. Insgesamt zeichnet sich der Stil durch Frische und Lebhaftigkeit mit komplexen Noten von Äpfeln, Quitten und manchmal Tropenfrüchten wie Ananas aus; der oxidative Charakter wird mit Bedacht gering gehalten.

***Hétzölö* ★★**
3910 Tokaj
Das berühmte 47-ha-Gut geht offenbar bis auf das Jahr 1502 zurück und unterstand in der Habsburger Monarchie zwei Jahrhunderte lang der k. k. Domänenverwaltung. Heute sind Grands Millésimes de France und der japanische Suntory-Konzern die Besitzer. Die hochklassigen Weinberge befinden sich in Südlage, aber das Staatsweingut konnte sich eine Neubestockung nicht leisten; so wurde diese umfangreiche Arbeit von den neuen Besitzern unternommen, und nun wird es noch eine Weile dauern, bis sich die wahre Grandeur der Lage auch in den Weinen niederschlägt. Zwar war bereits der Jahrgang 1993 gut, er entstand aber fast ganz aus zugekaufter *aszú*-Frucht. Der Ausbau erfolgt drei bis vier Jahre in Fässern, die zuvor für Sauternes gebraucht worden waren.

***Oremus* ★★**
3934 Tolcsva
Oremus wurde zwar von dem legendären spanischen Weingut Vega Sicilia erworben, hatte aber einen langsamen Start. Es brachte zunächst unter dem eigenen Namen Weine heraus, die aus Beständen des ehemaligen Staatsweinguts zusammengestellt waren. Der erste eigene Jahrgang war der 1993er, er wurde aber unter Zeitdruck produziert. Anfänglich zeigten die Weine einen gewissen oxidativen Stil. Der Ausbau findet stets in Fässern aus ungarischer Eiche statt, die auch im Land gebaut sind.

Neben *aszú*-Weinen entstehen auch Süßweine in anderen Stilen. Forditas wird produziert, indem die Trester von *aszú*-Trauben in trockenem Wein eingemaischt und einer erneuten Gärung unterzogen werden; das ergibt einen Wein, der einem süßen Szamorodni ähnelt. Die Methode nimmt sich etwas eigentümlich aus, etwa wie wenn man einen Teebeutel zweimal verwendet. Ferner erzeugt Oremus einen Wein namens Noble Late Harvest, der wie Szamorodni aus ganzen Trauben ohne besondere Auslese entsteht, jedoch nicht oxidativ ausgebaut und schon jung – nach nur acht Monaten im Eichenfass – abgefüllt wird.

Royal Tokaji Wine Company ★★★★
3909 Mád
Wie der Name schon besagt, hat sich das Gut Grandeur zum Ziel gesetzt. Es entstand unter der Ägide von Peter Vinding-Diers, Hugh Johnson und anderer Investoren und ist der einzige bedeutende Erzeuger von Tokajer, der die alte Lagenklassifizierung wieder aufgenommen hat und auf den Etiketten erste und zweite Gewächse unterscheidet. Erste Gewächse sind Nyulászó, Szt.Tamás und Betsek, und ein zweites Gewächs ist Birsalmás. Das wahrscheinlich feinste erste Gewächs kommt aus der Lage Mézes Maly. Der erste Jahrgang war der 1993er, der 1999 zu einem sehr hohen Preis freigegeben wurde. Einfacher *aszú* erscheint unter einem blauen Etikett.

Zwar entstanden schon 1991 gute Weine, der erste herausragende Jahrgang war jedoch der 1993er. Der Weinstil der Royal Tokaji Wine Company ist sehr markant und wird von anderen Erzeugern nicht immer bewundert. Die Alkoholstärke liegt mit 10 bis 12 % eher niedrig, dafür die Restsüße sehr hoch, häufig über 200 g/l. Ähnlichkeit besteht nicht, wie manche Kommentatoren meinen, mit Sauternes, sondern mit Beeren- oder Trockenbeerenauslese.

István Szepsy ★★★★
39099 Mád
Szepsy half anfänglich bei der Einrichtung der Royal Tokaji Wine Company mit, führt aber seit einigen Jahren mit Unterstützung eines chinesisch-amerikanischen Geschäftsmanns seinen eigenen Betrieb. Während die anderen Erzeuger trockene Weine herausbringen, um rasch an bares Geld zu kommen, produziert Szepsy ausschließlich *aszú*-Weine. Er besitzt nur 8,5 ha, und die Erträge liegen mit höchstens 10 hl/ha sehr niedrig; infolgedessen kommt nur eine geringe Produktion zustande, und die Preise sind hoch. Die Qualität ist sensationell gut, die 1993er Aszú Eszencia war hinreißend.

Tokaji Trading Company ★★
3981 Sátoraljaújhely
Bis 1990 verfügte der Vorläufer, das Staatsweingut, über alles: Weinberge, Weinbereitungsanlagen, Keller, Vertriebseinrichtungen. Als die Privatisierung begann, musste das Unternehmen seinen Besitz zum Teil abgeben; es gab dann mehrere Umstrukturierungen, bis es 1994 schließlich den heutigen Namen annahm. 1998 war der Weinbergbesitz auf nur noch 70 ha zusammengeschrumpft, doch auch heute noch ist das Unternehmen der größte Aufkäufer von Traubengut in der Region. Zwar werden die Weine ihrer oxidativen Art wegen kritisiert, sie sind aber keineswegs mittelmäßig. Es mangelt ihnen wohl an Brillanz und Reintönigkeit, sie sind aber doch meist voll, körperreich, recht wuchtig und haben feste Säure als Rückgrat.

Italien

Kein Land ist für den Liebhaber süßer Weine eine reichere Fundgrube als Italien. Nirgendwo sonst findet man solche Vielfalt, solche verlockende Vielschichtigkeit. In Italien kommen Weine im *passito*-Stil häufiger vor als Weine mit Edelfäule, obwohl diese Regel in echt italienischer Manier unzählige Ausnahmen hat. Schon der Muskateller taucht in überaus unterschiedlichen Formen auf: Man braucht nur den federleichten, spritzigen Moscato d'Asti mit dem dunklen, karamellsüßen Muskateller von der Insel Pantelleria zu vergleichen. Und wo sonst begegnet man majestätischen unaufgespriteten süßen Rotweinen? Zudem ist Italien voll von Lokalrebsorten wie Picolit oder Moscato Rosa, die in oft nur winzigen Mengen einzigartige Weine hervorbringen.

Alto Adige – Südtirol

Bis 1919 bildete die Region einen Teil des österreichisch-ungarischen Kaiserreichs. Ihre Rebfläche liegt an Berghängen und trägt eine reiche Palette an Rebsorten. Süße Weine entstehen hier meist von dem vermutlich im späten 19. Jahrhundert aus Sizilien hierher gekommenen Muskateller – Moscato Giallo (Goldmuskateller) und Moscato Rosa (Rosenmuskateller). Die Erträge liegen extrem niedrig – oft kaum über 10 hl/ha. Für die süßen Weine (es gibt auch trockene Versionen) werden die Trauben erst spät im Oktober gelesen. Kommt schlechtes Wetter dazwischen, dann kann kein Rosenmuskateller produziert werden. Es ist sein Bukett, das den Rosenmuskateller so einzigartig macht. Es erinnert an Destillate von Rosenblütenblättern; nur wenige Weine dieser Welt haben ein so kraftvolles Parfum. Leicht aufgespritete Versionen gibt es ebenfalls.

Bedeutende Erzeuger

Franz Haas ★★★★
39040 Montagna/Montan
In den ersten Jahrgängen gelang der Rosenmuskateller hier nicht so überzeugend, inzwischen aber hat Haas diese launische Traube im Griff, und seine Weine weisen so viel Parfum und Tiefe auf, wie man es sich nur wünschen kann, insbesondere die Schweizer-Version.

Josef Niedermayr ★★★
39050 Cornaiano/Girlan
Niedermayrs Aureus ist eine dank kräftiger Säure schön lebendige Mischung von Chardonnay, Pinot bianco und Sauvignon blanc, teilweise mit Edelfäulebefall. Der 1995er war ausnehmend gut.

Schloss Sallegg ★★
39052 Caldaro/Kaltern
In den 1980er Jahren war dieses Gut der führende Erzeuger von Moscato Rosa – es brachte Weine mit wunderbarem Duft und Gefüge hervor. Leider hatte der Besitzer kein Interesse an der Sache,

und so war dieser prachtvolle, mit einer Produktion von nur 700 Flaschen sehr rare Rosenmuskateller in Gefahr auszusterben. Inzwischen hat es einen Umschwung gegeben, und das vielgepriesene Gewächs wird weiter produziert.

Weitere gute Rosenmuskateller bieten Lageder und Plattner an.

Calabria – Kalabrien

Aus Kalabrien kommt ein rarer, honigwürziger *passito* namens Greco di Bianco von der gleichnamigen Traube. Sein bekanntester Erzeuger ist Ceratti, während der ganz ähnliche Greco di Gerace von Ferdinando Messinò produziert wird. Muskateller kommen verbreitet, manchmal im *passito*-Stil, vor.

Emilia-Romagna

Die Emilia ist die Heimat des in vielen Facetten schillernden Lambrusco. Da es ihm in der süßlichen, schäumenden roten Version meist an Charakter fehlt, genügt es in diesem Kontext zu erwähnen, dass es sie gibt. Die besten Beispiele kommen vor allem aus Sorbara.

Die Romagna ist die Quelle eines interessanteren Weins: Es ist der Albana, der zur größten Verwunderung weiter Kreise als einer der ersten im Jahr 1987 mit der DOCG ausgezeichnet wurde. Dieser Wein kann immerhin seine Ursprünge bis in die Römerzeit zurückverfolgen – sein ehrwürdiges Alter spricht also für ihn. Er kommt in vielen Formen vor, von trocken über perlend bis *amabile* (lieblich) und schließlich *passito* als seiner bewunderungswürdigsten Ausprägung mit recht guter Säure und einer gewissen harzigen Note – ein schöner Genuss, wenn auch nicht so großartig, wie oft behauptet wird.

In den Colli di Parma kommt Malvasìa häufig im *amabile*-Stil vor, und Monte delle Vigne in Ozzano Taro bringt eine vollere, süßere Version einfach unter der Bezeichnung Malvasìa Dolce hervor.

Bedeutende Erzeuger

***Ferrucci* ★★**
48014 Castelbolognese
Stefano Ferrucci produziert einen guten, vollen, honigduftigen *passito* von der Albana-Traube sowie einen leichteren und frischeren *passito* von Malvasìa.

***La Stoppa* ★★**
29029 Rivergaro
Vigna del Volte ist eine vollmundige, orangenduftige Malvasìa Passita mit schlankem, straffem Gefüge, das diesem ansonsten etwas suppig wirkenden Wein beträchtliche Eleganz verleiht.

***Fattoria Zerbina* ★★★**
Fraz. Marzeno, 48010 Faenza
Das Gut erzeugt einen der feinsten Albana-Weine in *passito*-Version, hier als Scaccomatto bezeichnet. Er wird in *barriques* ausgebaut und hat daher eine Eichenholznote, aber seine höchst lebendige, an Ananas erinnernde Fruchtigkeit und seine feine Säure sind die dominanten Merkmale.

Empfehlenswerte Erzeuger von Albana sind u. a. Celli, Fattoria Paradiso, Cesari, Conti und Tre Monti.

Friuli – Friaul

Der bekannteste, wenn auch nicht unbedingt beste Süßwein aus Friaul ist der Picolit, der schon im 18. Jahrhundert groß in Mode war. Die Traube gedeiht auf vulkanischen Böden, ist aber sehr empfindlich und für das so genannte Durchrieseln anfällig, d. h., es kommt nicht zur vollen Befruchtung der einzelnen Blüten, und daher sind die Erträge überaus niedrig. Der Wein ist meist weder üppig noch ölig, aber fein, elegant, mit frischer Säure begabt und aufgrund der äußerst begrenzten Produktion sehr teuer. Er entsteht fast ausschließlich in den DOC-Zonen Collio und Colli Orientali.

Die Rebsorte Verduzzo Friulano, die auch im östlichen Veneto anzutreffen ist, hat gute Säure und eine gewisse Ähnlichkeit mit Chenin blanc, ist aber mit der leicht bitteren Note im Abgang versehen, die vielen italienischen Süßweinen einen willkommenen «Biss» verleiht. Der beste Verduzzo kommt aus dem Bereich Ramandolo, der seine eigene Sub-Appellation führt. Die dickschalige Traube erbringt oft recht tanninreichen Wein, der entweder als Spätlese oder nach der *passito*-Methode entsteht. Da er viel mehr Körper und Gewichtigkeit hat als Picolit, eignet er sich besser als dieser für das Vergären und Ausbauen in *barriques*. In manchen Fällen werden Verduzzo und Picolit auch miteinander verschnitten.

Moscato Rosa, in Südtirol mehr als in Friaul heimisch, wird in lieblichem Stil von Marco Felluga und Jermann (Vigna Bellina) produziert. Aus Friaul kommen zudem ein paar eigenwillige Süßweine, so der Apicio (Chardonnay x Manzoni 6.0.13) von Pittaro.

Bedeutende Erzeuger

***Abbazzia di Rosazzo* ★★★**
Loc. Rosazzo, 33044 Manzano
Ronco della Abbazzia heißt eine in *barriques* gereifte Mischung von Picolit und Verduzzo. Außerdem entstehen hier wundervoller Picolit mit einem sanften Bittermandelnachgeschmack sowie vollerer, komplexerer Verduzzo.

***Coos* ★★★★**
33045 Nimis
Dario Coos ist heute der führende Spezialist Friauls für Ramandolo. Seine Cuvée namens Il Longhino kommt nicht mit Eichenholz in

Berührung, aber der seriösere Ramandolo wird nach Vortrocknung in Eichen- und Akazienfässern vergoren. Durch das Vortrocknen wird erreicht, dass der Wein hohe Restsüße hat, der zum Ausgleich rassige Säure entgegensteht.

Dorigo ★★★
33042 Buttrio
Dorigo ist die Quelle eines Picolit Passito, der in *barriques* reift und zarte Nuancen von Trockenfrüchten aufweist. Das Gut bringt auch Verduzzo Friulano in einem recht alkoholstarken Stil hervor.

Dri ★★★★
33045 Nimis
Giovanni Dri hat Pionierdienste für meist in *barriques* gereiften Ramandolo geleistet. Er produziert auch kleine Mengen an hochpreisigem blumigem Picolit, der anders als der Ramandolo jung getrunken sein will, solange er seine frische Delikatesse mit Marzipannuance nicht eingebüßt hat.

Livon ★★★
33048 Dolegnano
Der Verduzzo namens Casali Godia reift 10 Monate in *barriques*. Der Stil ist üppig, aber im Abgang sauber und frisch.

Petrussa ★★★
33040 Prepotto
Die Gebrüder Petrussa bieten ihren vollen, süßen Verduzzo unter dem Namen Pensiero an.

Roberto Picech ★★★
34071 Cormons
Dieses Weingut produziert einen vollen, feigenwürzigen Malvasìa namens Passito di Pradis. Die Vinifikationsmethode ist ungewöhnlich. Nach dem Vergären mit den Schalen in *barriques* wird der Wein zum Ausbau in andere *barriques* abgestochen.

Ronchi di Manzano ★★★
33044 Manzano
Dieser aufgehende Stern hat einen feinen, apfelfrischen Picolit und einen eher zitrusfruchtigen Verduzzo namens Ronc di Rosazzo vorzuweisen.

La Viarte ★★★
33040 Prepotto
Aus Picolit mit Verduzzo gemischt entsteht hier ein *passito* namens Siùm, der in *barriques* vergoren und 20 Monate auf dem Geläger ausgebaut wird.

Weitere Erzeuger von gutem Picolit und Verduzzo sind u. a. Ca' Ronesca, Livio Felluga, Gigante, Meroi, Rodaro, Ronchi di Cialla, Ronco delle Betulle, Ronco del Gnemiz, Russiz Superiore und Specogna.

Lazio – Latium

In der Weinbauregion um Rom wird nicht viel Süßwein produziert, ausgenommen in der DOC Aleatico di Gradoli, deren Wein in Bestform hocharomatisch und recht haltbar ist. Die dortige Genossenschaftskellerei bringt auch eine aufgespritete *liquoroso*-Version hervor. Bemerkenswert ist, dass das Weingut Castel de Paolis für seinen edelsüßen Wein Muffa Nobile in ungewöhnlicher Weise die Sémillon-Traube nutzt.

Liguria – Ligurien

An den hoch über die felsige Mittelmeerküste nordwestlich von La Spezia aufsteigenden Steilhängen wächst ein rarer *passito* namens Sciacchetrà, der von Vermentino und den Lokaltrauben Bosco und Albarola produziert wird. Er hat eine lange und stolze Geschichte, war fast ausgestorben und wurde in jüngerer Zeit neu belebt. Gute Erzeuger des bernsteingoldenen, aprikosenduftigen und oft alkoholstarken Sciacchetrà sind u. a. Walter de Battè und die Genossenschaftskellerei in Riomaggiore.

Lombardia – Lombardei

Aus der DOC Oltrepò Pavese südlich von Pavia kommt viel, zum Teil recht süßer Schaumwein. Auch Moscato, manchmal *passito*, manchmal süß und perlend sowie in einigen Fällen auch aufgespritet, wird hier bereitet. Am besten ist wohl der nur in sehr begrenzten Mengen produzierte Moscato di Scanzo. Der führende Erzeuger ist La Brugherate.

Mario Pasolini in Mompiano hat im Lauf der Jahre schon viele exzellente *passito*-Weine hervorgebracht. Sein Ronco Passito von Marzemino in Mischung mit Merlot bietet vollmundige, süße, tanninreiche Frucht und Würze. Pasolini wird bald in den Ruhestand treten, daher ist die Zukunft seines Weins ungewiss.

Marche – Marken

Der bekannteste Weißwein dieser Region ist Verdicchio, der allerdings fast ausschließlich in knochentrockener Form vorkommt. Doch es gibt auch einige *passito*-Versionen, z. B. den nach Honig duftenden, im Geschmack aber weit weniger eindrucksvollen Le Brume von Garofoli. Ebenfalls zu erwähnen sind Rojano von Vallerosa Bonci sowie der von sonnengetrockneten Trauben bereitete Cesolano von Zaccagnini. Hinzu kommt ein süßer roter Schaumwein Vernaccia di Serrapetrona von der Traubensorte Vernaccia nera. Einen süßen, aber nicht weiter aufregenden Sauvignon blanc namens Maximo produziert Umani Ronchi.

Piemonte – Piemont

Asti hat ja vielleicht ein Imageproblem, aber niemand, der jemals einen feinen Spumante oder Moscato gekostet hat, wird bezweifeln, dass Piemont höchst erfreuliche Muskateller hervorbringen kann. Dabei sind sie keineswegs die einzigen in Piemont erzeugten Süßweine. Neben den nachstehend näher besprochenen kommt aus zwei kleinen Bereichen nördlich von Asti ein wenig Malvasìa-Schaumwein der süßen Art: Casorzo d'Asti (führende Erzeuger: Accornero und Mondalino) und Castelnuovo Don Bosco (Balbiano, Gilli und Bava). Der von Bava ist ein Genuss: rosenduftig und am Gaumen *frizzante*. Den Moscato di Strevi gibt es in schäumender Form (z. B. von Banfi) oder als *passito* (hierfür ist Domenico Ivaldis sahniger Casarito das beste Beispiel). Weitere Erzeuger von Moscato Passito sind u. a. Batasiolo und I Vignaioli di San Stefano Belbo.

Asti

Der Moscato bianco gedeiht auf den leichten Kalksteinböden von Alessandria und insbesondere auch von Asti. Die Weinberglage kann auf den Charakter des Weins, selbst eines solchen mit so kräftiger primärer Persönlichkeit wie Moscato, Auswirkungen haben. Bei dieser relativ spät reifenden Sorte kommt es darauf an, sowohl die blumigen, traubigen Aromen als auch die Säure zu bewahren.

Das Besondere am Spumante und am Moscato, der nicht so stark schäumenden *frizzante*-Version, ist, dass sie alkoholarm, süß und spritzig sind. Vinifiziert werden beide Versionen unter Druck in Stahltanks, in denen die Gärtemperatur exakt geregelt werden kann, so dass der Most, der meist einen potentiellen Alkoholgehalt von etwa 11 % hat, nur auf 5 bis 6 % vergären kann. Alles Übrige bleibt als Restsüße erhalten.

Der Moscato ist meist besser als der Spumante, weil für ihn stets die besseren Trauben verwendet werden. Beim Spumante ist es nämlich legal, ihn mit Zucker anzureichern (beim Moscato jedoch nicht), um den Alkoholgehalt zu steigern, der beim Spumante mindestens 7 % betragen muss, aber bis zu 9 % erreichen darf, während er beim Moscato meist 5 bis 6 % beträgt.

Zuverlässige Erzeuger von Spumante sind meist große Firmen, u. a. Fontanafredda, Bonardi, Bera, Gancia, Contratto, Cinzano und Martini & Rossi. Demgegenüber sind es oft kleinere Weingüter, die Moscato produzieren, u. a. Bera, Ca d'Gal, Ceretto (I Vignaioli di Santo Stefano), Cascina Fonda, Chiarlo, Il Falchetto, Rivetti, Saracco, Scagliola und La Spinetta. Das am höchsten angesehene auf Moscato d'Asti spezialisierte Weingut ist wohl Caudrina.

Brachetto

Diese meist für die Produktion von süßem Schaumwein genutzte Traubensorte gedeiht am besten um Strevi, wo sie über einen eigenen DOC-Bereich namens Brachetto d'Acqui verfügt. Da es sich um eine Rotweinrebe handelt, hört sich das verdächtig nach Lambrusco an, aber guter Brachetto ist exquisit, duftet wundervoll nach roter Frucht, z. B. Erdbeeren, und ist wie der Moscato alkoholarm. Empfehlenswerte Erzeuger sind u. a. Banfi, Contero, Grimaldi und Marenco. Es gibt auch eine oft exzellente *passito*-Version, die v. a.

von Domenico Ivaldi, Giovanni Ivaldi und Malvirà produziert wird. Der Pian dei Sogni von Scaglione (s.u.) ist herausragend.

Caluso Passito

Die kleine Stadt Caluso schaut auf die Po-Ebene hinab, und an den Hängen darüber wächst die Lokaltraube Erbaluce. Sie wird zu trockenem Wein, aber auch zu *passito* verarbeitet. Das Produktionsgebiet ist groß, von der süßen Version entsteht jedoch nur relativ wenig. Der führende Erzeuger war bislang Vittorio Boratto aus Piverone mit seinem dunklen, rosinensüßen, alkoholstarken Wein. Inzwischen ist sein Gut in dem von Luigi Ferrando aus Ivrea aufgegangen, der ebenfalls einen Caluso unter dem Namen Solativo produziert. Weitere empfehlenswerte Erzeuger sind Orsolani und Cieck.

Loazzolo

Dieser Unterbereich fällt in die Asti-Zone, und hier entsteht Moscato Passito, ein lang vernachlässigter Stil, der von Giancarlo Scaglione wiederbelebt wurde. Weitere Erzeuger sind u. a. Borgo Maragliano, Borgo Sambui und Bricchi Mej.

Haupterzeuger

Giancarlo Scaglione (Forteto della Luja) ★★★★
14050 Loazzolo
Mit seinem Piasa Rischei hauchte Scaglione dem traditionellen *passito* der Gegend neues Leben ein. Anstatt aber die Trauben auf Horden zu trocknen, lässt er sie lieber möglichst lang am Stock hängen. Manchmal hat sich auch Edelfäule eingestellt. Der in kleinen Fässern vergorene und bis zu zwei Jahre lang ausgebaute Wein ist Muskateller der exquisitesten Art mit feinem Gefüge und Nuancen von Quitten und getrockneten Aprikosen. Ferner produziert er einen herrlich blumigen, im Fass vergorenen Brachetto namens Pian dei Sogni.

Puglia – Apulien

Die heiße Region im Süden ist die Quelle von gutem Aleatico, einem fülligen süßen Rotwein, der auch in aufgespriteter Form als *liquoroso* vorkommt. Einen der besten produziert Francesco Candido in San Donaci. Ferner entsteht hier ein guter, voller Muskateller, der im Moscato di Trani über eine eigene DOC-Zone verfügt. Die führenden Erzeuger sind Rivera und Torrevento.

Sardegna – Sardinien

Hier ist die Heimat einer ganzen Reihe von süßen Malvasìa- und Moscato-Weinen sowie süßer Rotweine von der Monica-Traube – am bekanntesten ist der Monica di Cagliari. Viele dieser Weine sind aufgespritet und manche recht schwerfällig. Auch von der Cannonau-Traube, bei der es sich um keine andere als die Grenache oder Garnacha in Landestracht handelt, gibt es süße Weine.

Haupterzeuger

Sella & Mosca ★★
07041 Alghero
Der in Sardinien führende Erzeuger produziert einen mustergültigen *passito* namens Anghelu Ruju von Cannonau-Trauben; er ist ein ziegelroter aufgespriteter Wein mit etwa 80 g/l Restsüße, der sich majestätisch entfaltet – im Geschmack eine Kreuzung zwischen rotem *recioto* und LBV Port.

Sicilia – Sizilien

Der bekannteste Wein Siziliens ist der aufgespritete Marsala, den Marco de Bartoli (s.u.) allerdings auch in nicht aufgespriteter Version im *solera*-Verfahren produziert und als Vecchio Samperi anbietet. Dieser Wein muss als Vino da Tavola bezeichnet werden, weil er den für Marsala geltenden Bestimmungen nicht entspricht.

Muskateller treten wie in anderen Gegenden Italiens so auch in Sizilien in Erscheinung. Auf der Insel Pantelleria zwischen Sizilien und Tunesien wird die Moscato-Variante Zibibbo auf vielfältige Weise vinifiziert. Zwar hat die örtliche Genossenschaftskellerei die Produktion ihres leicht aufgespriteten Moscato «Tanit» eingestellt, der Name ist aber von der Firma MID übernommen worden, deren Tanit leichten Orangenduft sowie beträchtliche Frische und sahnige Art im Geschmack aufweist. Von sonnengetrockneten Zibibbo-Trauben entsteht der beachtenswerte Passito di Pantelleria, der in feinster Form von Marco de Bartoli produziert wird. Die Beispiele von Donnafugata und Rallo sind wesentlich leichter; der Morsi di Luce von Florio ist ein sehr guter aufgespriteter Vertreter dieser Art.

Die Insel Lipari ist die Quelle des *passito*-Weins Malvasìa delle Lipari. Die feinsten Beispiele – aromatisch komplex und überaus elegant – brachte bisher der hier ansässige Schweizer Carlo Hauner zuwege. Nach seinem Tod machte sein Betrieb eine Flaute durch, die inzwischen aber wohl zu Ende gegangen ist. Einen etwas dünneren Malvasìa erzeugt Colosi. Auch eine aufgespritete Version existiert.

Weitere Süßweine aus Sizilien sind Inzolia di Samperi von Marco de Bartoli und der liebliche Moscato di Noto, den es auch als Schaumwein und gelegentlich in aufgespriteter Version gibt.

Bedeutende Erzeuger

Marco de Bartoli ★★★★
91025 Marsala
Neben dem eindrucksvollen Marsala Vecchio Samperi produziert de Bartoli prachtvollen Moscato Passito di Pantelleria unter dem Namen Bukkuram. Die Muskatellertrauben werden zur Erhaltung

der Säure früh gelesen und dann etwa drei Wochen lang auf Drahtnetzen in der prallen Sonne getrocknet. Der Wein wird in großen Fässern vergoren und ausgebaut. Seine Farbe ist sehr tief, das Aroma erinnert an Rosinen und Feigen, und die exzellente Säure verhindert dickliche Süße.

Salvatore Murana ★★★★
91017 Pantelleria
Salvatore Murana produziert unbeirrt Weine rein von Zibibbo. Sein regulärer Moscato di Pantelleria ist sehr gut, doch der *passito* aus den Lagen Martingana und Khamma mit seinen wuchtigen Noten von Trockenfrüchten und seiner außergewöhnlichen Nachhaltigkeit erweist sich als wahrhaft sensationell.

Toscana – Toskana

Der große süße Wein der Toskana ist der Vin Santo. Er ist zwar im Wesentlichen ein *passito,* aber durch bestimmte Eigenheiten der Vinifikation und des Ausbaus doch schwierig zu produzieren. Es gibt viele enttäuschende Exemplare, und sogar in ein und demselben Weingut können von einem Jahr zum anderen ganz unterschiedliche Ergebnisse vorkommen.

Aleatico

Niemand kennt den Ursprung dieser aromatischen Traubensorte, deren starker Duft viele Fachleute veranlasst, sie mit Muskateller in Verbindung zu bringen. Sie wird in vielen Gegenden Italiens angebaut, ist aber im Schwinden; nur im Süden der Toskana erfährt sie eine gewisse Wiederbelebung. Die besten neueren Jahrgänge waren 1990 und 1997. Auch auf Elba kommt Aleatico vor; dort wird er von La Chiusa vinifiziert.

Bedeutende Erzeuger

Antinori ★★★
50123 Firenze
Dieser Aleatico aus Sovana in der Südtoskana macht eine längere Maischung durch, ehe er ziemlich kühl vergoren wird. Antinori produziert ihn erst seit 1995; er ist ein eindrucksvoller Wein mit erfreulichen Aromen von roten Johannisbeeren und Himbeeren und mit frischem, würzigem Geschmack. Am besten schmeckt er leicht gekühlt.

Avignonesi ★★★
53040 Montepulciano
Das Haus hat in der Maremma westlich von Montepulciano Weinberggelände erworben und produziert dort einen beachtenswerten Aleatico namens Tenimenti di Sovana. Er ist üppiger und gerbstoffreicher als der Wein von Antinori und zeigt deutlich Port-ähnliche Art.

Moscadello di Montalcino

Es ist verwunderlich, dass aus Montalcino, der Heimat eines der profundesten und wuchtigsten Rotweine Italiens, auch ein exquisiter Muskateller kommt, der dank der Bemühungen von Banfi, Col d'Orcia, Il Poggione und Sassetti derzeit eine Wiederbelebung erfährt. Die hier heimische Muskatellervariante Moscadelletto war praktisch verschwunden, erlebt nun aber zusammen mit Moscato bianco ein Comeback.

Vin Santo

Der Name Vin Santo nährt die Vermutung, dass er früher als Altarwein gedient haben mag, obwohl das niemand wirklich genau weiß. Die für ihn verwendeten Trauben – Malvasìa, Grechetto und Trebbiano in beliebiger Kombination – werden früh gelesen und getrocknet; die Dauer dieses *appassimento* beeinflusst den Süßegrad des Mosts. Vin Santo ist eigentlich süß, es gibt aber auch Erzeuger, die ihn eher trocken bereiten und zu diesem Zweck das *appassimento* verkürzen.

Nach dem Pressen wird der Most in 50-l-Fässer, so genannte *caratelli*, gefüllt. Von nun an ruht der Wein im Schoß der Götter. Die Fässer werden dicht verschlossen, auf einem Dachboden verstaut und bis zu sechs Jahre lang ihrem Schicksal überlassen. Allerdings halten nur wenige Erzeuger noch diese traditionelle sechsjährige Reifezeit ein; heute gelten eher drei Jahre als üblich. Auf jeden Fall muss der Wein eine Reihe toskanischer Winter und Sommer durchstehen – es sind ja gerade die starken Temperaturschwankungen, die den Charakter des endgültigen Weins mitbestimmen. Die lange Fassreife verleiht dem Wein einen gewissen oxidativen Ton, aber wie es am Ende mit dem Gleichgewicht ausschaut, ist nicht vorhersehbar. Der Kellermeister hat, wenn er nach dem Keltern das Mostgewicht feststellt, wohl eine ungefähre Vorstellung davon, wie der Wein ausfallen wird, doch die mehr oder minder große Lebenskraft der Hefen, der Säuregehalt und die Wirkung des Fassausbaus haben allesamt Einfluss auf das Endergebnis. Größere Weingüter können mehrere *caratelli* zu einem Wein mischen, bei dem Ungleichmäßigkeiten gemildert sind. Eine gewisse Einheitlichkeit lässt sich aber auch über die *madre* erreichen, einen Weinrest, der im Fass von der vorherigen Füllung zurückbleibt.

Vin Santo erreicht meist beträchtliche Alkoholstärke – 16 % sind nicht ungewöhnlich –, und die lange Fassreife verleiht ihm große Komplexität. Im Duft findet sich meist ein Anklang an Sherry und Trockenfrüchte, doch der Geschmack ist, wie man bei den vielfältigen Variationen von Süße, Säure und Oxidation schon vermuten kann, nicht mit Sicherheit vorauszusagen. Befindet sich ein solcher Wein aber in gutem Gleichgewicht, dann kann er sich superb entwickeln.

Bedeutende Erzeuger

***Avignonesi* ★★★★**
53040 Montepulciano
Neben dem prachtvollen regulären Vin Santo produziert Avignonesi auch eine sagenhafte und sagenhaft teure Version namens Occhio di Pernice, die sieben Jahre Reifezeit durchmacht. Dieser Wein zeigt erstaunliche Konzentration und Reinheit im Geschmack.

***Capezzana* ★★★**
50042 Carmignano
Dieser Vin Santo hat im Duft deutlich oxidativen Charakter, zusammen mit Aromen von Marmelade und karamellisierten Äpfeln. Bei mittelsüßer Art zeigt er kräftige Säure, seidiges Gefüge und vorbildliche Nachhaltigkeit.

***Isole e Olena* ★★★**
50021 Barberino Val d'Elsa
Bei jahrgangsbedingten Unterschieden erinnert dieser Vin Santo im Duft meist an Nüsse und Rosinen mit Untertönen von Rauch und Karamell – ein sehr stilvolles Beispiel mit geschmeidiger, konzentrierter Art.

***Selvapiana* ★★★★**
50068 Rufina
Dieser rein von Trebbiano produzierte Vin Santo reift fünf bis sechs Jahre lang in kleinen Fässern und erlangt dabei pikante, immens konzentrierte Art mit Karamellnoten und hohem Extraktgehalt.

Weitere empfehlenswerte Erzeuger von Süßwein in der Toskana sind Bossi, Brolio, Cacchiano, Ciacci Piccolomini, Contucci, Fontodi, Le Pupille und Rampolla.

Trentino

Im Trentino entstehen im wesentlichen drei Süßweine: Moscato Rosa, Moscato Giallo und Vino Santo. Beim Moscato Rosa handelt es sich natürlich um dieselbe Traube, die auch in Südtirol als Rosenmuskateller kultiviert wird. Gute Beispiele produzieren Endrizzi, das Istituto Agrario in San Michele, Gaierhof und Casa Girelli.

Die Lokaltraube Nosiola liefert den Vino Santo, der auf ähnliche Weise entsteht wie die berühmtere toskanische Version. Er reift oft bis zu fünf Jahre lang im Fass und ist in Bestform ein wunderbar voller und sprühend lebendiger Wein mit ungeheurer Süße und doch kräftiger Säure. Gute Beispiele haben Cavit, Francesco Poli, Giovanni Poli und Pravis zu bieten.

Das renommierte Weingut Pojer & Sandri produziert einen Wein mit dem recht grandios klingenden Namen Essenzia. Er ist überraschend karg und zeigt lediglich einen Anflug von Süße. Ferner bringt Maso Martis eine Spätlese von Chardonnay namens Sole d'Autunno hervor.

Bedeutende Erzeuger

Letrari ★★★
38060 Nogaredo
Dieser Moscato Rosa zeigt ein feines Aroma von Hagebutten und im Geschmack schöne Delikatesse trotz kräftigen 14,5 % Alkohol. Der Preis ist hoch.

Fratelli Pisoni ★★★★
38070 Sarche
Das Weingut bringt einen überwältigenden kupferbraunen Vino Santo hervor: im Duft Karamell und gebrannte Orange und im Geschmack sehr süße Noten von Toffee-Äpfeln und Rosinen. Dieser Wein hält sich mühelos.

Cantina di Toblino ★★★★
38070 Sarche
Die Genossenschaftskellerei produziert sensationellen Vino Santo – komplex, vollmundig, mit Noten von Toffee, Mango und kandierten Orangenschalen.

Umbria – Umbrien

Umbrien ist der Toskana benachbart, was bedeutet, dass auch hier Vin Santo erzeugt wird, wenn auch nicht im selben Umfang, wobei der von Lungarotti Vorbildcharakter hat. In Orvieto ist es alte Tradition, den dortigen Wein in *abboccato*-Ausführung, also lieblich, zu bereiten, und das Weingut Decugnano dei Barbi (s.u.) produziert unter günstigen Umständen auch eine Version mit Edelfäule.

Bedeutende Erzeuger

Antinori ★★★
Castello della Sala, 05016 Ficulle
Das als Erzeuger einer reichen Palette an toskanischen Weinen bekannte Haus ist auch in Umbrien präsent. Hier produziert es den Muffato della Sala von edelfaulen Trauben (Sauvignon blanc, Grechetto und Riesling) aus dem eigenen Weingut Castello della Sala. *Muffa nobile* heißt Edelfäule – daher der Name dieses Weins, der sich eher durch Charme als durch Wucht auszeichnet und eine zarte Pfirsichnote aufweist.

Decugnano dei Barbi ★★
05019 Orvieto
Der nur in günstigen Jahren produzierte Pourriture Noble ist recht voll und geschmeidig auf eine ziemlich leichte Art, und der Edelfäuleeinfluss wirkt diskret. Das Gefüge ist seidig, die Säure reichlich und frisch.

Orvieto mit Edelfäule bringen außerdem Palazzone (Muffa Nobile) und Barberani (Calcaia) hervor.

Valle d'Aosta

Das schmale Tal an der Grenze zur Schweiz scheint eigentlich zu unwirtlich für den Weinbau, doch eine Handvoll unbeirrbarer Winzer kultiviert trotzdem Reben an halsbrecherisch steilen Hängen. Der sehr gute Moscato Passito di Chambave wird nur von zwei Erzeugern, Ezio Voyat und La Crotte di Vegneron, produziert. Außerdem gibt es noch sehr geringe Mengen eines *passito* namens Malvoisie de Nus, wobei hier Malvoisie eine Variante von Pinot gris ist.

Veneto – Venetien

Die Region, die sich über Venedig, Padua und Verona in die Berge erstreckt, ist die Heimat des berühmten Recioto, der aus vielen Bereichen Venetiens in unterschiedlichen Formen kommt. So ist er meistens rot, kann aber auch weiß sein. Als *passito*-Wein muss der Recioto ebenfalls mit großer Sorgfalt bereitet werden, und viele Winzer reservieren für ihn in ihren Weinbergen bestimmte Lagen, von denen sie meinen, dass dort die geeignetste Frucht für ihn wächst. Er ist kostspielig zu produzieren, weil die Trauben für ihn sorgfältig ausgelesen werden müssen und weil diese bei der Vortrocknung etwa ein Drittel ihres Volumens einbüßen.

In bestimmten Gegenden Venetiens trifft man noch weitere Süßweine, meist Raritäten, an. So kommt aus den Colli Euganei ein als Fior d'Arancio bezeichneter recht süßer Muskateller, und Le Vigne di San Pietro in Sommacampagna am Gardasee produziert einen Moscato Giallo. In Lugana entsteht im Weingut Ca' dei Frati der Tre Filer von den Rebsorten Lugana, Chardonnay und Sauvignon blanc; für ihn werden die Trauben 90 Tage lang vorgetrocknet, und der Wein reift in *barriques*. Der berühmte Erzeuger Maculan in Breganze bringt eine Reihe von Süßweinen hervor, von denen der Torcolato in einem 1971 wiederbelebten Stil der bekannteste ist. Außerdem produziert Maculan einen Fior d'Arancio, nämlich den leichten, fast pfefferigen Muskateller Dindarello. Die Tenuta San Antonio bietet einen üppigen *passito* auf Chardonnay-Basis namens Colori d'Autunno an. Im DOC-Bereich Gambellara entsteht ein Recioto in stiller und schäumender Ausführung sowie ein Vin Santo von lange getrockneten Garganega-Trauben. Die bekanntesten Erzeuger sind Zonin und La Biancara. Der Recioto Classico und der Vin Santo von Iseldo Maule können hervorragend sein.

Recioto di Soave

Dieser großartige weiße Wein wurde von Pieropan und Anselmi neu belebt, und ihre Anstrengungen fanden ihren Lohn darin, dass diesem von Garganega-Trauben produzierten Recioto DOCG-Status zuerkannt wurde.

Bedeutende Erzeuger

Anselmi ★★★★
37032 Monteforte
Roberto Anselmi, der, als er das Familiengut übernahm, schwor, er werde mit dem vielgeschmähten Soave ebenso respektvoll umgehen, als handle es sich um einen feinen weißen Burgunder, produziert hervorragenden Recioto, den er I Capitelli nennt. Nach sorgfältiger Auslese werden die Trauben bis zu fünf Monate lang getrocknet, und der Wein reift in zu einem größeren Teil neuen Fässern aus französischer Eiche. Einige der anfänglichen Jahrgänge waren sehr eichenholzbetont, doch Anselmi hat rasch dazugelernt, und so wurden die neueren Jahrgänge mit reichlicher Aprikosenfrucht als Gegengewicht zur vanilleduftigen Eichenholznote schön ausgewogen und sind schon früh genussreif.

Gini ★★
37032 Monteforte
Claudio und Sandro Gini produzieren Recioto in zwei Stilen, den Col Foscarin nach traditioneller Art von getrockneten, nicht von Edelfäule befallenen Trauben und den Renobilis von edelfauler Frucht.

Pieropan ★★★★
37038 Soave
Leonildo Pieropan erntet die für Recioto bestimmten Trauben ziemlich früh, um sicherzustellen, dass sie gesund und golden sind. Er produziert drei verschiedene Süßweine. Der reguläre Recioto «Le Colombare» zeigt leichtere, elegantere Art als der von Anselmi. Der opulentere Passito della Rocca entsteht aus einer Mischung von Riesling Italico und Sauvignon blanc; das *appassimento* ist kürzer, dafür reift der Wein in *barriques*. Die dritte Version, Santa Lucia, wird rein von Garganega-Trauben aus später Lese bereitet, wenn sie bereits eingeschrumpft oder von Edelfäule befallen sind. Dieser üppige Wein, der nur in besonders guten Jahren wie 1995 entsteht, zeigt Nuancen von gekochten Pfirsichen, aber es kann ihm der Pfiff fehlen, den andere Weine Pieropans haben.

Weitere gute Erzeuger von Recioto di Soave sind u. a. La Cappuccina, Coffele, Inama und Portinari.

Recioto di Valpolicella

Es heißt, diesen Wein habe es schon zur Römerzeit gegeben, und das ist durchaus möglich. Klassischer Recioto entsteht von denselben Trauben wie der normale Valpolicella: Corvina, Rondinella und Molinara. Nach dem Trocknen werden die Trauben gepresst, und der Wein reift monate- oder jahrelang im Fass. Die Gärung bricht bei etwa 14 % Alkohol entweder von selbst ab oder wird abgestoppt, so dass eine gewisse Restsüße im Wein zurückbleibt. Für den beliebten Recioto Amarone gärt der Wein trocken aus und hat dann die wuchtige Stärke von mindestens 16 %. Keiner der beiden

Weine ist leicht so zu bereiten, dass er zugleich ausgewogen und kraftvoll wirkt. Der Amarone, der ja ein trockener Wein ist, braucht uns hier nicht weiter zu beschäftigen, doch der normale Recioto soll große Fülle und Pflaumenfrucht in einer Hülle aus seidiger, aber keinesfalls zuckeriger Süße besitzen, und der Abgang soll sauber, ja fast trocken sein.

Es gibt auch Recioto und Amarone als Schaumwein, der mehr als nur eine flüchtige Ähnlichkeit mit australischem Shiraz-Schaumwein aufweist. Diese Version wird u. a. von Bertani und San Rustico hergestellt. Schließlich wird auch noch ein weißer Recioto, meist aus einer Mischung von Garganega- und Trebbiano-Trauben, bereitet.

Obschon die meisten Erzeuger die Trauben für ihren Recioto auf traditionelle Weise in gut durchlüfteten Dachbodenräumen trocknen, hat sich auch hier in letzter Zeit technische Innovation eingeschlichen. Manche Weingüter haben Klimakammern installiert, die es ermöglichen, das *appassimento* abzukürzen und das Fäulerisiko zu minimieren.

Bedeutende Erzeuger

Allegrini ★★★★
37022 Fumane
Das schöne Weingut wird von den Allegrini-Sprösslingen gemeinsam geleitet: Walter (Weinberge), Franco (Keller) und Marilisa (alles Übrige). Sie bilden ein starkes Team, wobei Franco dafür gesorgt hat, dass der Wein von Höhepunkt zu Höhepunkt schreitet. Neben dem regulären Recioto entsteht auch ein prachtvoller Einzellagenwein *(cru)* namens Fieramonte, der 20 Jahre und länger in der Flasche liegen kann, ohne an Frucht oder Lebhaftigkeit einzubüßen. Hinzu kommt noch der köstliche, apfelfrische weiße Recioto Fiorgardane. Allen Weinen gemeinsam ist herrlich würzige Art mit ungeheurer Komplexität der Frucht ohne Schärfen und Kanten.

Bussola ★★★★
37024 Negrar
Tommaso Bussola gibt Wein in zwei Serien heraus, wobei die bessere als TB bezeichnet wird. Der TB Recioto ist intensiv fruchtig, konzentriert und elegant; ferner entsteht gelegentlich auch ein weißer Recioto namens Peagnà.

Dal Forno ★★★
37031 Illasi
Das erst in den 1980er Jahren gegründete Weingut hat sich rasch eine schöne Reputation für Amarone und vollen, kräftigen Recioto Monte Lodoletta erworben.

Masi ★★★★
37010 Sant'Ambrogio di Valpolicella
Dr. Sandro Boscaini rührt schon seit Jahrzehnten die Werbetrommel für Recioto und Amarone, indem er diese Weine überall in der

Welt präsentiert und erläutert. Sein Weingut ist schon seit langem auf *cru*-Weine spezialisiert, und der erstklassige Recioto Mezzanella zeigt in der Jugend eine leichte Teernote, wird mit zunehmendem Alter aber milder; wie jeder feine Recioto hat er einen sauberen Abgang. Außerdem wird ein voller, runder weißer Recioto namens Campociesa produziert, der sich durch leichte Süße und trockenen Abgang auszeichnet.

***Quintarelli* ★★★★**
37024 Negrar
Niemand bringt Recioto von größerer Pracht und Fülle hervor als Giuseppe Quintarelli. Es ist unmöglich, bei seiner Auswahl an Weinen auf dem Laufenden zu bleiben, denn er ist ständig am Experimentieren, und wenn es ihm gerade in den Sinn kommt, füllt er dieses oder jenes Fass einzeln ab. Ein in ungewöhnlicher Weise von Cabernet franc bereiteter Recioto war noch vor 15 Jahren ein Experiment, hat sich inzwischen aber einen Platz als Hauptstütze seines Programms erobert. Alle Weine liegen oft jahrelang in Fässern oder Glasballons und werden erst abgefüllt, wenn Quintarelli den rechten Augenblick für gekommen hält. Sein Stil ist markant, konzentriert und kompromisslos. Nach dem Gärprozess wird der Wein wie ein Vin Santo drei Jahre lang im dicht verschlossenen Fass aufbewahrt. Mit am großartigsten ist sein Recioto Riserva Vignetto di Tre Terre, ein Wein von überwältigender Eleganz. Auch weißer Recioto in reicher Auswahl gehört zum Programm – eine Unmenge von Abfüllungen, u. a. Extra Amabile und Bandito Amabile. Allerdings lässt man sich bei dieser Art auf ein Wagnis ein: Manchmal ist auch schon vorzeitige Oxidation eingetreten.

***Serègo Alighieri* ★★★**
37010 Gargagnago di Valpolicella
Die exzellenten Weinberglagen befinden sich im Besitz eines Dante-Nachfahren, Conte Pieralvise Serègo Alighieri, doch die Weine werden von Masi produziert und vermarktet. Der Recioto Casal dei Ronchi ist ein Klassiker, voll Frucht und mit lebendigen Nuancen von Muskatnuss und anderen Gewürzen.

***Speri* ★★★**
37029 San Pietro in Cariano
Das alteingesessene Haus produziert kleine Mengen an Recioto La Roggia. Nach 120 Tagen *appassimento* verlaufen der Gärprozess und der 18-monatige Ausbau in *barriques*. Der so entstehende Wein ist dank seiner vollen Pflaumenfrucht und seines lebendigen, an Schokolade und Minze erinnernden Abgangs nicht übermäßig eichenholzbetont. Daneben steht ein einfacherer Recioto namens I Comunai.

***Tedeschi* ★★★**
37029 San Pietro in Cariano
Tedeschis Recioto-Weine sind vielleicht nicht so anspruchsvoll wie andere, aber sie gehören doch zu den feinsten, die man bekommen kann. Er nimmt den Ausbau gern in kleinen Fässern vor und ist

überzeugt, dass Recioto jung, d. h. mit etwa fünf Jahren, am besten schmeckt. Das trifft bestimmt für seinen Weinstil zu, der niemals massiv, sondern stets voll Grazie und Ausgewogenheit ist. Besonders beachtenswert ist sein tiefdunkler, mit untadeliger Struktur versehener *cru*-Wein aus der Lage Capitel Monte Fontana. Auch einen köstlichen weißen Recioto Vin de la Fabriseria produziert er in kleinen Mengen.

Weitere gute Erzeuger von Recioto sind u.a. Accordini (rot und weiß), Baltieri, Bertani, Brigaldara, Boscaini, Campagnola, Castellani, Degani, Montresor, Le Ragose, Trabucchi, C.S. Valpolicella, Venturini, Viviani und Zeni.

Torcolato Maculan ★★★★
36042 Breganze
Das Weingut trocknet die von ihm verarbeiteten Vespaiola- und Tocai-Trauben einige Monate lang. Der Ausbau erfolgt in *barriques*. So entsteht ein üppiger, geschmeidiger Wein mit komplexer Frucht, feiner Säure und einem Hauch Honig. Mit 15 % Alkohol ist er beachtlich stark. Die Schwankungen von einem Jahrgang zum anderen sind recht ausgeprägt. Noch konzentrierter wirkt der Acininobili von voll mit Edelfäule befallenen Trauben.

Sonstige natursüße Weine Europas

Schweiz

Im Kanton Wallis werden aus alter Tradition Weine von spätgelesenen Trauben erzeugt. Manchmal ist das Lesegut *passerillé,* manchmal von Edelfäule befallen. In der Schweiz wird hierfür der Begriff *flétri* gebraucht, der oft auch auf Etiketten erscheint. Die Weine sind aufgrund der hier angebauten Rebsorten äußerst markant. Internationale Bekanntheit genießen Malvoisie (dahinter verbirgt sich eigentlich Pinot gris) und Johannisberg (der Schweizer Name für Sylvaner) sowie Marsanne (hier Ermitage genannt), die aber nur in der Schweiz häufig zu Spätlesen verarbeitet wird; Petite Arvine und Amigne dagegen sind einheimische Walliser Rebsorten. Die meisten Weine präsentieren sich lieblich und aufgrund schwacher Säure eher weich, einige Erzeuger aber bringen auch beträchtliche Konzentration und Fülle zuwege.

Es besteht ein wachsender Trend, Weine zur produzieren, die international mehr Anklang finden als die geschmeidigen Spätlesen von Ermitage und Malvoisie. Mitis, das Flaggschiff aus dem Haus Germanier, ist ein in neuen Eichenfässern vergorener und ausgebauter Wein von Amigne-Trauben aus später Lese. Der erste Jahrgang war der 1992er. Weitere Weine in ähnlichem Stil sind der von Petite-Arvine-Trauben gekelterte Primus Classicus von Orsat in Martigny, die von Johannisberg- und Amigne-Trauben bereitete Cuvée d'Or von Bonvin sowie der Profil von Provins Valais in Sion. Einige an edelsüßem Wein interessierte Erzeuger haben sich zu einer Charta mit dem Namen Grain Noble Confidentiel zusammengeschlossen, deren Regeln besagen, dass das Traubengut aus besten Lagen und von mindestens 15 Jahre alten Rebstöcken stammen muss, keine Chaptalisation oder Mostkonzentration vorgenommen werden darf, das Mostgewicht bei der Lese mindestens 130° Oechsle betragen muss und die Weine mindestens 12 Monate lang in *barriques* reifen müssen.

Rumänien

Früher hatte Rumänien berühmte Süßweine zu bieten, von denen es hieß, sie seien in der Qualität dem Tokajer und dem Constantia ebenbürtig. Die renommierteste Art kam aus Cotnari in der rumänischen Moldau-Region, ein Wein mit Edelfäuleeinfluss, der anders als der Tokajer nicht in oxidativem Stil bereitet war. Die Haupttrauben für diese Weine sind Tamîioasa, eine aromatische, an Muskateller erinnernde einheimische Sorte, ferner Grasa mit oft erstaunlich hohen Mostgewichten, die dem Wein Wucht verleiht, Feteasca Alba, die ebenfalls Körper in den Wein bringt, und schließlich Francusa, die das Säurerückgrat liefert. Die Trauben werden nach Sorten getrennt vinifiziert, die Weine dann gemischt und in großen Fässern ausgebaut. Vor dem Abfüllen kommt etwas junger Wein dazu, um dem Ganzen mehr Frische zu verleihen. Nur zwei- bis dreimal in einem Jahrzehnt zeigt dieser Wein einen

Edelfäuleton, denn in der Hauptsache wird nur Grasa befallen und das auch nur in bestimmten Jahren.

Nach dem 2. Weltkrieg ging der Cotnari ausnahmslos nach Russland, wo die Weintrinker schon immer Süßmäuler gewesen sind. Auch heute noch hat der russische Markt große Bedeutung, ebenso der heimische Markt, auf dem der Cotnari hoch geschätzt ist. Nur wenig gelangt nach Westeuropa.

Eine für die Süßweinerzeugung wichtige Region ist seit eh und je Murfatlar bei Constanta am Schwarzen Meer, wo die Traubensorten Tamîioasa, Pinot gris und manchmal Chardonnay verarbeitet werden und gelegentlich auch von Edelfäule befallen sind, obwohl diese hier noch seltener vorkommt als in Cotnari, weil das Klima trocken und heiß ist. Auch Muskat Ottonel wird hier für süßen Wein genutzt.

Nördlich von Bukarest liegt die Weinbauregion Dealul Mare, die vor allem durch gerbstoffreichen Rotwein bekannt geworden ist. Hier wird aber auch die Tamîioasa-Traube angebaut, hauptsächlich in der Subregion Pietroasele, wo sie die Grundlage für einen intensiv süßen Wein abgibt, insbesondere wenn Edelfäule auftritt.

Ukraine

In den 1890er Jahren gründete Fürst Lev Golitzin in Massandra auf der Krim ein Weingut. Hier wurde bis 1945 eine lange Reihe süßer Weine produziert, viele davon Muskateller und so gut wie alle aufgespritet. Fürst Golitzin schuf auch die Massandra-Kollektion, eine Sammlung, in die Jahr für Jahr etwa 10 000 der besten Krimweine aufgenommen wurden. 1990 und 1991 erschienen viele der feinsten und ältesten auf Auktionen in London.

USA

Zu den betrüblichsten Kapiteln der modernen Weinbaugeschichte gehört die Entwicklung in Kalifornien. Hier wurden noch 1953 rund 1 Million hl weißer und roter Tischwein, dagegen über 3 Millionen hl Dessertwein produziert, bei denen es sich freilich fast ausnahmslos um billige Muskateller und grobe, alkoholstarke Port- und Sherry-Imitationen handelte. Aber schon 1968 fanden trockene Weine mehr Absatz als süße.

Heute gibt es noch einige wenige Botrytis-Weine in hervorragender Qualität, ein Stil, für den in den 1930er Jahren Wentes «Château Yquem» Pionierdienste leistete. Myron Nightingale von Beringer (s.d.) arbeitete mit künstlich eingeleitetem Edelfäulebefall und brachte auch eine Reihe von entsprechenden Jahrgängen zustande. Ab 1973 produzierte Jerry Luper von Freemark Abbey (s.d.) «botrytisierten» Riesling, und Richard Arrowood von Chateau St. Jean folgte seinem Beispiel. Leider haben viele Weinbaubetriebe, die früher solche Weine hervorbrachten, z. B. Mondavi, Jekel, Cakebread, inzwischen diesen Stil aufgegeben.

Ein rein kalifornischer Süßwein ist der Late-Harvest Zinfandel. Er verdankt seine Entdeckung einem Zufall. Als nämlich Bob Travers von Mayacamas 1968 in Tankraumnöte geriet, wies er die Leser an, die Ernte der Zinfandel-Trauben hinauszuzögern. Als die Trauben schließlich in die Kellerei gelangten und vergoren wurden, erbrachten sie einen Alkoholgehalt von über 17 %. Der Wein war überraschenderweise superb, er ähnelte einem unaufgespriteten Port. In den 1980er Jahren kam dieser alkoholstarke Stil jedoch bereits wieder aus der Mode und wurde erst in jüngerer Zeit neu belebt. Allerdings lässt man die Weine oft trocken ausgären – dabei sind sie mit einer gewissen Restsüße weit schmackhafter, auch wenn man sich nach wie vor an ihren Geschmack erst gewöhnen muss.

Immer noch populär sind Muskateller. Die meist angebaute Sorte ist Muscat of Alexandria, die besten Weine aber entstehen von Muscat Canelli, und die ebenfalls gelegentlich anzutreffenden Orange und Black Muscats sind oft exzellent.

Central Valley

Haupterzeuger

Quady ★★★
Madera, CA 93639
Andrew Quady hat echtes Flair, sowohl als erfindungsreicher Erzeuger als auch in der Aufmachung der Weine. Sein Electra ist ein alkoholschwacher Orange Muscat.

Mendocino

Hauptererzeuger

***Navarro* ★★★★**
Philo, CA 95466
Im Anderson Valley kann es recht kühl werden, daher fehlt es beispielsweise dem Riesling nie an Säure. Edelfäule ist hier nichts Ungewöhnliches; Ted Bennett macht sie sich zunutze und produziert in günstigen Jahren hervorragenden Botrytized Riesling.

Napa Valley

Bedeutende Erzeuger

***Beringer* ★**
St Helena, CA 94574
In den 1970er und 80er Jahren brachte Myron Nightingale berühmte Weine hervor, bei denen er in einer Kammer mit geregelter Luftfeuchtigkeit künstlichen Edelfäulebefall erzeugte. Leider fehlte es diesen Weinen oft an Eleganz. Hier wird heute noch Botrytized Sauvignon produziert, die Rieslinge sind aber meist frischer und besser.

***Far Niente* ★★★**
Oakville, CA 94562
Als hier der Beschluss gefasst wurde, so genannten «Dolce» zu produzieren, nahm man sich Yquem zum Vorbild und baute den vorwiegend von Semillon bereiteten Wein drei Jahre lang in neuen Eichenfässern aus. Das Resultat ist fraglos sehr gut, auch wenn ihm die Konzentration und Grandeur eines feinen Sauternes fehlt.

***Freemark Abbey* ★★★**
St Helena, CA 94574
Jerry Luper begann 1973 mit der Produktion von Botrytized Riesling, und diese Tradition wird weitergeführt. Der Wein im BA-Stil heißt Edelwein, der im TBA-Stil Edelwein Gold. Die Qualität dieser Gewächse, die nur selten entstehen, ist hoch; der Edelwein Gold wurde in der letzten Zeit nur 1989 und 1994 produziert.

***Joseph Phelps* ★★**
St Helena, CA 94574
Walter Schug, der erste Kellermeister von Phelps, war gebürtiger Deutscher und deshalb mit Edelfäule vertraut. Bald erwarb sich Phelps einen guten Ruf mit feinem Late-Harvest Riesling und Scheurebe, aber auch mit dem vorwiegend in neuen Eichenfässern ausgebauten Délices de Sémillon.

In den 1990er Jahren wurde das Programm ausgedünnt, gelegentlich aber entsteht noch ein Late-Harvest-Wein oder auch eine «Eisrebe» von eingefrorenen Scheurebetrauben, der es leider an Intensität fehlt.

***Pine Ridge* ★★**
Napa, CA 94558
Dieser Weinbaubetrieb ist einer von wenigen, die Late-Harvest Chenin Blanc anbieten. Dieser Wein entstand hier 1988, 1989, 1992 und 1994 in sehr kleinen Mengen.

***Topaz* ★★★**
St Helena, CA 94574
Der Sauternes-Enthusiast Jeff Sowells kauft in günstigen Jahren Semillon und Sauvignon blanc mit Edelfäule auf und erzeugt Wein in gemieteten Kellereianlagen. 1989, 1991 und 1994 brachte er volle, ja üppige Beispiele hervor, die recht gewichtig und etwas süßer waren als typischer Sauternes.

***Turley Wine Cellars* ★★**
St Helena, CA 94574
Helen Turley und nach ihr Ehren Jordan haben sich auf Late-Harvest Zinfandel spezialisiert. Die meisten ihrer Weine sind trocken, gelegentlich zeigen manche aber auch eine gewisse Restsüße, was ihnen eindeutig gut ansteht. Es sind echte Prunkstücke – sehr wuchtig, kraftvoll, gerbstoffreich –, ob sie aber auch ein Genuss sind, steht auf einem anderen Blatt.

Sonstige

Das Weingut Grgich Hills produziert gelegentlich einen anständigen Late-Harvest Riesling, und die Version von Long ähnelt oft einer eleganten Auslese mehr als einem Botrytis-Wein. Guten Botrytized Riesling erzeugt auch Newlan, und Beaulieu bringt seit Jahren einen seidigen, honigsüßen Muscat hervor, der lange in kleinen Fässern reift. Attraktiver ist der sehr delikate Moscato Amabile von Louis Martini, der in der Art einem Moscato d'Asti nahe kommt.

San Luis Obispo County

John Alban, Spezialist im Anbau von Rebsorten vom Rhein und in der Erzeugung entsprechender Weine hat auch Vin de Paille (Strohwein) von Roussanne produziert und strebt bei Süßwein eine Zusammenarbeit mit dem Österreicher Alois Kracher an. Das liegt aber noch in der Zukunft. Charmanten Muscat Canelli bringen inzwischen Arciero und Eberle, beide in Paso Robles, hervor. Talley in Arroyo Grande ist vor allem durch Chardonnay und Pinot noir bekannt geworden, hat aber auch gelegentlich köstlichen Late-Harvest Riesling zu bieten.

Santa Cruz

Bedeutende Erzeuger

Bonny Doon ★★
Bonny Doon, CA 95060
Randall Grahm muss alles einmal probiert haben. Beträchtlichen Erfolg hat er mit seinen Vins de Glacière, die er von künstlich eingefrorenen Muskatellertrauben produziert, indem er sie halb auftaut und dann presst. Das Resultat ist intensiv fruchtig, aber es fehlt ihm an Subtilität.

Ridge ★★
Cupertino, CA 95105
Der Weinbaubetrieb bringt seit langem die schönsten Zinfandel Kaliforniens hervor. In Jahren, in denen es die Verhältnisse erlauben, erzeugt Paul Draper auch kleine Mengen an Zinfandel Essence von Trauben mit Edelfäule.

Sierra Foothills und Lodi

Bedeutende Erzeuger

Karly ★★
Plymouth, CA 95669
Hier ist eigentlich Zinfandel-Land, aber Karly produziert auch einen vollen, öligen Orange Muscat.

Madrona ★★
Camino, CA 95709
Die Weinberge in rund 900 m Höhe gehören zu den höchstgelegenen in Kalifornien. In manchen Jahren, z. B. 1993 und 1997, entstehen hier Late-Harvest Riesling und Chardonnay.

Renwood ★★★
Plymouth, CA 95669
Renwood hat eine reiche Palette an gut bereiteten Weinen zu bieten, darunter auch eine Kuriosität namens Amador Ice, ein Zinfandel-Eiswein.

Sobon ★★
Plymouth, CA 95669
Der Muscat Canelli wirkt nichtssagend, doch der Mission del Sol ist eine echte Kuriosität. Er ist ein *Passito* von der Mission-Traube, die im 18. Jahrhundert hier von spanischen Missionaren eingeführt wurde. Dieser unaufgespritete Wein hat einige Ähnlichkeit mit Sherry.

Story ★
Plymouth, CA 95669
Hier muss man den Süßwein von der Mission-Traube gekostet haben. Er heißt Mission Gold, reift zwei Jahre im Eichenfass und ist überraschend schmackhaft.

Sonoma

Bedeutende Erzeuger

***Arrowood* ★★★★**
Glen Ellen, CA 95442
Richard Arrowood produzierte in den 1970er und 80er Jahren die sensationellen Weine von Chateau St. Jean im TBA-Stil und nahm 1986 seinen Enthusiasmus mit in seinen eigenen Weinbaubetrieb. 1995 und 1997 brachte er superben Botrytized Riesling zuwege, und in manchen Jahren hat er sogar faszinierenden Late-Harvest Viognier zu bieten.

***Chalk Hill* ★★**
Healdsburg, CA 95448
Dieser Weinbaubetrieb ist nie großen Ansprüchen gerecht geworden, gelegentlich aber hat es hier schon sehr guten Late-Harvest Sauvignon gegeben.

***Ferrari-Carano* ★★★**
Healdsburg, CA 95448
Dieses Musterbeispiel eines italienisch aufgemachten Weinbaubetriebs produziert durchaus hervorragende Weine; der Eldorado Gold kann trotz seines schillernden Namens ein exzellenter Sauvignon blanc und Semillon mit Edelfäule sein.

Südkalifornien

Im Santa Ynez Valley hat sich Zaca Mesa unter dem Kellermeister Dan Gehrs mit köstlichem Late-Harvest Viognier hervorgetan; nachdem Gehrs jedoch nicht mehr dabei ist, dürfte dieser Stil wohl aufgegeben werden. Callaway in Temecula produziert seit langem einen Late-Harvest Chenin Blanc «Sweet Nancy» und bringt auch süßen Chardonnay hervor.

Pazifischer Nordwesten

Einige exzellente Süßweine entstehen auch nördlich von Kalifornien. In Oregon produziert Amity superben Select Cluster Riesling mit großer Geschmacksintensität – das trifft vor allem auf den 1992er und 1994er zu. Der Ultima von Elk Cove wird von künstlich gefrorenem Riesling erzeugt und ist voll, aber doch etwas dicklich.

In Washington produzierte Blackwood Canyon früher feinen Botrytized Riesling und Semillon, hat aber inzwischen den Betrieb eingestellt. Chateau Ste. Michelle, Stewart, Silvan Ridge und Hogue bewähren sich als Erzeuger von frischem Late-Harvest Riesling, und Kiona, Covey Run und Preston haben Riesling Icewines hervorgebracht.

Kanada

Die kanadischen Weinerzeuger erkannten schon vor einiger Zeit, dass bei Süßwein ihre Stärke eher im Eiswein als in der Edelfäule lag. In den strengen Wintern Kanadas kommt anhaltender Frost ziemlich häufig vor. Von Anfang an legten die kanadischen Weinbaubehörden Bedingungen fest, die sicherstellten, dass die Qualität dieser Weine gut war.

In Ontario muss Eiswein sortenrein produziert werden, und die Lese muss bei mindestens -8 °C erfolgen; künstliches Einfrieren ist unzulässig. Das Mostgewicht bei der Lese muss mindestens 35° Brix und die Restsüße mindestens 125 g/l betragen. (Ähnliche Bestimmungen gelten auch für die nicht so zahlreichen Winzer in British Columbia.) Durch das Gefrieren büßen die Trauben etwa 80 % ihres Safts ein, daher ist das beim Keltern erzielte Volumen gering und der Wein entsprechend teuer. Bei Edelfäulebefall beträgt der geforderte Süßegrad für «Botrytis Affected Wine» mindestens 26° Brix und für «Totally Botrytis Affected Wine» 34° Brix.

Der erste kanadische Eiswein wurde 1974 von Hainle produziert, und der erste kommerzielle Jahrgang war der 1978er. Anfänglich gerieten nicht alle Weine dieser Art gut, manche waren übermäßig alkoholstark, andere hatten einen bitteren Beigeschmack. Generell entstehen die feinsten Eisweine von der Riesling-Traube, aber auch andere Rebsorten erbringen solche in hoher Qualität. Vor allem die Hybridrebe Vidal ist populär, ihren Weinen fehlt aber oft der Pfiff, den der säurereichere Riesling erbringt. Dafür bieten sie unmittelbar ansprechende füllige Noten von Aprikosen und Tropenfrüchten.

Nicht ganz so erfolgreiche Eisweine entstehen von Kerner, Ehrenfelser und Gewürztraminer. Von den französischen Rebsorten liefert vor allem Pinot blanc exzellenten Eiswein. Insgesamt beläuft sich die Produktion auf rund 20 000 Kisten in Ontario (Ont), während andere Provinzen, vor allem British Columbia (BC) noch ein paar tausend Kisten beisteuern.

Bedeutende Erzeuger

Cedar Creek ★★
Kelowna, BC
In Bestform sind die Riesling Icewines schlank und rassig, nur in manchen Jahren gibt es Anzeichen von unvollkommener Reife und Herbheit.

Château des Charmes ★★★
St. David's, Ont.
Der 1991er Riesling Icewine und der 1997er Paul Bosc Estate Riesling Icewine sind so gut, wie es nur geht: intensiv süß mit kräftiger Säure, aber feingeschliffen und elegant mit ungeheurer Lebhaftigkeit und Nachhaltigkeit. In manchen Jahren, z. B. 1995 und 1996, entstand auch Late-Harvest Riesling. Der 1996er war dicklich, aber der 1995er überaus köstlich.

D'Angelo ★★★
Amherstburg, Ont.
Gerstenzucker ist die vorherrschende Note im Duft des 1996er Vidal Icewine, der körperreich und sahnig mit einem Hauch von Süßspeisen im Geschmack wesentlich besser ist als der 1997er.

Gehringer Brothers ★★★
Oliver, BC
Gehringer produziert Icewine von Cabernet und Merlot (nicht degustiert) sowie klassischen Riesling: rassig, stilvoll und verhalten – er braucht Zeit, um Komplexität zu entfalten.

Henry of Pelham ★★★
St. Catharines, Ont.
Der 1996er war ein typisch ausgeglichener Riesling mit 9,3 % Alkohol, 210 g/l Restsüße und strammen 13,4 g/l Weinsäure – ein harmonischer, entfaltungsfähiger Wein mit schöner Zitrusfrucht und Sorbettnote. Auch der 1990er und der 1992er waren exzellent.

Inniskillin ★★
Niagara-on-the-Lake, Ont.
Der bekannte Weinbaubetrieb war (in den 1980er Jahren) einer der ersten, die sich ernsthaft mit Eiswein befassten. Verarbeitet werden Vidal und Riesling, denen es trotz Üppigkeit oft an Pfiff fehlt.

Pillitteri ★★
Niagara-on-the-Lake, Ont.
Der 1997er Riesling Icewine hat klassischen Duft von grünen Äpfeln und volles, sahniges Gefüge, nur dürfte er ein wenig mehr Lebhaftigkeit und Konzentration aufweisen. Der 1997er Gewürztraminer Icewine wirkt zwar exotisch, ist aber nicht so gut gelungen, dagegen zeigt sich der 1997er Vidal üppig und ananasfruchtig.

Quails' Gate ★★
Kelowna, BC
Der 1989 gegründete Betrieb hat sich rasch eine gute Reputation geschaffen. Der 1998er Riesling Icewine mit Ananasduft und reichlich würzigem Geschmack und Nachgeschmack ist gut ausgefallen, dem schön abgerundeten 1993er fehlte es allerdings an Flair.

Strewn ★★
Niagara-on-the-Lake, Ont.
Der 1997er Vidal Icewine ist mit Süßspeisen im Duft und breiter Behaglichkeit im Geschmack ein schönes Beispiel dieser Rebsorte.

Ebenfalls feinen Riesling-Eiswein produzieren Jackson Triggs und Southbrook Farms; volle Weine von Pinot blanc mit typischem Eisweincharakter stammen von Hester Creek und Sumac Ridge (BC). Einen ungewöhnlichen Kerner-Eiswein bietet Tinhorn Creek (BC), und der Vidal von Konzelmann kann sehr fein sein. Hainle (BC) hat eine Vorliebe für Weine mit 16 % und mehr Alkohol, die feurig und unausgewogen wirken.

Australien

Der große australische Süßweinstil Liqueur Muscat wird im Abschnitt über aufgespritete Weine behandelt. Auch in Australien werden Botrytis-Weine immer beliebter. Im Lauf der letzten beiden Jahrzehnte sind bereits einige eindrucksvolle Botrytised Wines vor allem von Semillon, oft aber auch von Riesling entstanden. Es hat einen durch Joe Grilli von Primo (s. Südaustralien) angeführten Trend gegeben, Trauben in einer Luftfeuchtigkeitskammer mit Botrytis-Sporen zu impfen, doch die Resultate waren gemischt, und bessere Erzeuger kultivieren lieber bestimmte Rebenparzellen, die auf natürlichem Weg von Edelfäule befallen werden sollen. Eine andere, vor allem bei Riesling angewendete Technik besteht darin, die Fruchttriebe einzuschneiden; die ihrer Nahrungszufuhr beraubten Trauben schrumpfen ein, und der Süßegrad steigt an.

Griffith in New South Wales gilt als die beste Subregion für von Edelfäule befallenen Semillon, aber auch in vielen Teilen Südaustraliens – z. B. in Barossa, McLaren Vale und Coonawarra – kommt gelegentlich Botrytis auf natürliche Weise vor.

New South Wales

Bedeutende Erzeuger

***Cranswick* ★★★**
Griffith, NSW 2680
Die große Weinkellerei hat vor allem 1993 und 1995, als der Ausbau in neuen Eichenfässern stattfand, feine Semillons mit Edelfäule hervorgebracht. Sie sind süß und aprikosenfruchtig, wirken aber durch schöne Säure und gute Nachhaltigkeit sehr ausgewogen.

***De Bortoli* ★★★★**
Bilbul, NSW 2680
Nach einigen missglückten Versuchen mit Edelfäuleweinen in den 1970er Jahren erzeugte Darren de Bortoli schließlich 1982 einen sehr vollen, wuchtigen Botrytis-Semillon. Dieser Wein erregte auch in Europa beträchtliches Aufsehen, wo er bei Blindverkostungen gegen Sauternes Furore machte. Generell war der Wein von de Bortoli zwar weicher und voller als die meisten Sauternes, aber er wirkte doch unwiderstehlich. Seit 1982 ist er nun mit Ausnahme von 1989 jedes Jahr entstanden und erhielt inzwischen den neuen Namen The Noble One. Der Ausbau findet in zu etwa 35 % neuen Eichenfässern statt. Dieser Botrytis-Semillon gehört zu den gleichmäßigsten seiner Art, wobei die Jahrgänge 1982, 1984, 1987 und 1990 bis 1993 als ausnehmend gut gelten dürfen.

***McWilliams* ★★**
Hanwood, NSW 2680
McWilliams hat im Lauf der Jahrzehnte bereits viele Botrytis-Semillons angeboten. Die neueren Jahrgänge stammen von Traubengut aus Griffith und wurden 12 Monate in neuen Eichenfässern ausgebaut. Diese Weine sind sehr voll und ölig, können aber auch recht schwer sein.

Weitere Erzeuger sind u. a. Bloodwood (Riesling Icewine in 1994), Cartobe (Riesling), McGuigan (Sémillon) und Miranda (Sémillon). Lillypilly produziert einen ungewöhnlichen Muscat of Alexandria mit Edelfäule sowie Süßweine von Semillon und Traminer.

Südaustralien

Bedeutende Erzeuger

D'Arenberg ★★★
McLaren Vale, SA 5171
Der erstmals 1985 produzierte Noble Riesling ist ein sehr gleichmäßiger Wein, elegant und pikant, mit frischer Säure im Abgang.

Henschke ★★★
Keyneton, SA 5353
Obwohl der Name Henschke für hervorragenden Rotwein steht, ist auch der 1984, 1988, 1992 und 1996 erzeugte Noble Rot Riesling mit seiner sahnigen Art und untadeligen Eleganz oft sehr gut.

Lindemans ★★
Coonawarra, SA 5263
Das große Unternehmen hat im Lauf der Jahre manchen feinen Botrytis-Wein produziert, u. a. Riesling aus Coonawarra und Semillon aus einer Mischung von Frucht aus Padthaway und Griffith.

Petaluma ★★★★
Piccadilly, SA 5151
Wenn Brian Croser seine Kunst an Riesling mit Edelfäule versucht, kommt Gewaltiges dabei heraus. Seine Weine ähneln oft einer TBA mit viskosem Gefüge und großer Wucht ohne jede Schwere.

Primo ★★
Virginia, SA 5120
Joe Grilli impft seinen Riesling nicht mehr mit Botrytis-Sporen, vielmehr waren seine ausgezeichneten Weine von 1991, 1993 und 1994 sämtlich auf natürlichem Wege von Edelfäule befallen. Die Frucht aus dem Eden Valley und dem Clare Valley bringt reichlichen Botrytis-Charakter mit, allerdings wirken die Weine manchmal sehr gewichtig, und es fehlt ihnen an Eleganz.

Yalumba ★★★
Angaston, SA 5353
Die Lage Heggies Vineyard im Eden Valley ist seit langem die Quelle für üppigen Botrytis-Riesling mit dem Aroma von Gerstenzucker; eine andere Abfüllung stammt vom Pewsey Vale, ebenfalls im Eden Valley. Der manchmal von Frucht aus Griffith produzierte Semillon ist mit einigen Ausnahmen wie dem rauchigen, würzigen 1987er weniger beeindruckend.

Weitere gute Erzeuger von Botrytis-Riesling sind Brokenwood, Grosset (Clare Valley), Hollick (Coonawarra), Knappstein, Mount

Horrocks (Clare Valley), Tollana und Woodstock (McLaren Vale). Weitere führende Erzeuger von Botrytis-Semillon sind u. a. Tim Adams, Fern Hill, Haselgrove und Peter Lehmann (Barossa).

Victoria

Bedeutende Erzeuger

Brown Bros. ★★★
Milawa, Victoria 3678
Das Unternehmen hat großen Erfolg mit leichtem, anregendem Orange Muscat und dem als Begleiter zu Fruchtdesserts bewährten Wein namens Flora. Weit seriöser ist der als Noble Riesling etikettierte Botrytis-Riesling, der als Late Harvest bezeichnet wird, wenn keine Edelfäule eingetreten ist – ein guter, nur in manchen Jahren im Abgang etwas dicklicher Wein.

Coldstream Hills ★★★
Coldstream, Victoria 3770
Immer wieder beschäftigt sich der Rechtsanwalt, Weinpublizist und Weinerzeuger James Halliday mit Botrytis-Semillon, meist von Frucht aus Griffith. Die vielen bisherigen Jahrgänge zeigen bemerkenswerte Gleichmäßigkeit in Geschmack und Qualität. Es sind säurereiche Weine, deren füllige Pfirsichfrucht nie dicklich wirkt, und der Abgang ist stets sauber.

Seville ★★★
Seville, Victoria 3139
Der sehr kleine Betrieb bringt gelegentlich Botrytis-Riesling in ausnehmend guter Qualität hervor.

Westaustralien

Hier ist keine ideale Gegend für Edelfäulebefall, darum entsteht der süße Riesling von Evans & Tate durch Einschneiden der Triebe, so dass die Trauben einschrumpfen. Das Resultat ist ein ansprechender Wein, dem es allerdings an Komplexität mangelt. Außerdem steht bei Evans & Tate auch ein süßer Semillon auf dem Programm. Lang gereifte aufgespritete Weine produziert Talijancich in Herne Hill.

Haupterzeuger

Vasse Felix ★★★★
Cowaramup, WA 6284
Am bekanntesten ist die Kellerei durch ihren Cabernet Sauvignon geworden, doch auch die gelegentlichen Versuche mit Noble Riesling sind überwältigend. Dieser Wein wird inzwischen etwa 6 Monate lang in zu 50 % neuen Eichenfässern ausgebaut. Er zeichnet sich durch große Reintönigkeit, Üppigkeit ohne Schwere und feine Intensität und Nachhaltigkeit aus.

Neuseeland

Bedenkt man, dass das Klima in weiten Teilen Neuseelands relativ kühl und feucht ist, besteht hier ein eindeutiges Potenzial für süße Botrytis-Weine, das bislang nur zum Teil ausgeschöpft wurde. Aufgespritete Weine entstehen hier schon seit langem, allerdings mit mehr Betonung auf Alkoholstärke und Süße als auf Finesse. «Sauterne» wurde meist von Hybridrebsorten und Muskateller produziert. Die aufgespriteten Weine im alten Stil, die oft hohe Qualität aufweisen, haben nach wie vor eine treue Anhängerschaft.

Botrytis-Weine sind hier relativ neu; die ersten erschienen am Anfang der 1980er Jahre. Die aussichtsreichste Rebsorte hierfür ist Riesling, insbesondere seit hier ein für Edelfäule empfänglicherer Klon aus Südaustralien mit dichter besetzten Trauben angepflanzt wird. Es sind aber auch bereits gute Weine mit Edelfäule von Chardonnay und Chenin blanc entstanden.

Botrytis-Weine wurden zwar schon in verschiedenen Gegenden erzeugt, am geeignetsten aber erscheinen doch Marlborough auf der Südinsel und Martinborough auf der Nordinsel, wo die Edelfäule eher durch starken Tau als durch Morgennebel aktiviert wird. Viele Weinbaubetriebe, so Villa Maria (s.d.), unterstützen den Edelfäulebefall, indem sie sich mit Spritzen zurückhalten, was insofern riskant ist, weil dadurch auch der gefürchteten Graufäule Tür und Tor geöffnet werden kann.

Von Zeit zu Zeit ist in Neuseeland auch schon «Icewine» entstanden, allerdings von künstlich und nicht am Stock eingefrorenen Trauben. Beispiele sind ein Gewürztraminer von Hermann Seifried (s.d.) in Nelson und ein zweiter von Mission in Hawke's Bay. Selaks produziert einen Riesling Icewine von künstlich gefrorenem Traubengut, während der erste auf natürlichem Weg zustande gekommene Eiswein von Riesling-Trauben aus der Chard Farm in Central Otago stammt.

Die Jahrgänge sind je nach Lage und Mikroklima unterschiedlich; mit zu den besten Jahren für Botrytis-Wein gehören 1987, 1989, 1991, 1993, 1994 und 1997.

Bedeutende Erzeuger

Cloudy Bay ★★★
Marlborough
1989 produzierte der berühmte Weinbaubetrieb seinen ersten Late-Harvest Riesling mit elegantem Botrytis-Duft und rassiger, schlanker Frucht – kein übermäßig komplexer, aber ein sehr attraktiver Wein; dasselbe gilt für den 1991er und den 1996er. Der Gärprozess vollzieht sich in Stahltanks, der Ausbau in älteren Fässern.

Corban's ★★★
Marlborough
Der Cottage Block Noble Riesling von Trauben aus Marlborough hat vollen Botrytis-Charakter und zitrusfruchtige Lebhaftigkeit, wie man es aus dieser Gegend erwartet.

***Dry River* ★★★**
Martinborough
Neil McCallum hat hier schon alles probiert, u. a. Gewürztraminer mit Edelfäule im Beerenauslesestil mit ziemlich hohem Alkoholgehalt sowie Riesling mit Edelfäule, der 1997 hervorragend ausfiel.

***Giesen* ★★**
Canterbury
Die aus Deutschland eingewanderten Gebrüder Giesen sind aus ihrer Pfälzer Heimat mit Spätlese vertraut. Ihr Noble School Road von Riesling und Müller-Thurgau ist ein süßer, melonenfruchtiger, eindimensionaler Wein ohne viel Körper oder Tiefe. Intensiver ist dagegen der manchmal in sehr süßem TBA-Stil gehaltene Riesling mit Edelfäule.

***Millton* ★★**
Gisborne
Der führende organische Weinbaubetrieb Neuseelands produziert einen eichenfassgereiften Wein im Stil von Sauternes, der den Namen Tête de Cuvée trägt und von Chenin- und Semillon-Trauben entsteht. Hinzu kommen Spätlesen von Riesling und von Chardonnay sowie die überaus volle Noble Chenin Blanc Individual Berry Selection.

***Ngatarawa* ★★★**
Hawke's Bay
Seit 1987 produziert Alwyn Corban in diesem 18-ha-Gut sehr feinen spät gelesenen und von Edelfäule befallenen Riesling namens Noble Harvest Glazebrook. Der 1991er mit seinen Noten von kandierten Früchten war besonders üppig.

***Rongopai* ★★★**
Waikato
Tom van Dam begann hier 1987 Botrytis-Wein zu erzeugen. Die Luftfeuchtigkeit aus dem nahen Waikiri Lake und dem Waikato River führt häufig zur Bildung von Morgennebeln, was den Botrytis-Sporen zugute kommt. So sind schon sehr hohe Süßegrade bis zu 58° Brix verzeichnet worden. Die Botrytis Reserve entsteht von einer Traubenmischung von Würzer (Müller-Thurgau x Gewürztraminer), Müller-Thurgau, Scheurebe und Bacchus aus der Lage Swan Vineyard. Interessanter sind allerdings die sortenreinen Abfüllungen: hervorragende Botrytis-Weine von Riesling und Chardonnay. Der 1993er Chardonnay war ein brillanter, höchst lebendiger, orangenduftiger Wein und besser gelungen als der Riesling aus diesem Jahrgang. Der 1997er Chardonnay wirkte mit 150 g/l Restsüße sehr füllig.

***Seifried* ★★★**
Nelson
Der in der Steiermark aufgewachsene und 1971 nach Neuseeland gekommene Hermann Seifried leistete hier Pionierdienste für Riesling mit Edelfäule. Sein 1985er Riesling im BA-Stil war durch sehr

kräftige Säure geprägt, doch die späteren Jahrgänge seiner nicht immer von Edelfäule befallenen Spätlese sind inzwischen mit ausreichend voller, apfelfrischer Riesling-Frucht als Gegengewicht zur anregenden Säure besser ausgewogen.

Te Whare Ra ★★
Marlborough
Allen Hogan produziert hier seit 1982 Wein, so dass er nach in Marlborough geltenden Maßstäben ein Veteran ist. 1985 brachte er seinen ersten Riesling mit Edelfäule heraus, den er dann auch in späteren Jahren, z. B. 1991, erzeugte. Hinzu kommen einige Late-Harvest Gewürztraminer.

Vidal ★★★
Hawke's Bay
Der 1994er und 1996er Reserve Botrytis Semillon sind prachtvolle Weine mit honigsüßem, fast teerartigem Duft, feiner Aprikosenfrucht und exzellentem Gleichgewicht.

Villa Maria ★★★
Auckland
Der Reserve Noble Riesling entstand erstmals 1991 aus Frucht von der Hawke's Bay. Der 1993er und 1997er waren ebenso erfolgreich, wobei der 1997er sich durch leichten Rosinenduft, Aromen von Mandarinen und Ananas sowie bemerkenswerte Frische und Lebendigkeit im Geschmack auszeichnete.

Weitere gute Erzeuger von Late-Harvest Riesling sind u. a. Coopers Creek (Auckland), Forrest (Marlborough), Jackson Estate (Marlborough), Martinborough Vineyard, Merlen (Marlborough), Mission (Hawke's Bay), Montana (Marlborough), Selaks (Marlborough) und Shingle Peak (Marlborough).

Mit Chenin blanc als Grundlage für edelsüße Weine arbeitet u. a. Esk Valley, wo dieser Stil erstmals 1992 unter Beimischung von 25 % Chardonnay produziert wurde und inzwischen eine fassvergorene Version herausgekommen ist. Chris Lintz (Martinborough) verarbeitet Trauben der früh reifenden deutschen Neuzüchtung Optima zu Wein im TBA-Stil in winzigen Mengen. Late-Harvest Gewürztraminer wird von Matua Valley (Auckland) hervorgebracht, während Late-Harvest Chardonnay u. a. von Morton (Bay of Plenty) und Palliser (Marlborough) produziert wird. Late-Harvest Sauvignon blanc bietet u. a. Sacred Hill (Hawke's Bay) an.

Die Produktion von aufgespriteten Weinen der altmodischen Art ist in Neuseeland inzwischen im Rückgang begriffen, es besteht aber noch eine gewisse Nachfrage. Einige bessere Weine im Port- und Sherry-Stil sind noch zu haben; sie reifen meist wie bei Mazuran (Auckland) bis zu 20 Jahre lang, ehe sie auf den Markt kommen. Neben Mazuran sind gute Erzeuger u. a. Pleasant Valley (Auckland) und Esk Valley (Hawke's Bay), wo auch noch Liqueur Muscat produziert wird.

Südafrika

Geschichte

Südafrika ist kein Neuling in der Welt des Süßweins. Am Kap nahm bereits im 17. Jahrhundert der Weinbau in Constantia seinen Anfang, und im darauffolgenden Jahrhundert entwickelte sich hier der Wein, der schließlich unter diesem Namen berühmt wurde. Muscadel (Muscat of Alexandria) – in Südafrika Hanepoot genannt – war verbreitet angepflanzt worden und bildete die Grundlage für den vielgepriesenen Wein des Gouverneurs van der Stel. Napoleon und König Louis Philippe liebten den Constantia, der bis weit in das 19. Jahrhundert hinein produziert wurde, dann aber unter dem verheerenden Angriff der Reblaus verschwand. Er hat den Stoff für Legenden abgegeben; in seiner Glanzzeit erzielte er extrem hohe Preise, und doch konnte niemand genau sagen, wie er bereitet wurde. Das Weingut Klein Constantia beschloss 1982, diesen Stil in der alten oder doch einer sehr ähnlichen Form wieder aufleben zu lassen.

Neben den meistens, wenn auch nicht immer aufgespriteten Muscadel- bzw. Hanepoot-Weinen bringt Südafrika exzellente Beispiele von Spätlesen und Edelfäuleweinen hervor. Das milde Klima und der fruchtbare Boden Südafrikas kommen dieser Art von Wein eher entgegen als der Kiesboden von Bordeaux und die kühlen Hanglagen Deutschlands, obschon es allgemein bekannt ist, dass die Weinrebe ihre besten Leistungen dort erbringt, wo sie im harten Daseinskampf steht. Es gibt aber am Kap durchaus Erzeuger, die sehr Gutes zuwege bringen. Die Bestimmungen darüber, wie die Weine in Südafrika bezeichnet werden müssen, lauten wie folgt:

Late Harvest (LH): 10 bis 30 g/l unvergorene Restsüße nach natürlicher Beendigung des Gärvorgangs. Dies entspricht ungefähr einer deutschen Auslese.

Special Late Harvest (SLH): wie oben, jedoch 20 bis 50 g/l Restsüße. Dies entspricht ungefähr einer deutschen Beerenauslese.

Noble Late Harvest (NLH): wie oben, jedoch über 50 g/l Restsüße; außerdem müssen die Trauben von Edelfäule befallen sein. Dies entspricht ungefähr einer deutschen Trockenbeerenauslese.

Bedeutende Erzeuger

Ashanti, Hugeunot ★★

Das neu errichtete Weingut in Paarl brachte 1998 eine Reihe von Süßweinen heraus, u. a. einen eichenfassgereiften NLH Chenin blanc und einen ungewöhnlichen Vin de Paille (Strohwein) von Colombard-Trauben.

Bon Courage, Robertson ★★

PO Box 589, Robertson 6705

Das 1984 gegründete Gut gehört der Familie Brouwer; es verfügt bereits über einen guten Ruf und eine Reihe von preisgekrönten Weinen. Der beste Süßwein ist der SLH Gewürztraminer.

Boschendal, Groot-Drakenstein, Franschhoek ★★★
Der hier produzierte Vin d'Or ist ein voller reiner Semillon mit Tropenfruchtnoten, dessen lebendige Säure ihn vor Schwerfälligkeit bewahrt.

Delaire, Stellenbosch ★★
PO Box 3058, Stellenbosch 7602
Der kleine Betrieb wurde 1984 von den Platters gegründet, einem Weinerzeuger- und Weinpublizisten-Ehepaar, das in südafrikanischen Weinbaukreisen schon mehrfach für Aufsehen gesorgt hat. Heute gehört er einem in London ansässigen internationalen Geschäftsmann und ist besonders für Süßweine bekannt, von denen der NLH Riesling als der beste gilt.

Delheim Wines, Simonsberg ★
PO Box 10, Koelenhof 7605
Das 1941 gegründete Gemeinschaftsunternehmen zweier Familien befasst sich vor allem mit Rotwein. Seine besten Süßweine sind SLH und der vollmundige, pfirsichfruchtige Botrytis-Wein NLH Edelspatz von Riesling und Buketttraube; gelegentlich wird auch ein reiner NLH Riesling produziert.

De Trafford, Stellenbosch ★★★
1997 brachte dieses Gut den ersten südafrikanischen «Strohwein» hervor, ein wahres Monster mit 16 % Alkohol und fester Säure als Gegengewicht zur üppigen Frucht.

De Wetshof, Robertson ★★★
Hier entsteht der NLH Riesling Edeloes mit unterschiedlicher Art – manchmal leicht und seidig, in anderen Jahren, so 1998, auch voll und pikant mit kräftiger Säure.

Klein Constantia, Constantia ★★★
PO Box 375, Constantia 7848
Das Gut wurde 1685 von Simon Stiel, einem Pionier des Weinbaus in Südafrika, als Teil von Groot Constantia gründet. Die Familie Jooste setzte 1982 wieder Muscat de Frontignan an. Etwa die Hälfte des Ertrags wird früh gelesen und verkauft; alles Übrige bleibt am Stock, bis es rosiniert ist, wird dann geerntet und anschließend mit den Schalen auf einen Alkoholgehalt von 15 % vergoren. Danach verbleiben etwa 100 bis 120 g/l Restsüße. Der Ausbau in älteren Fässern dauert 12 Monate. Forschungen haben ergeben, dass der Original-Constantia nicht aufgespritet war, daher wird diese Neuauflage des Vin de Constance ebenfalls nicht mit Alkohol angereichert. Der Wein zeichnet sich durch vollen, würzigen Mandarinenduft und Geschmacksnoten von Marmelade, Lindenblüten und gedünsteten Aprikosen aus; der Abgang ist lebendig und sauber.

In manchen Jahren, z. B. 1992, wird hier auch ein edelsüßer NLH Sauvignon blanc produziert. Auch sein Ausbau erfolgt im Eichenfass. Er hat rauchigen, würzigen Duft, lebhafte sahnige Art und feines Gefüge und ist neben dem Vin de Constance (Constantia) der beste Süßwein des Guts.

KWV International, Paarl ★★
PO Box 528, Suider-Paarl 7624
Die riesige Genossenschaft der Genossenschaften beherrschte in den Jahren vor der Demokratie praktisch den gesamten Weinbau Südafrikas. 1995 verlor sie ihren konstitutionellen Status, ist aber auch heute als Privatunternehmen durchaus noch das größte Tier im südafrikanischen Weinzoo. Wie früher umfasst ihr Programm die meisten im Land üblichen Weinstile, wobei ihre besten Süßweine die der Kategorie NLH sind.

Lievland Estate, Stellenbosch ★★★
PO Box 66, Klapmuts 7625
Das 1981 gegründete Weingut ist auf Weine der neuen Welle spezialisiert, bringt aber auch im Bereich der edelsüßen NLH-Dessertweine immer wieder Spektakuläres zuwege.

Nederburg, Paarl ★★
Private Bag X3006, Paarl 7620
Das 1936 entstandene Unternehmen gehört der Stellenbosch Farmers' Winery. Sein Edelkeur ist, seitdem er 1969 das erste Mal produziert wurde, zu einem der berühmtesten Weine Südafrikas geworden. Er ist ein sehr voller, intensiv süßer NLH Chenin blanc mit bis zu 170 g/l Restsüße. Hinzu kommen ein nicht ganz so voller, aber oft fast genauso guter, köstlicher, apfelfrischer NLH Riesling mit rund 95 g/l Restsüße und ein erstmals 1997 entstandener Semillon nach der Art von Sauternes. Neben diesen ist der Eminence der beste Süßwein.

Neethlingshof Estate, Stellenbosch ★★
PO Box 104, Stellenbosch 7599
Das 1974 gegründete Gut ist das Ruhestandsprojekt des deutschen Bankiers Hans-Joachim Schreiber. Beträchtliche Investitionen führen zur Entstehung exzellenter Weine, insbesondere eines hinreißenden NLH Riesling mit intensiver Süße, der kräftige, erfrischende Säure entgegensteht. Er ist der beste Süßwein des Hauses.

Perdeberg Cooperative, Paarl ★
PO Box 214, Paarl 7620
Diese Genossenschaftskellerei erfreut sich eines wachsenden Renommees, vor allem für Weine von der bis noch vor kurzem in Südafrika Steen genannten Rebsorte Chenin blanc, die auch die besten NLH-Weine des Hauses erbringt.

Robertson Winery, Robertson ★★
PO Box 37, Robertson 6705
Auch diese Genossenschaftskellerei macht sich einen guten Namen im Dessertweinmarkt. Ihr bester Süßwein ist der SLH Rheingold.

Simonsig, Koelenhof ★★
Frans Malan produzierte 1979 seinen ersten NLH Chenin blanc, aber meistens wird hier die Bukettraube leichter von Edelfäule be-

fallen. 1998 wurde ihr Wein zu 25 % im Fass vergoren und erhielt den Namen Vin de Liza. Er hat Honigsüße und Trockenfrüchte im Aroma und wird von fester Säure zusammengehalten.

Stellenzicht Vineyards, Stellenbosch ★★★
PO Box 104, Stellenbosch 7599
Der 1986 gegründete Weinbaubetrieb gehört Hans-Joachim Schreiber, dem Besitzer von Neethlingshof Estate (s.d.); bei nationalen und internationalen Wettbewerben erringt er regelmäßig Goldmedaillen. Sein bester Süßwein ist der NLH Semillon.

Trawal Wine Cellar, Olifantsriver ★★
PO Box 2, Klawer 8145
Die Genossenschaftskellerei verkaufte früher den größten Teil ihres Weins an andere Häuser, doch in den 1990er Jahren hat sie nun weitgehend das eigene Feld bestellt. Ihre besten Süßweine sind die der Kategorien LH und SLH.

Twee Jonge Gezellen Estate, Tulbagh ★★
PO Box 16, Tulbagh 6820
Das 1947 entstandene Weingut gehört der Familie Krone, die hier seit zwei Jahrhunderten Farmen betreibt. Der beste Süßwein ist der SLH Rheingold.

Weltevrede Estate, Bonnievale (Robertson) ★★
PO Box 6, Bonnievale 6730
Das 1974 gegründete Weingut im Besitz der Familie Jonker (Lourens Jonker ist Vorsitzender der KWV) ist ein angesehenes Haus, das Weine mit gutem Preis/Leistungsverhältnis produziert. Sein bester Süßwein ist der SLH Therona.

Weitere exzellente LH-Weine produzieren gelegentlich: L'Avenir (Colombard), Bon Courage (Riesling), Fleur du Cap (Chenin blanc), Morgenhof (Chenin blanc), Spier (Bukettraube), Vergelegen (Semillon) und Zonnebloem (Verschnitt).

Register